厦门大学校长基金专项项目成果
中央高校基本科研业务费专项资金资助
(Supported by the Fundamental Research Funds for the Central Universities)
项目编号：20720151102

中国海洋文明专题研究

ZHONGGUO HAIYANG WENMING ZHUANTI YANJIU

第二卷
16—18世纪的中国历史海图

杨国桢 主编　周志明 著

人民出版社

《中国海洋文明专题研究》
总　序

　　改革开放以来,中国的海洋发展取得令人瞩目的进步,有力地推动中国现代化进程。进入 21 世纪,随着中国海洋权益的凸显,海洋意识的提升,中国海洋发展战略上升为国家战略,这是现代化建设的本质要求,也是中国历史发展的必然选择。

　　现代化是现代文明的体现。西方推动的现代化依赖海洋而兴起,海洋文明成了现代文明的象征,随着大航海时代崛起的西方大国不断对海外武力征服、殖民扩张,海洋文明成了西方资本主义文明、工业文明的历史符号。20 世纪,海洋文明又进一步被发达海洋国家意识形态化,他们夸大"海洋—陆地"二元对立,宣扬海洋代表西方、现代、民主、开放,而大陆代表东方、传统、专制、保守。在这种语境下,海洋文明的多样性模式被否定,中国的、非西方的海洋文明史被遗忘,以至在相当长的时期内,人们相信:中国只有黄色文明(农业文明),没有蓝色文明(海洋文明)。直到今天,还严重制约我们对海洋重要性的认识。

　　文明是人类生活的模式。文明模式的类型,一般可以按生产方式,或按经济生活方式,或按精神形态或心理因素,或按社会形态来划分。我们按经济生活方式的不同,把人类文明划分为农业文明、游牧文明、海洋文明三种基本类型。现代研究成果证明,海洋文明不是西方独有的文化现象,西方海洋文明在近现代与资本主义相联系,并不等同资本主义社会才有海洋文明。海洋文明也不是天生就是先进文明,有自身的文化变迁历程。濒海国家和民族的海洋文明表现形式不同,都有存在的价值。海洋文明是人类海洋物质与精神实践活动历史发展的成果,又是对人类历史发展产生重大影响的因素,既有积极作用,又有消极影响。树立这样的海洋文明观念,是理解、复原人类海洋文明史,提出中国特色海洋叙事的基础。

不以西方的论述为标准,中国有自己的海洋文明史。中国海洋文明存在于海陆一体的结构中。中国既是一个大陆国家,又是一个海洋国家,中华文明具有陆地与海洋双重性格。中华文明以农业文明为主体,同时包容游牧文明和海洋文明,形成多元一体的文明共同体。海洋文明是中华文明的源头之一和有机组成部分,弘扬海洋文明,不是诋毁大陆文明,鼓吹全盘西化,而是发掘自己的海洋文明资源和传统,吸收其有利于现代化的因素,为推动中国文明的现代转型提供内在的文化动力。在这个意义上,中国海洋文明史研究是中国现代化进程提出的历史研究大题目。只要中华民族复兴事业尚未完成,中国海洋文明史研究就一直在路上,不能停止。

中国海洋文明博大精深,留存下来的海洋文献估计有近亿字,缺乏全面的搜集和整理;20世纪90年代兴起的海洋史学,还在发展的初级阶段,而中国海洋文明的多学科交叉和综合研究还在起步,缺乏深厚的文化累积,中国的海洋叙事显得力不从心,甚至矛盾、错乱。在这种状况下,基础性的理论研究和专题研究任重道远,不能松懈。面对这个现实,我从20世纪90年代开始呼吁开展中国海洋社会经济史和海洋人文社会科学研究,主编出版了《海洋与中国丛书》("九五"国家重点图书出版规划项目,获第十二届中国图书奖)、《海洋中国与世界丛书》("十五"国家重点图书出版规划项目),做了奠基的工作,但距离研究的目标还相当遥远。

2010年1月,在我主持的教育部哲学社会科学研究重大课题攻关项目《中国海洋文明史研究》开题报告期间,教育部社科司领导和评审专家希望我做长远设计、宏大设计,出一个精华本,一个多卷本,一个普及本。于是我设想五年内主编一本40万字的精华本,即该项目的最终成果《中国海洋文明史研究》;一个多卷本,即《中国海洋文明专题研究》(1—10卷),250万字,已经申请获批为"十二五"国家重点图书出版规划项目,并列入创办海洋文明与战略发展研究中心的规划,得到厦门大学校长基金的资助;一本20万字的普及本,后来取名为《中国海洋空间简史》,将由海洋出版社出版。

精华本由该项目的子课题负责人编写,他们都是教授、研究员、博士生导师;多卷本和普及本则由年轻博士和博士研究生撰写。目前这项工作进入尾声,三个本子都有了初稿,虽说修改定稿的任务还很繁重,总算看到胜利的曙光。

最先定稿的是这套 10 卷本。策划之初,考虑到编写中国海洋通史的条件尚未成熟,如果执意为之,最多是整合已有的研究成果,不具学术创新的意义,故决定采取专题研究的方式,在《海洋与中国丛书》和《海洋中国与世界丛书》的基础上,扩大研究领域,继续进行深入探讨。由于中国海洋文明的议题广泛,涉及众多领域,不可能毕其功于一役,我们的团队实际上是"铁打的营盘流水的兵",有进有出,人力有限,一次 5 年 10 册的规模便达到了极限。因此,研究必须细水长流,以后有机会还会延续下去。

由于专题研究需要新的思路、新的理论、新的方法、新的资料,投入与产出性价比低,许多人望而却步。而在那些善用行政资源和学术资源,追求"短平快、高大全"扬名立万的大咖眼里,这只是个"小儿科",摆不上台面。改变这种局面,需要有志者付出更大的努力。所幸入选的 9 位博士年富力强,所领的专题以博士学位论文为基础,驾轻就熟,且先后所花时间长则 8 年,最短也有 4 年,尽心尽力,克服了种种困难,不断充实、修改,终于交出了一份比较满意的答卷。至于各个专题是否都能体现学术研究"小题大作"的精神,达到这样的高度,有待读者的评判。

杨国桢

2015 年 9 月 23 日于厦门市会展南二里 52 号 9 楼寓所

目　　录

第一章 绪 言

明代周孔教《三才图会·序》中有言："君子贵多识,一物不知,漆园以为视肉撮囊,且儒者不云乎,致知在格物,按图而索,而上天下地、往古来今,靡不若列眉指掌,是亦格物之一端,为益一也。万物鼓铸于洪钧,形形色色,不可以文字揣摩,留侯状貌如妇人好女,匪图是披,将以为魁梧奇伟一大男子。食蟹者饿尽信书,直为劝学死耳,得是图而存之,无俟读书半豹,而眼中具大见识,鸿乙无误,为益二也。然钟鼓不以飨爰居,而冠冕不以适裸国,方今图不以课士,士又安用图为? 是亦爰居之钟鼓,裸国之冠冕也,为图一穷。笔精墨妙,为吾辈千古生涯,子云且薄为小技,矧图涉丹青之事,即童稚且嬉戏视之,孰肯尊信如古人所谓左图右史者乎,是为图二穷。"①

《三才图会》又名《三才图说》,是一本百科式图录类书。周孔教的序言点明了此书最大的特点,即书中事物先图后说,图文并茂,互为印证,传承了古人左图右史,以图、字共同描绘事物,全面展现事物本来面目的叙述方法,与"置图于左,置书于右,索象于图,索理于书"②的古代学人相一致。但序言同时点出,古时书籍在流传过程中,由于丹青之技不受士人重视,书中图籍逐渐失传,作者所要传达的意思也随之渐趋模糊,不时让后代治学者为之扼腕叹息。而历史舆图因叙事简洁明了等优势,在古时为学人所重视,特别是在叙述海洋发展形势时,更是如此。如明末大学者郑若曾为清晰详尽地叙述海疆局势,走出"事绪繁杂,道理辽邈,殆非一时见闻所能悉"的窘境,

---

① (明)王圻:《三才图会》卷首,上海古籍出版社影印本 1988 年版,第 2—3 页。
② 王树民点校:《通志二十略》(下册),中华书局 1995 年版,第 1825 页。

以图备形势,以编纪事实,进而做到"形势具而险易见,事实详而得失明"①。因而,在研究中国古代海洋文明史时,有必要收集挖掘相应历史文字的图籍资料,做到"图文并重"。

近些年,一些从历史舆图角度研究探索海洋文明史的论著吸引了广大读者的眼球,获得了广泛的关注。2002 年,英国人孟席斯出版了《1421：中国发现了世界》一书,从部分留存于欧洲的古海图入手,得出中国人最早绘制了世界海图、郑和率领的船队先于哥伦布到达美洲且是世界上第一支完成环球旅行的船队这一结论,彻底颠覆了传统欧洲中心论者的观点,也成就了这本书的辉煌,被译成各种文字,发行一百多万册,登上畅销书宝座。2006 年初,中国一位古地图爱好者和收藏人士刘钢向外界公布了他个人在上海东台路古玩市场发现的"天下全舆总图",此图左下角注明"乾隆癸未仲秋月仿明永乐十六年天下诸番识贡图",旁有"臣莫易全绘"字样,似与孟席斯论点相应和。2009 年 10 月,刘钢在中央电视台《探索·发现》栏目作了三期《古图探秘》节目后,将其以"天下全舆总图"为中心述说海洋中国发现世界的书籍——《古地图密码》,交由广西师范大学出版社铅印,再度从舆图角度探索海洋文明史,一时成为学界和媒体议论的焦点。

而在传统中国海洋文明史研究中,有一幅海图一直以来都吸引着广大学者的眼球,相关论著层出不穷,相关研究深入系统,这就是集 15 世纪顶尖航海技术和宽广航行范围于一身的《郑和航海图》。如法国的伯希和（P. Pelliet）、荷兰的戴闻达（J.J.L.Duyvendak）、日本的藤田丰八和我国的向达、郑鹤声、刘铭恕、郑一钧、高荣盛等,均对该图的绘制时间、蕴藏的航海技术及其与阿拉伯地图、元回回人的海道图、中国古代航海图经（如《渡海方程》）之间的渊源关系等作了深入探讨。为更好地挖掘郑和下西洋时的海洋文明点滴,国内的几个研究机构将《郑和航海图》的各种研究成果进行融汇,编制成易学易查易用的新图。如：在大连海运学院航海史研究室、山东大学历史系中西交通史研究室的通力合作下,1985 年中国人民解放军海军司令部航海保证部出版了由海军海洋测绘研究所编制的《古今对照郑和航

---

① （明）郑若曾撰,李致忠点校：《筹海图编》,中华书局 2007 年版,点校说明第 3 页。

海图》。在此基础上,1988 年,海军海洋测绘研究所又和大连海运学院航海史研究室一起出版了《新编郑和航海图集》。该书根据现代海图制图原理和方法,利用史学研究中的历史考证和对音等方法,通过大量中外航海图和航路指南等资料,综合历史文献、地理特征、航行技术等方面研究成果进行航迹推算,较为系统地剖析了《郑和航海图》。

也许是由于《郑和航海图》受到高度关注的原因,也许是为了深入探寻近代百年屈辱史的根源,学界对于我国郑和下西洋之后海洋文明史的研究,相当长时期内着重于"海殇"的挖掘,描述的多是葡萄牙租占澳门、荷兰人侵占台湾、欧洲各国相继开始进军远洋的情况,述说的多是明清朝廷从海洋收缩、中国商、渔船只在沿海被荷兰舰队劫掠,中国海商在国外被西班牙、荷兰等殖民者虐杀等事件,以至于这段历史留给后人的不是踏浪大洋的恢宏气势,而是坐陆观海、望洋兴叹的惆怅涕泣,不仅无法让人言之兴奋、谈之鼓舞,更有种读之令人幽怨、观之催人号啕的凄凉。以至于广大受众对中国古代海洋发展史的认知在相当长一段时间内停留在了郑和下西洋时代,对郑和之后中国海洋文明史没什么特别好的印象。

笔者在福建师范大学学习中国基督教史时,对中国古代海洋发展史的认知也主要停留在郑和下西洋、倭寇、海禁、郑氏集团等几个关键词上,对郑和下西洋之后的航海技术、航海范围、航海贸易群体等的认知则不甚深入。2007 年,有幸拜入厦门大学杨国桢教授门下后,先后沉下心来拜读了《海洋与中国丛书》和《海洋中国与世界丛书》两套海洋史研究丛书,仔细研读了大量国内外涉及中国海洋文明史的研究论著,对区域海洋、海洋经济、海洋政治、海洋社会、海洋文化、海洋考古、海洋灾害等的历史有了初步的认知;2008 年,在导师杨国桢先生亲自指点下,和同门师兄弟一起讨论学习了海洋人文社会科学发展理论的指导性著作《瀛海方程——中国海洋发展理论和历史文化》,在海洋本位意识、海洋史研究理论方法等方面有了进一步的提升。通过这些阶段的学习,明白了由于相当一部分海洋群体发展的历史信息已淹没于历史发展的滚滚洪流之中,流传下来的多是"陆上海下"传统观念下记录的各类史料,加上学界海洋本位思维的普遍缺失,运用相关史料时少有对各种观点进行辨析考证,以至于在还原中国海洋文明史时失去了鲜活的海洋本色，与客观的海洋文明史之间存在"隔阂"，造成了中国海洋发展史出现断层这一"假象"。

21 世纪是海洋的世纪，海洋将成为人类社会发展的第二生存空间、成为社会经济发展的重要支点，是战略争夺的"内太空"以及人类科学和技术创新的重要舞台。① 但目前而言，我国的海疆形势十分严峻，周边临海国家对我国海域虎视眈眈，总是幻想在国际霸权国家的支持帮助下，将隶属我国的广大海域占为己有，如日本之对于钓鱼岛、韩国之对于苏岩礁、越南之对于白龙尾岛及西沙海域、菲律宾之对于黄岩岛及南沙海域等。因此，如何从历史和法理上论证中国固有海域所有权，为中国在国际舆论中争得主动，成为广大爱国学者的笔耕目标，也出现了大量论述严密有力、证据充分齐全的论著，笔者对此深表钦佩。但综合比照中西方海洋性国家发展历程，要实现中国海权的雄起，早日完成祖国海域的统一，不仅需要大量论证性著作，还需要一系列能从观念深处提升读者海洋意识的论著。对于这一光荣而艰巨的任务，历史学家可以而且应该扮演重要的角色，要努力通过全面客观地复原中国海洋文明发展史，让我们及后代能读到原汁原味、拼搏向上的海洋历史，传承弘扬有助于续写中国海洋传奇的海洋权益理念，着力构建中国自己的海洋文明史，以此发挥历史的教化作用，改进提升国人海洋观念。

为此，在学习中国海洋社会经济史时，笔者就有一个简单的想法，即期望通过自己的努力，对学界在还原中国海洋文明史时有所启发、有所贡献。综合自己对舆图在海洋文明史研究中重要性的认识，特选定 16—18 世纪的中国历史海图作为研究方向，希望在尽可能全面收集这一历史时期内我国绘制的历史海图的基础上，以图证史，图史结合，在航海技术、航海贸易、海域开发管理等方面进行一些思考，为丰富中国海洋文明史略尽绵薄之力。

一、历史海图整理情况

16—18 世纪，中国出现大量海道针经、海防图和海疆图，不少已被整理

① 杨国桢：《海洋世纪与海洋史学》，《光明日报》2005 年 5 月 17 日，第 7 版。

成册,刊行于世。

20 世纪上半叶,王庸与茅乃文合编《国立北平图书馆中文舆图目录》①和《国立北平图书馆中文舆图目录续编》②,形成相当部分 16—18 世纪历史海图留存目录。新中国成立后,对中国古代舆图的编辑工作进一步推进,历史海图的整理有了专题的归纳,主要成果为邓衍林的《中国边疆图籍录》③。此书分时段按边疆区域对中国古代图籍进行分类,其中的东北资料、台湾和海防资料中有大量关于边疆形势图和海防图、航海图的记载,是了解相关历史海图的一本重要工具书。

20 世纪 80 年代,对中国古代地图的编辑整理工作渐次展开,一系列古地图集陆续出版。章巽先生整理出版了清时的沿海航图,即《古航海图考释》④。是书共有航海地图六十九幅,北起辽东湾,经今辽宁、河北、山东、江苏、浙江、福建诸省,南达今广东省海面,图中不但有山形、水势、岛屿、沉礁、港湾、城镇等,还有关于罗盘针位、行船路线和航程更数等方面的文字注记。经章先生考证,此为从事航海群体编制之图本,绘成年代当在 18 世纪初期,但渊源可推至明代以前。中国科学院自然科学史研究所于 1983 年 9 月组成了《中国古代地图集》编委会,其后陆续出版了战国至元、明代和清代三册图集,此图集在给出一些图例之后,在图籍说明中对该图的一些基本情况,如图的尺寸、绘制方法、绘制年代、主要内容及收藏地点等都做了说明。此外,本着继承和发扬祖国悠久地图文化遗产、总结古代地图测绘技术的丰富经验、在世界范围内弘扬中华地图文明的良好初衷,国家测绘局和国家文物局组织专家对中国古代地图发展史进行了研究,筛选出版了《中华古地图珍品选集》(附中国古地图简史)一书。此书除精选、汇集国内各种类型的古地图外,还尽可能地从各种文献资料中采集有关我国古代测绘事业的记载,并加以科学地分析综述。《中国古代地图集》一、二、三编及《中华古地图珍品选集》的编纂,使许多深锢禁廷、

---

① 国立北平图书馆 1933 年版。
② 国立北平图书馆 1937 年版。
③ 商务印书馆 1958 年版。
④ 海洋出版社 1980 年版。

罕为人知的现存中国大陆的古地图得以面世，推动了中国地图学史研究向更深层次发展。

20 世纪 90 年代后，国内古代地图编辑工作继续拓展。出版的《中国古地图精选》①一书中，有《浙江省全海图说》、《福建沿海图》等海洋文明发展相关舆图。面对晚清以来我国的文物古籍，包括古代地图和有关资料，流传国外甚多的情况，北京大学李孝聪教授对欧美收藏的中文古地图进行整理，出版了《欧洲收藏部分中文古地图叙录》②和《美国国会图书馆藏中文古地图叙录》③两本专著，在《美国国会图书馆藏中文古地图叙录》一书中，李教授摘录了《山东舆图》、《泉州府图说》、《闽省盐场全图》、《福省全图》、《万里海防图》、《七省沿海全图》、《山东、直隶、盛京海疆图》及《天下总舆图》等相关舆图。

而后，王自强等对明清舆图进行综合整理，出版了《中国古地图辑录——盛世图》④和《明代舆图综录》⑤二书。《中国古地图辑录——盛世图》收录的地图约 1700 幅，有总图、境域图、城池图、水系图、山脉图、沿海图及少部分景观图等，分别录自《乾隆大清一统志》、三朝期间纂修的各省通志、各个府州县志，以及其他地理类典籍，如《皇舆西域图志》、《广东舆图》等。《明代舆图综录》是对明代舆图的综合揭示，比较全面地收录了明代地图、地图集及以插图形式存在的舆图。全书由三部分组成：其一为目录部分，著录明代的地图、地图集及包含地图插图的文献典籍，该目录有别于常见的地图目录，在著录地图集及其他文献典籍时，列示了地图细目，开创了地图集及典籍著录地图细目的先例；其二为图录部分，这一部分主要收录一些具有代表性的舆图，如《广舆图叙》、《广舆图》、《三才图会》、《皇舆考》、《地图综要》、《古今舆地图》等；第三部分为《皇明职方地图》全书，因该书内容较《广舆图》更加丰富，刻印精良，为明末中国传统地图集中集大成之

① 刘镇伟主编，中国世界语出版社 1995 年版。
② 国际文化出版公司 1996 年版。
③ 文物出版社 2004 年版。
④ 王自强主编，星球地图出版社 2002 年版。
⑤ 王自强编，星球地图出版社 2006 年版。

作,且该书在清代为禁书,流传不广,故整体影印。

近期,国家清史编纂委员会整理出版了一批图录丛刊,其中《皇舆遐览:北京大学图书馆藏清代彩绘地图》一书除刊出《皇舆全览图》外,更专门有"沿海防务图"编目,全面刊发了"中华沿海形势全图"、"辽东半岛南端地图"、"辽宁大连湾图"、"直隶东隅沿海图"、"山东登州府蓬莱县海图"、"山东福山县海岛图"、"福建全省洋图"等。台湾地区亦整理出版了《笔画千里——院藏古舆图特展》①一书。该书在海图索引中摘录了《筹海图编》、《皇明职方地图》、《浙江福建沿海海防图》、《海图》、《各省沿海口隘全图》、《台湾图附澎湖群岛图》等相关图籍。

二、历史海图研究概况

在一批舆图整理出版的同时,出现了大量与研究历史海图相关的论著。归纳分析,可分为如下三类:一是在地图学领域中阐述历史海图,二是以海图为论据考证历史,三是以海图为中心解读历史。

(一) 在地图学领域中阐述历史海图

新中国成立之前,中国地图学的研究人员中,王庸先生较受关注。他撰写的《中国地理学史》和《中国地图史纲》,用大量北平图书馆馆藏的古地图为例,比较系统、翔实、全面地评介和论证了自中国原始地图起源到近代中国测绘地图出现的地图发展历史,对明清时期的历史舆图亦有所涉及。如《中国地理学史》第二章有对朱思本舆地图、利玛窦世界地图及清初绘图等的回顾,《中国地图史纲》有专门对中国古代地图在军政应用上的讨论,一定程度上触及了海疆图等历史海图的范畴。

20世纪80年代以来,地图史研究发展较快,对中国古地图中的历史海图也有了比较深入的研究。一是间接或直接地述及直观的历史海图。卢良

---

① 冯明珠、林天人主编,台北"故宫博物院"2008年版。

志编的《中国地图学史》①，不但有对朱思本地图系统的诠释，提出朱思本地图系统的三大支柱，即《舆地图》、《广舆图》和《皇明职方地图》，列举了同一体统的《广舆考》、《舆地图考》、《地图综要》等其他地图，对利玛窦世界地图、《皇舆全览图》《乾隆内府地图》及《大清会典舆图》等进行了详细论述，更值得一提的是，还出现了对明代海防图中的代表性论著《筹海图编》的单独叙述。《中国测绘史》编辑委员会编的《中国测绘史》中有专门章节讲述海洋测绘历史，并对明代的海运图籍有所论述。二是从地图学角度对海图进行理论阐述。如《海图学概论》②，该书以近现代海图为主要依据，简要回顾了明代的海防图、海运图及清代的海图等，并着重从海图的数学、符号、制作等技术方面进行分析，重点描述了海图的绘制内容和手法，使受众对历史海图的理解上升到了定义、功能、分类、内容等理论规范方面。席龙飞、杨熺、唐锡仁主编的《中国科学技术史　交通卷》中对明清海图的描述，内容与此大致相当。三是从地图学角度解读蕴藏于舆图中的各类信息。如美国余定国的《中国地图学史》③，该书以中国古代舆图为线索，着重探讨了研究中国古地图的方法论问题，认为中国古地图和文字之间有密切关联，并非纯粹数学意义上的舆图，用地图传达的信息不一定是数学的、可以测量的或者可以直接看到的，地图与政治、军事、经济，甚至文化之间都有一定的联系。这为研究历史海图提供了一个很好的思路。

（二）以海图为论据考证历史

一是在论证历史主权中广泛应用历史海图。如：吴凤斌的《明清地图记载中南海诸岛主权问题的研究》④一文，从《混一疆里历代国都之图》、《广舆图》系统地图、《郑和航海图》、《武备秘书地利附图》、《大清中外天下全图》、《大清万年一统天下全图》等舆图互比考证，论述我国对南海行使主权的历史依据；吴天颖的《甲午战前钓鱼列屿归属考——兼质日本奥原敏

---

① 测绘出版社1984年版。
② 楼锡淳、朱鉴秋编著，测绘出版社1993年版。
③ 姜道章译，北京大学出版社2006年版。
④ 《南洋问题研究》1984年第4期。

雄诸教授》①一文,通过《琉球三十六岛图》、《日本一鉴》、《海防一览图》等古地图对钓鱼列屿的历史归属做了详细考证;此外,还有鞠德源的《日本国窃土源流——钓鱼列屿主权辨》②、《钓鱼岛正名:钓鱼列屿的历史主权及国际法》③和郑海麟的《钓鱼岛列屿之历史与法理研究》(增订本)④,等等。

二是在还原古代海洋社会经济活动中运用历史海图。如:耿引曾的《中国人与印度洋》⑤,引用《西南洋各番针路方向图》等相关海图进行论述;张增信的《明季东南中国的海上活动》⑥,以古地图为切入点,以地名及其区域历史为研究对象,进而讲述东南中国海上活动史,是以历史学角度研究古地图的一本重要著作。

(三) 以海图为中心解读历史

目前主要体现在一些对历史海图进行剖析的文章。如:汤开建于2000年在《岭南文史》第一期上发表的《〈粤大记·广东沿海图〉中的澳门地名》一文,围绕地图上的地名,综合运用有关文字史料进行解读还原;钟铁军、李孝聪合撰之《美国国会图书馆藏〈万里海防图〉》⑦,运用历史地理学方法,找寻考证《万里海防图》的绘制时间等;孙果清的《明朝抗倭地图:〈筹海图编·沿海山沙图〉》⑧,以沿海山沙图的相关内容为中心,展开讲述抗倭史;刘若芳的《清宫藏海防舆图与澳门》⑨,分别围绕海防图、广东水师营官兵驻防图、沿海疆舆图、沿海七省口岸险要图及福建厦门虎头山至广东崖州老虎头山海道图等图籍,论证了澳门一直为中国管理的领土。

综上,似乎可以得出这么一个结论,此前与历史海图相关的研究,重视

---

① 社会科学文献出版社 1994 年版。
② 首都师范大学出版社 2001 年版。
③ 昆仑出版社 2006 年版。
④ 中华书局 2007 年版。
⑤ 大象出版社 1997 年版。
⑥ "中国学术著作奖助委员会"(台北)1988 年版。
⑦ 《地图》2004 年第 6 期。
⑧ 《地图》2007 年第 3 期。
⑨ 《档案学通讯》1999 年第 6 期。

的是海图的符号、文字内容、测绘技术、流传情况等等，或将海图作为地图在空间上的延伸，或将海图作为提供论据的资料，尚未有人从历史学领域，将历史海图作为一个整体进行综合研究。

三、历史海图资料来源

在中国古代海洋文明史中，海洋舆图因为各种原因，散藏于各种典籍之中，一般人参阅或引用颇感不便。虽然前人有所辑注，但要有一个系统的研究，仍需广泛收集留存至今的舆图资料，并掌握相关背景知识。因此，除已见诸各类论著中的历史海图资料外，笔者主要还从丛书资料和电子资料两方面着手进行收集。

（一）丛书资料

16—18 世纪的文献资料大量收编于《四库全书》、《续修四库全书》、《四库未收书辑刊》、《四库禁毁书丛刊》和《四库全书存目丛书》中，这几部丛书中的舆图相关资料是笔者首先关注的对象。《四库全书》中有《粤闽巡视纪略》、《安南志略》、《朝鲜史略》、《明一统志》、《大清一统志》、《昌国州图志》、《岭海舆图》、《江南通志》、《浙江通志》、《福建通志》、《山东通志》、《广东通志》、《海塘录》、《筹海图编》、《郑开阳杂著》、《岭外代答》、《闽中海错书》、《台海使槎录》、《宣和奉使高丽图经》、《海语》、《东西洋考》、《海国闻见录》、《江南经略》等等，《续修四库全书》中有《靖海纪事》、《海防奏疏》、《历代地理指掌图》、《广舆图》、《肇域志》、《天下郡国利病书》、《读史方舆纪要》、《乾隆府厅州县图志》、《东三省舆地图说》、《辽东志》、《澳门纪略》、《松江府志》、《山东考古录》、《广东新语》、《两浙海防类考续编》、《海防纂要》、《使琉球录》、《中山传信录》、《海外纪事》、《琉球国志略》、《日本国志》、《大元海运记》、《海运续案》、《水师辑要》、《武备志》、《登坛必究》、《舟师绳墨》、《海岛算经细草图说》、《三才图会》等等，《四库未收书辑刊》中有《辽东疏稿》、《重修名法指掌图》、《武备水火攻》、《武备地利》、《秘抄本地利》等等,《四库禁毁书丛刊》中有《全变略记》、《广皇舆考》、《广舆记》、《地图综要》、《九边图论》、《方舆胜略》、《汇辑舆图备考全书》、《舆地图考》、《皇明经济文录》、《皇明经世文编》等等,《四库全书存目丛书》中有《洗海近事》、《重编使琉球录》、《中山沿革志》、《广舆图叙》、《皇舆考》、《今古舆地图》、《广舆记》、《海道经》、《东南防守利便》、《温处海防图略》、《筹海重编》、《海防述略》、《海防总论》、《纪琉球入太学始末》、《海运新考》、《海运编》、《海寇议》、《备倭记》、《全浙兵志》、《碧里杂存》等。

此外还有《小方壶斋舆地丛抄》、《中国地方志集成》、《中国方志丛书》、《天一阁藏明代方志选刊》、《日本藏中国罕见地方志丛刊》、《日本藏中国罕见地方志丛刊续编》等丛书。《小方壶斋舆地丛抄》第九帙第一册有《海道编》、《海防编》、《沿海形势录》、《沿海形势论》、《沿海形势考》、《航海图说》、《黑水洋考》、《海塘说》、《澳门图说》、《潮州海防记》、《中国海岛考略》等,第十帙第一册有《朝鲜考略》、《朝鲜舆地图说》、《入高纪程》、《巨文岛形势》等,第十帙第二册有《高丽水道考》、《越南志》、《安南小志》、《越南疆域考》、《越南地舆图说》、《安南杂记》等,第十帙第四册有《暹罗考》、《暹罗考略》、《暹罗别记》、《东洋记》等,第十帙第六册有《东南洋记》、《东南洋针路》、《东南洋岛纪略》、《槟榔屿游记》、《葛剌巴传》、《南洋事宜论》、《南洋各岛国论》、《海外群岛记》等。《中国地方志集成》、《中国方志丛书》、《天一阁藏明代方志选刊》、《日本藏中国罕见地方志丛刊》、《日本藏中国罕见地方志丛刊续编》等丛书基本上收罗了明清时期修纂之各省府县志,如《粤大记》、《广州府志》、《番禺县志》、《潮州府志》、《厦门志》、《漳州府志》、《福州府志》、《福宁府志》、《台湾府志》、《温州府志》、《松州府志》、《宁波府志》、《日照县志》、《掖县志》、《胶州志》、《诸城县志》、《即墨县志》、《荣城县志》、《利津县志》、《文登县志》等。

（二）电子资料

电子资料也是本书的一大资料来源,包括中文和英文两大类。

中文电子资料主要包括:1.超星电子图书。这是国家"863"计划中国数字图书馆示范工程项目,由北京超星数图信息技术有限公司制作,总计

100 万册,内藏大量古代典籍史料。2. 读秀知识库。由海量图书等文献资源组成的庞大的知识系统,集成文献搜索、试读、传递为一体,是一个可以对文献资源及其全文内容进行深度检索,并且提供文献传递服务的平台。3. 中国期刊全文数据库。清华大学主办,收录 1979 年至今约 7200 种期刊全文,至 2005 年 8 月止,累积期刊全文文献 1500 多万篇。是目前世界上最大的连续动态更新的中国期刊全文数据库。4. 中国基本古籍库。共收录自先秦至民国(公元前 11 世纪至 20 世纪初)历代典籍 1 万余种,计 16 万余卷。每种典籍均提供 1 个通行版本的全文和 1—2 个重要版本的图像,计全文17 亿多字、版本 12000 多个、图像 1000 多万页,数据量约 320G。其收录范围涵盖全部中国历史与文化,其内容总量相当于 3 部《四库全书》,不但是目前世界上最大的中文数字出版物,也是中国有史以来最大的历代典籍总汇。

外文电子资料主要包括:1. JSTOR 西文过刊全文库。这是以政治学、经济学、哲学、历史等人文社会学科主题为中心,兼有一般科学性主题共十几个领域的代表性学术期刊的全文库,从创刊号到最近两三年前过刊都可用影像来阅览全文,有些过刊回溯年代早至 1665 年。2. The Internet Archive (互联网档案馆)。内有大量的论著书目,如:*The foreign intercourse and trade with china*;*The history of the Portuguese,during the reign of emmanuel*;*The navigation of the pacific ocean,China seas,etc.*;*Trade and travel in the far east*;*Macao,Manila,Mexico,and Madrid*;*Jesuit controversies over strategies for the Christianization of China*(1580—1600);*Memoris of the Dutch trade*;*Some notes on Java and its administration by the Dutch*;*History of a voyage to the China sea*;等等。

四、文章框架

厦门大学杨国桢先生创始、推广的海洋史学,为进一步推进历史海图研究提供了全新的视角和理论支持。本书以此为基,根据辩证唯物主义和历史唯物主义观点,尽量以海洋视角解读历史海图,努力将16—18世纪我国绘制的海洋地图进行一个较完整的整理、分类和解读,以利检索引用或进一步论证分析。

首先,为更好地分析研究16—18世纪的历史海图,必须从历史学角度给其下个定义。笔者参照前人对海图的定义,将历史海图定义为:依据一定的地图测绘规则,辅以文字贴说,有选择地描绘海洋及其毗邻陆地的自然环境、航行线路和行政军事建制的图形。按照舆图功能区分,大体可分为航海图、海防图和海疆图三类,航海图主要目的为指导航行,其航线随着航海贸易的发展而日渐完善;海防图主要目的为指导如何更好地防御敌人由海上发动的攻击,其绘制随着海防的不断推进而日臻精细;海疆图主要目的是为了掌握所属疆界大致的地理概况,其内容随着海洋开发和管理的发展而渐趋丰富。

其次,综观三类历史海图,最能体现海洋群体发展历史的,非航海图莫属。因此,笔者希望以航海图为切入点,在尽可能占有和梳理舆图资料的基础上,总结归纳古代航海图的各类要素,明确各个要素在航海过程所起的作用。经分析得出,中国古代航海图包括航路定向、航线计程、船舶定位、占风避风、柴水补给和海神祭祀等要素,航路定向和航线计程是航海活动的主体,船舶定位是验证航行方向和里程计算是否正确的重要依据,占风避风是保证航行安全的重要手段,柴水补给是远洋航行的物资保障,祭祀海神是远洋航行的精神支柱。

再次,在漫长的中国古代海洋发展史中,大体可以分为官府治海和民间讨海两个层次,官府治海主要体现在海疆图和海防图中,传达的是官方海洋控制利用空间;民间讨海主要体现在航海图中,传达的是海洋社会群体的生存发展空间。因此,在了解各类古代航海要素后,笔者希望从航海图中各条航线出现、变化和消失中反向推断海洋社会群体生存发展空前变迁过程,从海防图和海疆图中得出官方开发、利用和管理海洋空间的变迁历史。

最后,需要说明的是,从海洋社会经济史角度解读中国古代历史海图的论著不多,专门以16—18世纪的中国历史海图为研究对象似尚属首次,加上笔者学识精力有限,所查资料不可能全面到位,相关研究的主要目的是希望能抛砖引玉,引起有志之士对中西历史海图的异同、西人绘制我国海域地图等相关课题作深入研究,并以此为基础,较全面客观地构建我国海洋文明发展史,为如何制定有利于海洋社会经济发展的政策提供一定的历史借鉴。

第二章　16—18世纪中国历史
海图典藏管窥

　　我国陆海兼具,从海洋视角看陆地,我国疆域像一支熊熊燃烧着的火炬。沿海居民在历史上或渔猎,或航海贸易,进行着认识海洋、开发利用海洋的一系列活动,孕育了悠久的海洋文明发展史。历史海图,是海洋社会群体伟大的经验总结,是他们开发、利用和驾驭海洋的智慧结晶。然16—18世纪的中国历史海图有何特点? 有多少留存至今? 如何对之进行分类? 本章以此为切入点,对16—18世纪中国历史海图的内涵进行界定,并着重将自己所收集的历史海图进行一个全面的整理介绍,以助于对此时期的中国历史海图有一个更好的认识和了解。

第一节　16—18世纪中国历史海图定义

　　对于海图的定义,前人已有较多论断。有人认为"海图是地图中的一个门类","海图的定义应与地图的定义基本相同",地图的定义有"按照一定的数学法则,根据各自的具体用途,经过选择和概括,并用符号将地球表面上的各种或某一种自然现象和社会现象的分布、状况和联系缩小表示在平面上的图形"、"地图属于空间符号模型,即利用符号语言,给出所表示现象的空间关系和空间形式上的视觉图解"、"地图是处理、提供和分析空间信息的一种特殊形式",而海图以海洋及其毗邻的陆地这一特定区域为描绘对象,因此可将海图定义为"按照一定的数学法则,根据各自的具体用途,经过选择和概括,并用符号将海洋及其毗邻陆地的表面上的各种或某一种自然现象和社会现象的分布、状况和联系缩小表示在平面上的图形"、"海图属于海洋空间符号模型,即利用符号语言,给出所表示现象的空间关系和空间形式上的视觉图解"、"海图是处理、提供和分析海洋空间信息的一种特殊形式"。① 与这个定义侧重从视觉层面剖析海图不同,部分学者更看重海图所蕴藏的海洋文明信息,将海图定义为"包括海洋自然环境信息和社会经济信息的一种图形表达方式,是海洋信息传输、贮存、转换和显示的重要工具和手段之一"②。换言之,前者注重海图的地图属性,后者注重海图的历史属性,虽说二者定义不同,但却从不同层面为我们揭示了历史海图的不同属性,为我们研究历史海图提供了不同的解析维度。为给 16—18 世纪的中国历史海图下一个比较贴切的定义,笔者拟先从地图属性和历史属性两方面对当时的历史海图进行比较分析,而后综合判定其内涵和外延。

一、16—18 世纪中国历史海图的地图属性

16—18 世纪的中国历史海图,虽然绘制区域对象与陆地舆图不同,绘制手法和精准度也相差甚大,但其绘制原理与陆地舆图一脉相承,均由"制图六法"演算绘制而成。

(一)中国古代地图测绘之法。中国古代地图测绘有其一套规则和程序,包括比例尺、代表符号、测量方法等。秦汉时期的《周髀算经》就有关于比例尺的具体记载:"七衡图。凡为此图,以丈为尺,以尺为寸,以寸为分,分一千里"③,此法在《兆域图》得到贯彻。之后,出现了符号表示法。如马王堆出土的《地形图》,以闭合曲线表示地貌,以粗细不等的曲线或专用色彩表示水系,用形状不同、大小不一的符号表示居民地,等等。而大约在公元 50—100 年间的东汉初期,出现了一部里程碑式的数学著作《九章算术》④。其著者不详,只知道汉代张苍、耿寿昌先后进行过增订删补。该书

---

① 楼锡淳、朱鉴秋:《海图学概论》,测绘出版社 1993 年版,第 1—2 页。
② 汪家君:《近代历史海图研究》,测绘出版社 1992 年版,第 1 页。
③ 赵爽注:《周髀算经》,上海古籍出版社 1990 年版,第 30 页。
④ 刘徽注,李淳风注释:《九章算术》,中华书局 1985 年版。

共分九部分：一、方田，讲述面积计算；二、粟米，讲述按比例交换；三、衰米，讲述按比例分配；四、少广，讲述反解边长；五、商功，讲述工程量(体积)计算；六、均输，讲述按条件摊派；七、盈不足；八、方程；九、勾股，讲述测量高、深、广、远。九部分共讲述 246 个问题，与测量直接或间接有关的有 90 个问题，约占 2/5。其中很多是典型的测量问题，如求山的高度、地的长度等。从测量角度考察，这部著作已具有测量学的雏形。至魏晋时期，裴秀进一步提出了地图绘制六法，认为"制图之体有六焉：一曰分率，所以辨广轮之度也。二曰准望，所以正彼此之体也。三曰道里，所以定所由之数也。四曰高下，五曰方邪，六曰迂直，此三者各因地而制宜，所以校夷险之异也。有图像而无分率，则无以审远近之差；有分率而无准望，虽得之于一隅，必失之于他方；有准望而无道里，则施之于山海绝隔之地，不能以相通；有道里而无高下、方邪、迂直之校，则径路之数必与远近之实相违，失准望之正矣，故以此六者参而考之。然后远近之实定于分率，彼此之实定于准望，径路之实定于道里，度数之实定于高下、方邪、迂直之算。故虽有峻山巨海之隔，绝域殊方之迥，登降诡曲之因，皆可得举而定者。准望之法既正，则曲直远近，无所隐其形也"①。标志着中国古代地图测绘技术已经达到一个相当的高度。

(二)中国古代测绘沿海岛屿之方法。在这些测量技术发展的基础上，著名的《海岛算经》亦为我们提供了古人测绘沿海岛屿的方法。在《九章算术》等的影响下，出现由刘徽完成的讲述测量问题的《海岛算经》(原名《重差》，为《九章算术》一卷，唐代改单行本，为此名)。这部著作可以说是理论测量学，为测绘科技体系形成奠定了基础，对后来的数学演算及海洋测绘影响深远，在后来的史书中多有记载。如："《海岛算经》(一卷)，刘徽撰"②；"李淳风……注《海岛算经》一卷"③；"《海岛算经》一卷，(原释)刘徽撰，云海岛者，取其首篇所算言之"④；"晋刘徽《海岛算经》，按徽自序，是书当名重差，初无海岛之目，亦仅附于勾股之下，不别为书。《唐书·艺文志》始有

---

① (唐)房玄龄等：《晋书》卷 35《列传第五·裴秀》，清乾隆武英殿刻本。
② 《旧唐书》卷 48《志》第二十七。
③ 《新唐书》卷 59《艺文志》第四十九。
④ (宋)王尧臣撰，(清)钱东垣辑释：《崇文总目辑释》卷 3，清汗筠斋丛书本。

刘徽《海岛算经》之名，而隋志、唐志又有刘徽《九章重差图》，或亦以另本单行，至唐志又列刘向《九章重差》一卷，则直误以刘徽为刘向，而重出矣。今据永乐大典本校正"①；"又刘徽序九章云：徽寻九数，有重差之名，凡望极高、侧绝深，而兼知其远者，必用重差。辄造重差，并为注解，以究古人之意，缀于勾股之下。度高者重表，测深者累矩，孤离者三望，离而又旁求者四望，按此即今之《海岛算经》也"②。明清时，西学传入，人颇有能体认数之重要者，传承前世算术之精华，开明代数算的广大。清人梁章钜有记："阮芸台先生曰：数为六艺之一，而广其用则天地之纲纪、群伦之统系也，天与星辰之高，远非数无以效其灵；地域之广轮，非数无以步其极；世事之纠纷繁赜，非数无以提其要。通天地人之道，曰儒。孰谓儒者而可不知数乎？自汉以来，如许商、刘歆、郑康成、贾逵、何休、韦昭、杜预、虞喜、刘焯、刘炫之徒，凡在儒林类，能为算。惟后之学者，喜空谈而无实，薄艺事而不为，其学始衰耳。自我圣祖仁皇帝御制数理精蕴，高宗纯皇帝钦定历象考成，诸书既行，而海内之精数学者，亦后先辈出。专门名家则有若：吴江之王锡阐，淄川之薛凤祚，宣城之梅文鼎。儒者兼长则如：吴县之惠士奇，婺源之江永，休宁之戴震，钟祥之李潢，元和之李锐，皆有撰述流布人间。我朝算学之盛，盖从古所未有矣！"③其中，钟祥人李潢即撰有《海岛算经细草圆说》④一书，《畴人传》载："李潢，字云门，钟祥人。乾隆三十六年进士，由翰林官至工部左侍郎，博综群书，尤精算学，推步律吕，俱臻微妙。与开化戴大司寇简恪公共究中西之奥，两人皆宗中法，道同志合，交称莫逆。著《九章算术细草图说》九卷，附《海岛算经》一卷，共十卷。"⑤

综观《海岛算经》，主要论述如何在陆地测量海中岛屿和港口等的知识。关于在陆地上测量海岛的高度和海岛与陆地的距离，《海岛算经》命题

---

① 《清通志》卷112校雠略，文渊阁四库全书本。
② （清）沈钦韩撰：《汉书疏证》卷23，清光绪二十六年浙江官书局刻本。
③ （清）梁章钜：《退庵随笔》卷3，清道光十六年刻本。
④ 复旦大学图书馆藏，清嘉庆二十五年语鸿堂刻本，《续修四库全书》子部天文算法类，第1041册。
⑤ （清）阮元撰：《畴人传》卷49，文选楼丛书本。

为："今有望海岛,立两表,齐高三丈,前后相去千步。令后表与前表参,相直。从前表却行一百二十三步,人目着地,取望岛峰与表末参合。从后表却行一百二十七步,人目着地,取望岛峰亦与表末参合。令问岛高及去表各几何?"在李淳风之前已有人进行解答,即"答曰岛高四里五十五步,去表一百二里一百五十步",但却没有详细解释计算过程,只是说"以表高乘表间为实,相多为法,除之所得,加表高即得岛高"、"求前表去岛远近者,以前表却行乘表间为实,相多为法,除之得岛去表里数",于是李淳风等作如下注释:"岛谓山之顶上,两表谓立表木之端,直以人目于木末望岛参平。人去表木一百二十三步,为前表之始后,立表末至人目,于木末相望。去表一百二十七步,二表相去为相多,以为法。前后表相去前步为表间,以表高乘之为实,以法除之加表高即是岛高。积步得一千二百五十五步,以里法三百步除之,得四里余五十五步,是岛高之步数也"、"前去表乘表间得十二万三千步,以相多四步为法,除之,得三万七百五十步,又以里法三百步除之,得一百二里一百五十步,是岛去表里数"。在这里,涉及古代数术中的几个名词,如"实"、"法"等,这些似乎已经独立于具体命题之外,变成一个公式化的存在,只要确定好"实"、"法"等数目,即可按照已经推断出来的公式或乘或除而得出想要的答案。

之后,李潢以图形形式,运用三角几何的原理,对此结果进行精密的推论。首先,根据题意,李潢做出如此解释:"岛谓山之顶上,两表谓立表木之端,直以人目于木末望岛,参平当作岛峰,谓山之顶上。

立两表齐,谓立表末。令端直,以人目于表末,望岛参平。二表相去为相多,当作二表相减为相多。"据此,李潢将表述化为几何图形,见望岛图:甲乙为海岛,甲为岛峰。丙丁为前表,戊丁为前去表,戊为人目,戊丙甲为前表望岛峰。巳庚为后表,辛庚为后去表,辛为人目,辛巳甲为后表望岛峰。

如题可知:前表=后表=3 丈,丙巳=丁庚=1000 步,丁戊=123 步,庚辛=127 步。

为方便解答，李潢画了两条线，一是与庚戌丁平行作巳丙辰，一是与丙戌平行作巳壬。

根据平行线原理可推出：辰乙＝丙丁＝巳辰，壬庚＝丁戌，同时得出△巳庚辛∽△甲辰巳，△巳庚壬∽△甲辰丙。

根据勾股定理和相似三角形原理推出：辛壬/巳庚＝巳丙/甲辰，壬庚/丙辰＝辛壬/巳丙。清孙诒让撰之《墨子间诂》（清光绪二十三年刻本）卷十云："郑笺云，平齐等也，毕云言上平，陈澧云此即《海岛算经》所谓两表齐高也。又《几何原本》云，两平行线，内有两平行方形，有两三角形，若底等则形亦等。其理亦赅于此案"。

根据当时的长度单位换算：一丈＝十尺，六尺＝一步，一里＝三百步。

因此，代入已知数字，算出甲辰为1250步，甲乙（岛峰）为1255步，合计四里五十五步；丙辰（前表与岛的距离）为30750步，合计102里又150步。

其他图形虽未以海岛为名，然亦可在测绘海岛之时发挥作用，如清人陶澍云：

> 魏刘徽作重差，具勾股之体，着测量之用。其自序云"徽，幼习九章，长再详览，辄造重差，缀于勾股之下。度高者重表，测深者累矩，弧离者三望，离而又旁求者四望"。是其书本名重差，后人以第一问望海岛遂名之为《海岛算经》。云差者何？勾差股差也。重差者何？以小勾股差为大勾股差之率也。凡望极高，测绝深，而兼知其远者，必用重差，勾股则以重差为率。其设问有九：一曰望海岛，二曰望松生山上，三曰南望方邑，四曰望深谷，五曰登山望楼，六曰东南望波口，七曰望清渊白石，八曰登楼望津，九曰登山临邑。其术由疏而密，始用今有，继用重今有，其义由浅而深，始以表高为率，继以入表为率，继且以前去表减景差为率，登山临邑一问，具三望四望之义，故着于篇终。由此推之，凡天之高，地之广，星辰之远，江海之深，故营之遐迩，师旅之多寡，皆可以测量知之。①

---

① （清）陶澍：《陶文毅公全集》卷36《文集》，《重差图说序》。

其实,运用这些测绘之法绘制海图时,因目测距离有限,只能绘制海洋毗邻的陆地区域及其沿海地带,而在外海及远洋图形绘制时必须辅以文字贴说方可使用,《郑和航海图》就是一个显著例子。虽然此图填补了之前各类海上交通图、海外诸域图、海道图、海道指南图等必须(图文齐全)才能引导航行的缺漏,但主要描绘的是航线主航道及其附近的礁石、浅滩和山形、水势,在岛屿港口间道里远近之数、前进方位问题上所注明更数、针位等文字,均是航海经验的累积,而非客观测算的结果。

二、16—18 世纪中国历史海图的历史属性

海图是海洋社会经济发展到一定程度的产物,是以海洋活动场所为绘制对象并服务于海洋社会经济活动的,蕴藏着丰富的海洋人文内容。回顾中国古代海图,我们发现除海岸线、海中岛屿等自然环境外,还有航路指南和沿海州府卫所等人文内容。

航路指南是随着航海等海洋活动的开展而逐步形成、发展起来的,是海洋社会经济发展到一定高度的标志。我国航海活动古已有之,以至孔子有"道不行,乘桴浮于海"①之言,齐景公有"游于海上而乐之,六月不归"②之行,秦始皇更派徐福"入海求仙人"③。汉代有了对航海路线的记载,如《汉书·地理志》记载:"自日南障塞、徐闻、合浦,船行可五月,有都元国。又船行可四月,有邑卢没国。又船行可二十余日,有谌离国。……自夫甘都卢国船行可二月余,有黄支国……自黄支国船行可八月,到皮宗。船行可二月,到日南象界云。"《法显传》记载了法显于东晋义熙五年(409)冬季从印度乘船,经狮子国、苏门答腊、广州至青州长广郡牢山南岸(今山东崂山以南)的经历。至唐,出现了有关海图的明确记载。唐中期贾耽(730—805)于贞元十七年(801)撰述《海内华夷图》一卷及《古今郡国县道四夷述》四十卷。《古今郡国县道四夷述》则详述交通四夷路线,此书虽佚,但应与《新唐书》中所载入四夷之路相似,中含"登州海行入高丽渤海道"和"广州通海夷道"

---

① 《论语·公冶长》。
② (西汉)刘向:《说苑·正谏篇》。
③ 《史记》卷6《秦始皇本纪》。

两条海上航行路线。① 而据《旧唐书》载，《海内华夷图》"广三丈，纵三丈三尺，率以一寸折成百里。别章甫左衽，奠高山大川，缩四极于纤缟，分百郡于作绩。宇宙虽广，舒之不盈庭。舟车所通，览之咸在目"②。在此，以华夷之分为基础，郡国、山川所在为依据，按一定比例（一寸折成百里），将舟车所至绘制成图，已然将海外诸夷形胜绘于纸上，而这一切均建立在中外海陆交通发展的基础之上。正如《旧唐书》所言，"耽好地理学，凡四夷之使及使四夷还者，必与之从容，讯其山川土之终始。是以九州之夷险，百蛮之土俗，区分指画，备究源流"③。降及宋元，除岛夷之国外，对航路中的岛屿有了更细致的绘制与记载。宋人徐兢撰修的《宣和奉使高丽图经》，在卷 34 至卷 39 中记录"海道"时，详细记述从中国甬江口招宝山出发到高丽沿途所经岛洲图屿。其中，"可以聚落者曰洲"，"小于洲而亦可居者曰岛"，"小于岛则曰屿"，"小于屿而有草木则曰苫"，"而其质纯石则曰焦"，并绘之为图。同时，在沿海航运中，保存着迄今为止最早的航路图——《海道指南图》。《海道指南图》表示的内容比较简单，图上绘出江岸及海岸，沿岸注记各种地名，在水域注记洋名、岛名、河口名等，同时还有少量有关航行的说明注记。明初，《郑和航海图》将图文合一，实现了以图导航。这些航路指南，不仅是航海技术的证据，更是海洋活动群体走向海洋、开发海洋、利用海洋的珍贵史料。

明清时期，由于海上交通发达，官府对近海海域的管控十分重视，体现在海图上的就是沿海州府地理位置及卫所设置情况非常具体。如：《筹海图编》以省域分广东、福建、浙江、直隶、山东和辽阳等六个部分，各地绘一总图，再以若干州府分图细述之。全图上陆、下海、上北、下南、左西、右东，分别标注四至疆界，总图详记府县名称，分图注重险要地势和卫所、巡司等军事驻地，近海有主要岛屿的标记。广东沿海总图：四至地理为东至福建漳州府漳浦县、南至香山县大洋界、西至广西梧州府苍梧县界、北至赣州府信

---

① 《新唐书》卷 43《志》第三三《地理志》七下。
② 《旧唐书》卷 138《列传》第八八《贾耽传》。
③ 《旧唐书》卷 138《列传》第八八《贾耽传》。

丰县界；图中省城广州府以大幅城墙图形表示，其余除潮州外，从左到右以双层方框标注廉州府、雷州府、琼州（今海南省）府、高州府、惠州府等沿海州府；外海标注的岛屿从左到右有：珠池、七星洋（以七个圆圈表示）、香山县、抱旗山、东莞县、九星洋（以九个圆圈表示）、虎头山、伶仃山、校杯山、横琴山、南星门、翁鞋山、桃浪屿和南澳山；①福建沿海总图：沿海州府用城墙形态表现，从左至右分别为漳州府、泉州府、兴化府和福州府；而其他的卫所及沿海岛屿均用长方形方框标示；外海标注的岛屿从左到右有：陆汉、南澳山、叙山屿、湖上、大嵩、南镇屿、青屿、小担屿、大担屿、东嶝屿、双屿、澎湖屿、许屿山、海坛山、葫芦屿山、南昌水寨、日屿山、南茭、下竿塘山、上竿塘山、大嵛山、官井澳、小嵛山等，并在图中详细标注了沿海卫所、巡司、内港及陆上驿站；在漳州府境特别标出月港及其出海岛屿海门屿、日屿、宰牛屿等，而路上驿站则有甘棠驿和江东驿；在泉州府境标有浔尾渡和东店驿；在兴化府境标有亭驿、蒜岭驿及宠路驿；②与广东、福建沿海总图相比，浙江沿海总图对沿海岛屿的关注度低，只有舟山所所在地有提及，其他只有各府县名称的标注；各府以城墙形式标记，从下到上分别为温州府、台州府、宁波府、绍兴府、杭州府及嘉兴府；以长方形标出各州县，近海各县从下到上标有平阳县、瑞安县、乐清县、黄岩县、太平县、象山县、奉化县、宁海县、定海县、崇德县、海宁县、海盐县、平湖县及嘉善县。③ 这些沿海州府卫所的标注，结合舆图绘制年代，是中国海疆史研究的重要资料。

综上，16—18 世纪的中国海图具有如下特征：1. 以海洋社会群体的生产和生活区域为描绘对象，包括海洋及其毗邻的陆地区域；2. 以贴说形式辅助图形，使用者在应用时须结合图说方能完整使用；3. 包含大量的航海贸易和海洋管理等海洋社会经济发展信息，是中国海洋社会经济史研究的重要资料来源。据此，该时期的中国海图可定义为：依据一定的地图测绘规则，辅以文字贴说，有选择地描绘海洋及其毗邻陆地的自然环境、航行线路和行政军事建制的图形。

① （明）郑若曾：《筹海图编》，中华书局 2007 年版，第 218—219 页。
② （明）郑若曾：《筹海图编》，中华书局 2007 年版，第 250—251 页。
③ （明）郑若曾：《筹海图编》，中华书局 2007 年版，第 286—287 页。

根据这一定义,在搜集和整理历史海图过程中,笔者根据历史海图文字贴说内容对历史海图进行整理分类,大体将其划分为航海图、海防图和海疆图三大类。航海图主要为指导到达航行目的地而作,其文字贴说内容大都为航路指南及航海路线,随着航海贸易的发展而日臻完善;海防图主要为指导如何更好地防御敌人由海上发动的攻击而作,其文字贴说内容大多为沿海哨所分布及海上进攻路线说明,随着海防的不断深化而日益精确;海疆图主要是为了明白所属疆界的地理概况,其文字贴说内容主要是行政区划及地理概况,兼具沿海航路情况介绍,随着海洋开发和管理的深入而渐趋完善。

第二节　16—18世纪中国的航海图

此一时期的航海图留存不多,有的已然残缺不全,但大致可分为近海航行和远洋航行这两大类。在考证这些航海图时,对于已有考证部分,笔者重于增补辨析;对于深藏古籍之中、尚不多见者,则倾向于图经内容的介绍。

一、近海航行

（一）《古航海图考释》

此航海图,系旧抄本,乃章巽先生于1956年春"在上海来青阁书庄旧书堆中检出,店员云系从浙江吴兴收得","无书名题记、作者姓氏,亦无传抄者文字记录。其中有航海地图六十九幅,黄毛边纸抄绘,每幅纵0.27公尺,横0.28公尺,装订成册"。①

至于该图册绘制时间,章巽先生根据"江南地方"、"浙江地方"、"福建地方"等省名推断可能在1645—1667年间,即江南省名存在时间,而后结合"卫城"、"大生卫城"等注记,推断成图上限为1645年,下限约为1734

---

① 章巽:《古航海图考释》,序言,海洋出版社1980年版,第1页。

年,并指出:"这册抄本航海图和雍正八年(1730)成书的《海国闻见录》,以及大约十八世纪初期成书的《指南正法》,大体上当属相近的年代——这样的说法,出入应该不太大。"①此提法当然没有问题,此亦可从图册的编纂体例上得到证明。此图册顺序为自北而南,从辽东到广东,与清时绢本彩绘之"各省沿海口隘全图"②、"中华沿海形势全图"③、"四海全图"④等的编制顺序一致;而明代存留的沿海全图大都自南而北,如"万里海防图"⑤、"沿海山沙图"⑥、"海不扬波图"⑦等。但上限可推至何时?我想"图二十一"中将云台山和陆地联结,可提供一定线索,据《云台山志》记:"康熙庚寅、辛卯(1710—1711)间海涨沙田,始通陆路"⑧,以此观之,此图册的绘制年代上限似应在康熙五十年(1711)后。

但必须注意的是,此图册是在明时民间航海底本的基础上摹绘的,图中不但有大量明时地名,如"卫城"、"大生卫城"、"南京港口"、"茶山"、"南亭门"等;⑨还有一些民间口头传说的岛屿发音,"如山东的之罘岛或芝罘岛,它却写作子午岛;成山头或成山角,它却写作青山头;劳山或崂山,它却写作老山"⑩。从中可知,海图作为航海活动经验累积的上层产品,是对某些较成熟航线的提炼升华,并非朝夕可得,且其绘制后,又被广泛应用于航海活动中,图中具有前代、民间的痕迹,实属正常。

只是民间底本给古今地名考订带来一定的困难,加上当时章先生主要

---

① 章巽:《古航海图考释》,序言,海洋出版社1980年版,第5—6页。

② 冯明珠、林天人(主编):《笔画千里:院藏古舆图特展》,台北"故宫博物院"2008年版,第36页。

③ 北京图书馆编:《皇舆遐览:北京大学图书馆藏清代彩绘地图》,中国人民大学出版社2008年版,第238页。

④ 陈伦迥:《海国闻见录》,(景印)《文渊阁四库全书》(第594册)。

⑤ 郑若曾:《郑开阳杂著》,(景印)《文渊阁四库全书》(第584册)。

⑥ 郑若曾:《筹海图编》,中华书局2007年版。

⑦ 冯明珠、林天人主编:《笔画千里:院藏古舆图特展》,台北故宫博物院2008年版,第30页。

⑧ (清)崔应阶重编,吴恒宣校订:《云台山志》,《中国方志丛书》华中地方第468号,成文出版社(台北)1983年版。

⑨ 章巽:《古航海图考释》,序言,海洋出版社1980年版,第6—7页。

⑩ 章巽:《古航海图考释》,序言,海洋出版社1980年版,第1页。

参考的是《大清一统舆图》（同治二年湖北刊本）、《申报馆中华民国新地图》（曾世英等编纂,1934 年出版）和《中华人民共和国地图集》（地图出版社编绘,1957 年出版）等三种地图,虽然也有参考《嘉庆重修一统志》、《海国闻见录》、《中国江海险要图志》、《郑和航海图》、《两种海道针经》和《中华人民共和国行政区划简册》等图籍,但明时的舆图只有《郑和航海图》和《两种海道针经》两种,而这两种舆图中均没有关于刘家港以北洋面的内容,因此在考释此部分舆图地名时多有不详之处。这就是章先生所说的"六十九幅地图,彼此分散,中间缺少比较精密而有系统的联系,并未能打成一片。每一幅图里面,也只画了一些粗线条的山礁地形,加上一些地名以及有关水文、针位和船路的注记"。①

因此,笔者根据手头上的资料,将古航海图与《海运图》等图籍进行对比,在发现一些章先生未详细标注的地望位置之余,亦对此套图册之间的内在联系有了初步体会。

首先,在地望位置方面,对部分章先生标注不详之处,作些微考释,冀望在确认古航海图地理位置方面有所补益。

第一,古航海图图十二之乌石岛,章氏注记"不详。疑为《大清一统舆图》中青鱼滩口略南之倭岛"。按图册前后顺序,当为青鱼滩后,图十三之马头水前。据清人椿寿《浙江海运全案》中的北洋海运航线图,青鱼滩和马头嘴中有一石岛,当即此乌石岛。

第二,古航海图图二十二之奶奶山,章氏注记不详。清谢元淮撰之《养默山诗稿》（清光绪元年刻本）卷 23 有其游秦山和鹰游山的记载,并言"秦山,俗名奶奶山",莺游山"在青口东六十里大海中……壬辰闰九月四日巡哨海面,登秦山以瞭外洋,遂乘潮抵山下"。据《中华沿海形势全图奉天、直隶、山东沿海图·左部》注记,小河口外有虞游山和秦山,即指此。另据清人椿寿《浙江海运全案》中的北洋海运航线图,鹰游门旁有秦山,外有奶奶山,疑为作者不知秦山即奶奶山,故重复记之。

第三,古航海图图五十四之狮来,章氏注记"不详。当为大、小担山间一

---

① 章巽:《古航海图考释》,序言,海洋出版社 1980 年版,第 1 页。

小岛"。据清郝玉麟、谢道承、刘敬与等编纂之《福建通志》(清乾隆二年刻本)中的"福建海防图"①在大担与小担间有一"狮球"标注,当即此之"狮来"。

第四,古航海图图五十五之九节礁,章氏注记"不详。当在浯屿附近"。据清郝玉麟、谢道承、刘敬与等编纂之《福建通志》(清乾隆二年刻本)中的"福建海防图"②中的浯屿汛外有九节礁标注。

第五,古航海图图五十八之白鸭,章氏注记"不详。疑为《中国江海险要图志》虎头澳口亚孟头石",下注"似即白鸭母石"。据清郝玉麟、谢道承、刘敬与等编纂之《福建通志》(清乾隆二年刻本)中的"福建海防图"③中的浮头港外标有"白鸭礁",并言"白鸭礁,系浮礁,北属金门左营管辖,南属铜山营管辖,兵船时常在此巡哨"。

第六,古航海图图六十五之赤屿,章氏注记"不详。当在赤澳大山附近"。但观古航海图,图中赤屿和南澳山邻近。《(嘉庆)大清一统志》卷446南澳山条有"大海中有南澳山,中分四澳,东曰青澳,北曰深澳……深澳内宽外险,中容千艘,蜡屿、赤屿环列其外",应即此赤屿。

其次,对章先生文内已考证之地名,觉得尚有可补充论证之处,在此稍提拙见,望对进一步的考证有所助益。

第一,古航海图图十六之水凌,章氏注记"不详。疑为《申报馆中华民国新地图》第24图中的水灵山岛"。而清人椿寿《浙江海运全案》中的北洋海运航线图中,在劳山西面淮子口外有注一"水林",当即是此"水凌"。

第二,古航海图图五十四之丈八礁,章氏注记"在黄杆附近。《两种海道针经》153页所说'黄官仔内有沉礁名曰丈八,又狗齿沉礁,行船可防',即是此礁"。而据清郝玉麟、谢道承、刘敬与等编纂之《福建通志》(清乾隆二年刻本)中的"福建海防图"④小担炮台西有"丈八礁"注记。

第三,古航海图图六十八之南亭门,章氏注记"当在今珠江口,应在翁(弓)鞋山之西北"。《天下郡国利病书·广东上》有引用《海语》句"自东莞

① 《四库全书》第527册,第62页。
② 《四库全书》第527册,第62页。
③ 《四库全书》第527册,第61页。
④ 《四库全书》第527册,第62页。

之南亭门放洋至乌猪、独猪、七洲三洋"。《海国图志》卷8《东南洋》中言及暹罗时亦引用此语。张燮所著《东西洋考》卷9《舟师考》①中亦载有：弓鞋山前为南亭门，南亭门对开，打水四十七托，用单坤，取乌猪山。《郑和航海图》中在翁鞋后绘有南停山，在香山所东边，当即此南亭门所在。

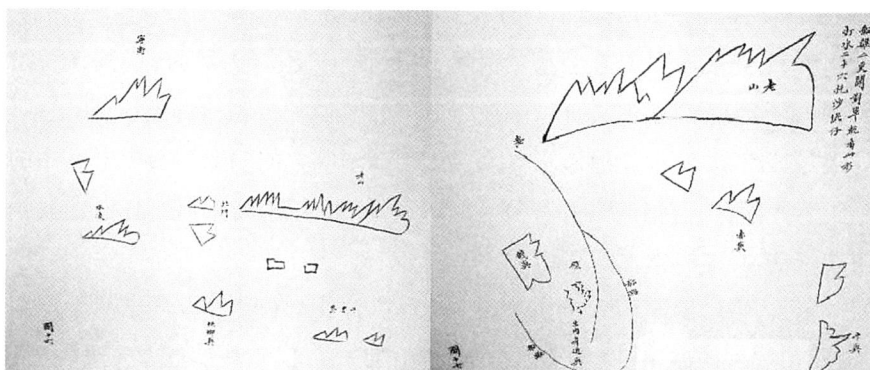

图 2-1　总图与分图（左边为总图，右边为分图）

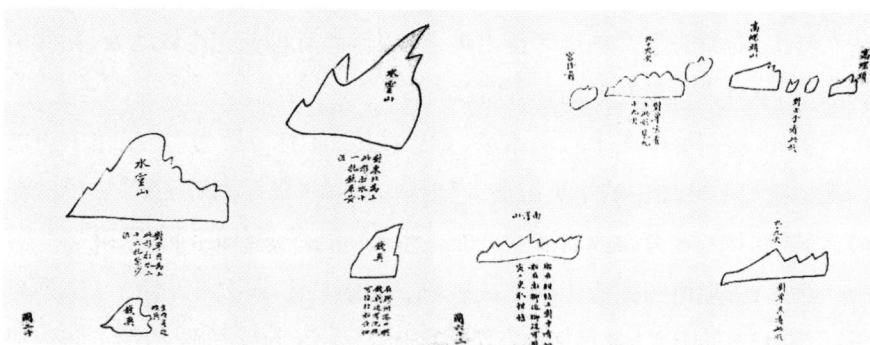

图 2-2　不同方位看同一岛屿或山体　　图 2-3　同一岛屿或山体图形大小不同

再次，既然是一个图册，其中各幅海图之间没有任何联系，是难以想象的。朱鉴秋在《海图学概论》中指出古航海图"图幅配置合理；且已具有总图与分图，主图与附图的原始形态"，总图与分图形态"如'图十六'包括山东半岛南部胶州湾南方一带，'图十七'是胶州湾口，后者范围包括在前者中间……这两幅图可以看作是现代区域总图与分图的原始形态"（见图 2-

———————

①　中华书局 1981 年版，第 172 页。

1）。总图与附图形态表示"后者可以看作是前者局部地区的不同图形,这有两种类型:一是从不同方位看同一岛屿或山体"(如原"图二十",见图2-2);"另一种是同一岛屿或山体图形大小不同"(如原"图六十二",见图2-3)。①

除图幅配置外,此图册还有一个重要线索,即大致按几条航线进行描绘,据笔者初步梳理,主要可以分为以下三条:第一条,图七至图一,登州至辽河口航路,主要航程为登州——庙岛群岛——旅顺口——菊花岛——天桥厂(辽河口);第二条,图二十二至图六,海州至天津海路,主要航程为海州——胶州——老山(崂山、劳山)——卫城(乳山)——马头水(嘴)——青鱼滩——青山头——刘公岛——子午岛(芝罘岛、之罘岛)——长山岛、庙岛、黑山——天津;第三条,图二十三至图六十八,茶山至广东甲子湾附近航线,主要航程为茶山——尽山(陈钱山)——普陀山——钓邦——大小鹿——南北杞——东湧——海坛山——南坵——湄州——料罗——南太武——铜山——南澳——甲子澜——猫屿。

(二) 海运图

明代后期的舆图集中,大都收有"海运图",是为元末明初南方与北方之间"海运"服务的专用海图,"在较小的幅面内表示较大的制图范围,内容要素比较简单,这类似于近代、现代一种以表示海上航线为主要内容的'海上交通图'、'海上航运路线图';故也可以说,明代的海运图是我国古代的海上交通图"②。此类舆图留存较多,明末的各类舆图集和地理类书籍中多有摹绘,较常见的有《海道经》之《海道指南图》、《广舆图》之《海运图》、《皇明职方地图》之《海运图》、《地图综要》之《海运图》、《三才图会》之《海运图》、《新刻皇明经世文编》之《海运图》、《郑开阳杂著》之《海运图说》等,下面分类述之。

首先,最原始、最简单的是《海道经》中的《海道指南图》③(见图2-4)。

---

① 楼锡淳、朱鉴秋:《海图学概论》,测绘出版社1993年版,第93—95页。

② 楼锡淳、朱鉴秋:《海图学概论》,测绘出版社1993年版,第88页。

③ (明)佚名撰:《海道经》(一卷,附录一卷),《四库全书存目丛书》史部第221册,第192—194页。

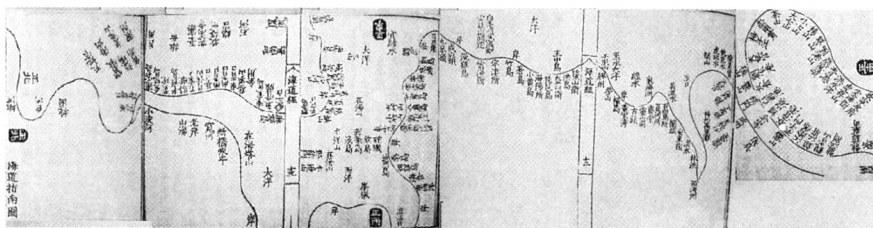

图 2-4 《海道经》之《海道指南图》

此图左北右南、上东下西，以线为航线（沿岸航行时为岸边），为 16 世纪时作者根据元海运增修本。"海道经一卷，浙江范懋柱家天一阁藏本，不著撰人名氏，惟书中扬子江一条，称其名曰璃，其姓则不可考。前有明嘉靖中应良序，疑为元初人所撰，而后人增修之，今观书末附朱晞颜鲸背诗三十三首，晞颜为元人，则此书亦出元人，可知矣。其书言海路要害，及占风雨、潮汛诸事，大抵皆为海运而作。其后歌诀，与今人所说亦同，然未免失之于太简"；"海道经一卷，户部尚书王际华家藏本，不著撰人名氏，纪海运道里之数，自南京历刘家港开洋抵直沽，及闽浙来往海道，凡泊远近、险恶宜避之地，皆详志之。又有占天云、占风、占月、占虹、占雾、占电、占海、占潮各门，盖航海以风色为主，故备列其占候之术，疑舟师习海事者所录，词虽不文，而语颇可据。考海运惟元代有之，则亦元人书也"。①

图中主要记录两条航线：第一条线为南京至宁波府，为一末合嘴之椭圆形状，依次经过：龙江提举司，龙江关，观音山，镇江府，江阴县，巫子门，谷渎港，福山港，白茆港，太仓，刘家港，天妃宫，扬子江，崇明嘴，茶山，大七山，小七山，杨山，讐山，刘港山，炭实头，青港，洪水洋，虎存山，定海卫，收宁波府。第二条线为龙江关至逃军涧，分线内线外标注，为方便叙述，将其分段说明：第一段自龙江关至西海州，线外经矶山、金山寺、礁山门、矶山、狼山、暸角嘴、桃花水、虎班水、开山、淮口，线内过仪真、瓜州、五圣庙、马驼沙、丁高县、海门县、天妃宫、扬州万里滩，最后收于西海州；第二段自西海州至胶州，线外经黄混水、东海州、绿水、黑水大洋、千里山，线内过林洪、滴水、安东卫、拦头、石臼岛所、夏河所、齐堂、灵山卫、古镇、董家

① （清）永瑢等：《四库全书总目》卷 75《史部》三十一，清乾隆武英殿刻本。

湾、福岛、劳山而至胶州;第三段自胶州至成山头,线外经主中岛(外为大洋)、白蓬头(急浪如雪,见则回避),线内过鳌山卫、洪岛、大嵩卫、琵琶岛、海阳所、小黄岛、著岛、竹岛、宁津所、靖海卫、漫鸡岛而至成山头;第四段自成山头至直沽口,线外经刘公山(外为官绿水)、大竹山、小竹山、车牛岛、沙门岛(在车牛岛和沙门岛间,由南自北标有砣矶、钦岛、韭菜岛、没岛、半洋山等岛屿),线内过九皋头、百尺崖、刘岛、威海、宁海、空空岛、芝界岛(按:应为芝罘岛之误)、八角岛、刘家汪、登州新河海口、桑岛、姆鸡岛、海仓、莱州洋而到直沽口;第五段为直沽口至梁房口,线外经峰墩、西洋、在海山、半边山、野鸡门、大洋、在海塔山,线内过新桥永平、宽河、老岸、山海、混水而到梁房口,内有桃园、白河、柳河等;第六段自旅顺口至梁房口,线外经麻姑岛、铁山而到旅顺口,线内过平豆口、双岛、爱子口、鱼骨厂、陈家岛、金州、乔麦山、东青口、南青口、西青口、北青口、弓弓亥口、石家口、骆驼、老雅岛、黄陀、兔儿岛、连云岛、角湖、盐场、宝墩、天妃宫,再里标有石河、栾口、收复州、苑马寺、五十寨、雄岳、盖州、濯州、老岸山、海州等;第七段自旅顺口至迤军涧,线外经石门口、黄洋川、平岛、沙门岛、城儿岛、海青岛而到迤军涧,线内过沙河口、和尚岛、凤凰。

其次,《广舆图》将海运图收入其中,成为后来海运图的一个范本。

《广舆图》为明罗洪先所制。罗洪先(1504—1567),字达夫,号念庵,江西吉水人。罗氏《广舆图》稿本约完成于嘉靖二十年(1541),初刻于嘉靖三十四年(1555)。初刻版开本为正方形,纵 34.5 厘米,横 35.5 厘米,内有海运图两幅。此图籍前后翻刻过七次,有明嘉靖三十七年(1558)、四十年(1561)、四十三年(1564)、四十五年(1566)、隆庆六年(1572)、万历七年(1579)和清嘉庆四年(1799)等不同刻本,流传甚广。[1] 而其中"海运图"亦在明末因解河漕运之疲、押运辽饷等因素得到重视。如《明经世文编》有记:"余往嘉靖辛亥视学广右时,吏事寡暇,辄取全史读之,观古人攻战处,以按覆舆图,其地里险夷远近,如在几席间。后移官江西,罗文恭公出广舆图相质正,余为刻于省中,因益知海道,自淮循岸屿薄燕蓟便甚……

---

① 阎平、孙果清:《中华古地图集珍》,西安地图出版社 1995 年版,第 59 页。

藏其语二十余年，隆庆辛未余起家，复守藩山东，会河漕告病，朝廷遣科臣按视，欲开胶莱河，以避大海通运事，不就。余曰：'即大海可航，何烦胶莱河也'。"①

此图籍在国外亦有流传，荷兰收藏的明刻本《广舆图》，现藏海牙绘画艺术博物馆，此版本的"海运图二"图版内的"象山"脱刻县的位置符号，"步州洋"海运路线也与辽宁省博物馆藏的嘉靖三十四年（1555）初刻本稍异，推为1555年版的某一刊本。②

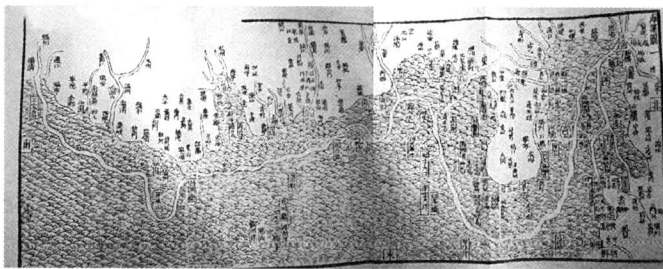

图 2-5 《三才图会》之《海运图》

因此，后来的舆图集中，均将《海运图》作为一个专题，进行收录。与《广舆图》中的《海运图》内容相近的是《皇明职方地图》之《海运图》、《地图综要》之《海运图》和《三才图会》之《海运图》，下面对《三才图会》之《海运图》（见图2-5）③进行说明。

此《海运图》与《海道指南图》相比，有两个明显的特点：一、范围更广了，除自刘家港至直沽口、辽河口外，增加了自福建福州北上部分。二、航线更加清晰明确了，首先是将陆海明确分开，而不是以文字"岸"来表示；其次是按航行方向、位置将航线用白色宽线明确表示，易于观看了解。

而《新刻皇明经世文编》之《海运图》（见图2-6）④和《郑开阳杂著》之《海运图说》（见图2-7）⑤则没有标出航线，只是将航线上的自然、人文地理

① 《明经世文编》卷344，王敬所集，明崇祯平露堂刻本，《海运志序》。
② 李孝聪：《欧洲所藏部分中文古地图的调查与研究》，载袁行霈：《北京大学中国传统文化研究中心国学研究》（第三卷），北京大学出版社1995年版，第489页。
③ （明）王圻：《三才图会》，上海古籍出版社1988年版。
④ （明）黄仁溥辑：《新刻皇明经世要略》（五卷），明万里刻本，《四库禁毁书丛刊补编》（第26册）。
⑤ （明）郑若曾：《郑开阳杂著》，（景印）《文渊阁四库全书》（第584册）。

信息标注图上。但郑开阳绘制的《海运图说》有几个特点值得注意:一、此图空间秩序为海上陆下,而之前的海运图均为陆上海下;二、此图说包含海运图和文字说明两个部分,是中国古代航海图的主要表现形式。

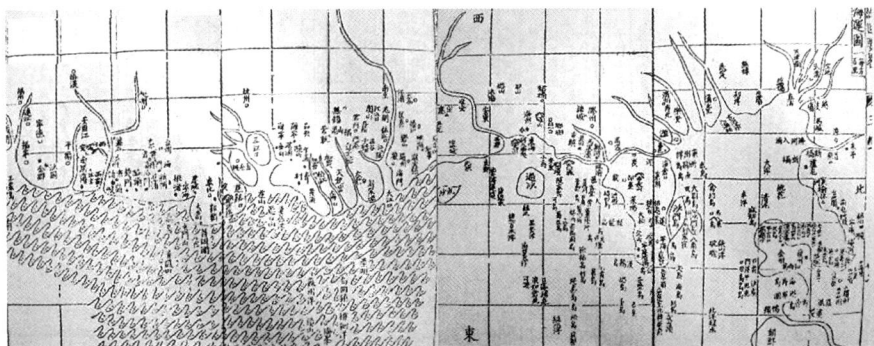

图 2-6 《新刻皇明经世文编》之《海运图》

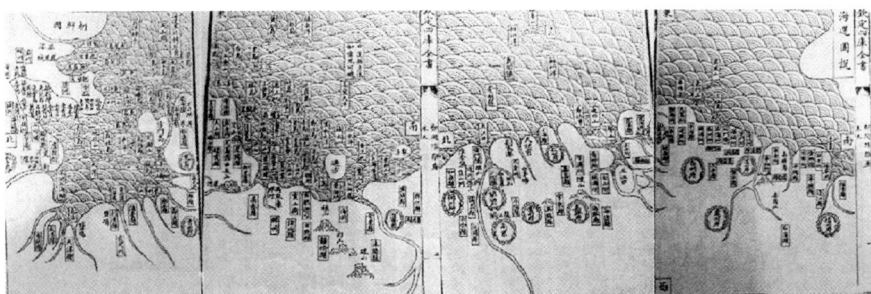

图 2-7 《郑开阳杂著》之《海运图说》

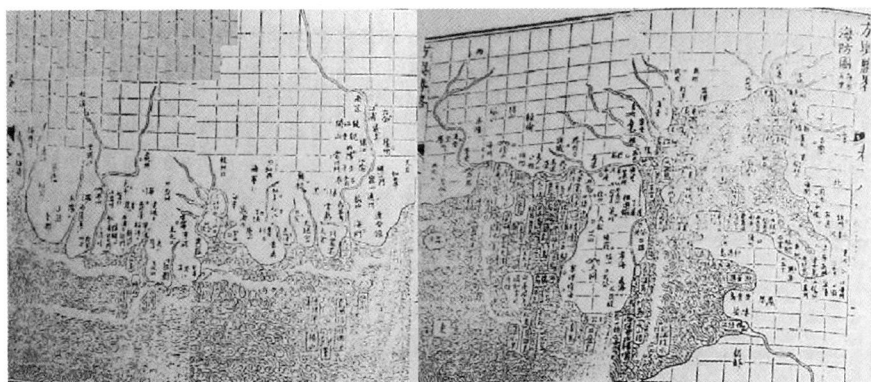

图 2-8 《方舆胜略》中《海防图》

再次,在辗转摹绘过程中,海运图被加上了新名字——"海防图",目前见到的有《方舆胜略》之《海防图》(见图2-8)①和《汇集舆图备考》之《海防图》(见图2-9)②,它们的内容和前边的"海运图"没有太大差别,但却被用作海防类图,这也说明了了解沿海航线在海防中的重要作用。

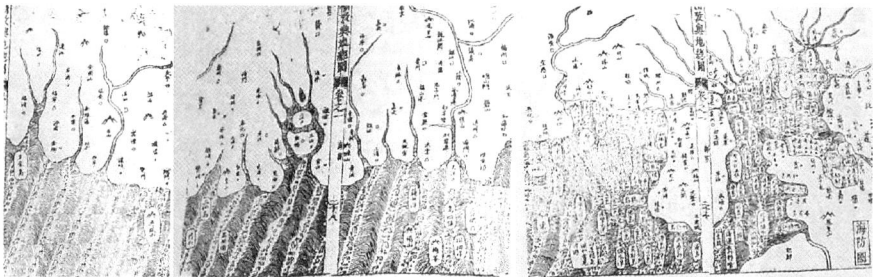

图2-9　《汇集舆图备考》之《海防图》

图2-10　《(康熙)山东通志》之《海运图》

最后,在海运重点省份的省府志中存在大量有关海运的内容,并绘有相关海域的海运图籍,如《(康熙)山东通志》中的《海运图》(见图2-10)③。

二、远洋航行

(一)《渡海方程》

目前关于《渡海方程》的记述主要载于董谷的《碧里杂存》,为方便论述,将其文摘抄如下:

> 余于癸丑岁见有《渡海方程》,嘉靖十六年福建漳州府诏安县人吴

---

①　(明)程百二等撰:《方舆胜略》,明万历三十八年刻本,《四库全书存目丛书》(史部第21册),第351页。

②　(明)潘光祖、李云翔辑:《汇集舆图备考》,清顺治刻本,《四库全书存目丛书》(史部第21册),第480—481页。

③　(康熙)《山东通志》,第30页。

朴所著也。其书上卷述海中诸国道里之数。南自太仓刘家河,开洋至某山若干里,皆以山为标准。海中山甚多,皆有名,并图其形,山下可泊舟或不可泊皆详备。每至一国则云此国与中国某地方相对,可于此置都护府以制之。直至云南之外,忽鲁谟斯国而止,凡四万余里。且云,至某国回视北斗离地止有几指。又至某国视牵牛星离地则二指半矣。北亦从刘家河开洋,亦以山纪之。所对之国亦设都护府以制之。直至朵颜三卫鸭绿江尽处而止,亦约四万余里云。下卷言二事,其一言蛮夷之情,与交则喜悦,拒之严,反怨怒。请于灵山、成山二处各开市舶司,以通有无,中国之利也……据其所言,则至忽鲁谟斯国,当别有一天星斗矣。①

　　首先,从中可知,此书作者为福建漳州诏安人吴朴,著于嘉靖十六年(1537)。据康熙十六年(1677)纂修的《诏安县志》,"吴朴,字子华,初名雹。貌不扬,而博洽群书。于天文、方域、黄石、阴符之秘,莫不条晰缕解。不修边幅,人以狂士目之"。② 林希元在《龙飞纪略》中非常推崇吴朴,"华甫名朴,性善记,书过目辄不忘,于天文地理、古今事变、四夷山川道路远近险易,无不在其胸中。所著《医齿问答》、《乐器》、《渡海方程》、《九边图本》诸书,又校补《三国志》"。何乔远在《闽书》、《名山藏》中均有吴朴小传,所记大体相似。

　　其次,此书内容有南北两线。北线方面,可从吴朴的另外一本现在流传于世的著作——《龙飞纪略》中得出端倪,主要包括海运和出使高丽两条航线,现将其书有关海道的记录摘抄如下:

　　　　元征海运于张士诚:臣尝备海道,当自大仓、崇明、海门、刘家港、三沙、黑水、成山、沙门诸岛,西傍海壖,直抵直沽,比以河运经四十有三驿者,难易久速判矣。惟海运船只数多,海中沙门、大谢龟、歆(未)、乌湖

①　(明)董谷:《碧里杂存》下卷;《盐邑志林》本,卷29,第8—10页。
②　(清)秦炯纂修:《诏安县志》卷11《人物志》;另见陈汝成:《(康熙)漳浦县志》卷16《人物下》;(光绪)《漳州府志》卷49《记遗中》。

诸岛，港澳窄狭，不可泊处，恐转动冲激，损坏必多，法当昼夜兼行，不容停止，傥值□风狂发，即宜转柁、卸蓬、旁施铁猫（锚）安船，任其所适。俟风平顺，乃可启行。讫更程之远近，索前途以□往，亦惟艰矣。闽浙水商，操舟如神，则不惮此。且南北风势各有信期，若以四月发运，则六月初可至直沽。十月回船，则十二月初可复还故处。用此六个之月，乘其风信之便，天心助佑，人谋与能……惟悉下之情，审时之宜，足以祛凡见而休浮议者，别著于篇，以备参考云。①

　　封占城国王及遣使祭高丽山川：若自定海、补佗（普陀）、落迦山镇航，历海门、刘家港、三沙、黑水、琅牙、沙门、成山。……自成山东北济海，历大谢龟、歆末、乌湖，水程共三百里；自乌湖，至马石山、都里镇，水程二百里；起都里镇，历桃花浦、杏花浦、石人注、橐驰湾、乌骨江，水程八百里；自乌骨江过乌牧县江、椒岛、长口镇，历秦王石桥、麻田古寺、得物四岛，水程千里，乃抵鸭绿江唐思浦口。②

　　对于此书南线内容，以刘家河之港口为起点，以忽鲁谟斯为终点，与《郑和航海图》起讫相符。而且，在图形配备上亦有巧合之处，据董谷在《碧里杂存》所记"且云，至某国回视北斗离地止有几指。又至某国视牵牛星离地则二指半矣"；"据其所言，则至忽鲁谟斯国，当别有一天星斗矣"③。这与现存之《郑和航海图》极为相似。因此，刘铭恕先生在《郑和航海事迹之再探》中指出："武备志海图，实与渡海方程图经有极端之类同。因之二者必有一种递袭之交涉，亦意中事。若直言之，茅氏航图，虽不能保其于马欢费信等书，无所参考，但实有以渡海方程为该图之规模，为该图主要蓝本之可能。"④

---

① （明）吴朴：《龙飞纪略》，《四库全书存目丛书》（史部第9册），第458页。同样内容另见：《秘阁元龟政要》卷2，[（明）佚名撰，明抄本]。

② （明）吴朴：《龙飞纪略》，《四库全书存目丛书》（史部第9册），第541页。

③ 《碧里杂存》下卷；《盐邑志林》本，卷29，第10页。

④ 载金陵大学中国文化研究所、齐鲁大学国学研究所、华西大学中国文化研究所编辑：《中国文化研究汇刊第三卷》，1943年9月，第147页。

再次,此书有图有经,图形主要为山形,其下附有文字说明,或为泊舟情形,或为道里远近。其具体情况,可见《筹海图编》①、《筹海重编》②和《郑开阳杂著》③中的太仓使往日本针路或使倭针经图说。经过比较,笔者发现其中又以《郑开阳杂著》本为准,《筹海图编》本无图,《筹海重编》本比《郑开阳杂著》本少两张图,为方便理解,将《郑开阳杂著》中的图经制成表2-1:太仓使往日本针路。

表 2-1 太仓使往日本针路

山　形	水　势	针　路
	茶山水深十八托,一云行一百六十里,正与此合。	自此用坤申及丁未针,行三更,船直至大小七山,滩山在东北边。
	滩山下水深七八托。	用单丁针及丁午针三更,船至霍山。
		霍山用单午针至西后门。西后门用巽巳针三更,船至茅山。

---

①　(明)郑若曾:《筹海图编》,中华书局2007年版,卷2。

②　(明)邓钟:《筹海重编》卷2,河南省图书馆藏明万历刻本,《四库全书存目丛书》(史部227册),齐鲁书社1996年版,第58页。

③　(明)郑若曾:《郑开阳杂著》,文渊阁四库全书本,卷4。

山　形	水　势	针　路
	庙州门水深急流。	茅山用辰巳针取庙州门,船从门下行过,取升罗屿。
	升罗、崎头俱可泊船,崎头水深九托。	升罗屿用丁未针,经崎头山,出双屿港。
	双屿港口水流急,孝顺洋水深十三托,泥地。	双屿港用丙午针三更,船至孝顺洋及乱礁洋。
	乱礁洋水深八九托。一云乱礁洋水深六托,泥地。	取九山以行。
	九山西边有礁,打水行船宜仔细。	九山用单卯针二十七更,过洋至日本港口。又有从乌沙门开洋,七日即到日本。
	打水七八托,泥地,南边泊船。	
		若陈钱山至日本,用艮针。

（二）《顺风相送》

《顺风相送》和《指南正法》是向达先生从英国牛津大学的鲍德林图书馆（Bodleian Library）抄回来的，两书原本都是旧抄本，甲种封面上旧题有"顺风相送"四字，向达先生以之为此书命名，乙种则因序前有"指南正法"四字而得名。① 1961 年校注出版时，将二书合辑为一书，题为《两种海道针经》。

首先，为什么将《两种海道针经》归为历史海图？ 因为此针经古本有图，只是在传抄过程中将图文字化了。虽然《两种海道针经》中没有关于航线岛屿的图形，但诚如针经前的序言所说，此书辑录之前，流行久远之古本中"有山形水势，抄描图写终误，或更数增减无有之，或筹头差别无有之"，加且"古本年深破坏，有无难以比对"，作者因恐后人抄写从真本误事，而于暇日"将更筹比对稽考通行较日，于天朝南京直隶至太仓并夷邦巫里洋等处更数针路山形水势澳屿浅深攒写于后"。② 可见，古本原为图经并茂，是我国先民海洋实践活动的知识结晶。章巽先生在考订古航海图后亦深有体会：

> 不过我感觉到，《两种海道针经》里面，本来应该也有地图。如《顺风相送》31、41、45、46 等页，明明写着"山形水势深浅泥沙地礁石之图"、"山形水势图"等等，下面却仅有文字而无图，可见这些图是先前在历次传抄的过程中被遗失或被删节掉了，只在标题中还留下了"图"字的痕迹而已。同书他处和《指南正法》中，还有一些以"山形水势"为标题的，格式也相类似，则连"图"字的痕迹也不再留存了。若要问：这种山形水势之图原来的图形如何？ 这册抄本航海图正好提供了答案。③

而后，章先生给我们举了大担、小担中间的丈八沉礁的例子进行说明。

---

① 向达校注：《两种海道针经》，中华书局 2000 年版，第 3—4 页。
② 向达校注：《两种海道针经》，中华书局 2000 年版，第 21 页。
③ 章巽：《古航海图考释》，序言，海洋出版社 1980 年版，第 4 页。

不过对比古航海图和针经里的岛屿说明,我们发现古航海图中只是将山形画出,却没有形容类词,只有在不同角度时有加上"对西南此形"、"对单戌看此形"、"对西看此形"①等语,而针经里却有"山有七个,东上三个一个大,西下四个平大"、"远似纱帽样,山头拖尾,西边有礁,西边正路"、"澳口有礁一个,出入在鼻头过。澳内有礁仔出水"②等说明文字,很明显,针经是将图文字化了。流传至今之针经,应有其相对应之海图,惜因攒写此书之佚名氏或不善丹青之道,或专重指南之法,没能得以延传。而与此相似的《指南广义》中则有更明确的论述:"康熙癸亥年(二十二年,1683),封舟至中山,其主张罗经舵工闽之婆心人也,将航海针法一书,内画牵星及水势山形各图,传授本国舵工。"③

但《两种海道针经》中的山形水势情形是否与《古航海图考释》中的航海图类似,尚不容易证明,不过,对比针经和《渡海方程》,二者之间关联更大。而且在《筹海重编》和《郑开阳杂著》中,在介绍使日图经时,于"太仓使往日本针路"下注有"见渡海方程和海道针经"字样,可以断定《渡海方程》和《海道针经》内容风格相似,而在考察其与《顺风相送》中福建到琉球和琉球往日本的针路说明内容(见表2-2)之后,我们似可判定此海道针经所指当与《顺风相送》有很大关联,甚至就是《顺风相送》。

表2-2 《郑开阳杂著》与《顺风相送》中的福建使日针路

岛屿图	《郑开阳杂著》	《顺风相送》
	梅花东外山开船,用单辰针、乙辰针,或用辰巽针,十更船,取小琉球。	东墙开洋,用乙辰取小琉球头;南风东涌放洋,用乙辰取小琉球头;正南风梅花开洋,用乙辰取小琉球。

① 章巽:《古航海图考释》,序言,海洋出版社1980年版,第29、33、35页。
② 向达校注:《两种海道针经》,中华书局2000年版,第33、43、155页。
③ 《传授航海针法本末考》,载林金水主编:《福建对外文化交流史》,福建教育出版社1997年版,第98页。

续表

岛屿图	《郑开阳杂著》	《顺风相送》
	小琉球套北过船,见鸡笼屿。	
	及梅花瓶。	(小琉球南风)至彭家花瓶屿在内。
	彭嘉山。	北风东涌开洋,用甲卯取彭家山。
	彭嘉山北边过船,遇正南风用乙卯针,或用单卯针,或用单乙针;西南风用单卯针;东南风用乙卯针;十更船,取钓鱼屿。	(彭家山北风)用甲卯及单卯取钓鱼屿;(正南风小琉球)用单乙取钓鱼屿南边。
	钓鱼屿北边过,十更船,南风用单卯针,东南风用单卯针,或用乙辰针,四更船,至黄麻屿。	
	黄麻屿北边过船,便是赤屿,五更船,南风用甲卯针,东南风用单卯针,西南风用单甲针,或用单乙针,十更船,至赤坎屿。	(钓鱼屿南边正南风)用卯针取赤坎屿。
	赤坎屿北边过船,南风用单卯及甲寅针,西南风用艮寅针,东南风用甲卯针,十五更船,至古米山。	(赤坎屿正南风)用艮针取枯美山。

续表

岛屿图	《郑开阳杂著》	《顺风相送》
	古米山北边过船，有礁，宜知畏避，南风用单艬针及甲寅针，五更船，至马屺山。	（枯美山）南风用单辰四更，看好风单甲十一更取古巴山，即马齿山，是麻山赤屿。
	马屺山南风，用甲卯或甲寅针，五更船，至大琉球。大琉球那霸港泊船。（土官把守港口，至此用单卯及甲寅针，行二更，进那霸内港，以入琉球国中）	（马齿山）用甲卯针取琉球国为妙。
	那霸港外开船，用单子针，四更船，取离倚屿外过船。	不入港欲往日本，对琉球山豪霸港可开洋。琉球放洋用单丁针四更船取椅山外过。（另：单子四更取椅山外过。）
	南风用单癸针，三更船，取热壁山以行。	（椅山）单癸针二更半是叶壁山，离椅山了。
	热壁山，南风，用单癸针，四更船，取硫磺山。	（叶壁山）单癸四更取流横山。
	硫磺山，南风，用丑癸针，五更船，取田嘉山。又南风用，丑癸针，三更半船，取梦加剌山。南风，用单癸针及丑癸针，三更船，取大罗山。	（流横山）又用丑癸五更取田家地。（另：流横山用丑癸三更半取梦加利山，单癸三更取大罗山。）

续表

岛屿图	《郑开阳杂著》	《顺风相送》
	大罗山,用单癸针,二更半船,取万者通七岛山西边过船。	(田家地)用丑癸三更半取万者通七岛山边。(另:大罗山单癸二更半取万者通七坵山边过。)
	万者通七岛山,用单寅针,五更船,取野顾七山。岛内各呼兵之妙是麻山屿。	(七岛山)用单寅针五更取野故山内过船。
	野顾山用巽寅针,二更半船。但尔山艮寅针,四更船,取亚甫山。一云野顾山,对面行六十里,有小礁四五个,最宜畏避。在北边过船,用艮寅方,行一百五十里,至但尔山,用艮寅方,行二百四十里,至亚甫山。	离野故山用艮针二更半船去但尔山。又单艮四更取西甫山平港口,其水望东流十分紧。
	亚甫山平港口,其水望东流甚急,离此山,用艮寅针,十更船,取亚慈理美妙。	(酉甫山)单寅十更船取哑慈子里美山。
	若不见此山,用单艮针,二更船,又艮寅针,五更船,取沿湾奴(一云沿渡奴)乌佳眉山。	(哑慈子里美山)用单艮二更、单寅三更沿度奴乌佳眉山。
	沿渡奴乌佳眉山用单癸针,三更船,若船开时用单子针,一更船,至而是麻山。而是麻山南边有沉礁,名套礁,一云名佐沉长礁,东北边过船,用单丑针,一更船,是正路。	(度奴乌佳眉山)用癸针三更船,若是船开单子一更取是麻山边,南边有沉礁,名做长礁,东边过船,单丑一更是正路。
	用单子针,四更船,取大门山中,大门山傍西边门过船,用单丑针,三更船,取兵裤山港。兵裤港,循本港直入日本国都。	(是麻山)用子针四更船取大山门中傍西边门过船,用单丑是兵库港为妙。(另:子针三更取大山门中傍西边门过船,单丑三更取兵库港为妙。)

此针路另见《海防纂要》卷2、《天下郡国利病书》"日本"条等,不过在这些书中已经没有了岛屿图形,仅仅剩下针路之图。《筹海图编》卷2和《郑开阳杂著》卷4在针路后有作者按语:以上针路,乃历代以来及本朝使臣入番之故道也。频年倭寇之入,往往取间道突至,便利特甚。予已稍从入寇图中指画然,不欲修书之者,恐传者或贻奸孽,以幸衅也。有志于经世者,须以意会之,而得予之所以不详书焉,斯善矣。①

其次,对于《顺风相送》的作者,现已难以考证,下面主要从其内容上进行推断,希望可以提供一定线索。第一,《顺风相送》与郑和下西洋之间有密切关联。《顺风相送·序》中有言:"永乐元年奉差前往西洋等国开诏,累次较正针路,牵星图样,海屿水势山形图画一本,山(甚)为微薄。务要取选能谙针深浅更筹,能观牵星山屿、探打水色深浅之人在船。"②但两者又有一些差别:《顺风相送》详细记录了东南亚各地的针路,还具体记录了日本、琉球、吕宋、吉里地闷等东洋的来回针路,而对印度洋上的针路则记得较为简略;在《郑和航海图》里,没有多少往东洋各国的针路,而对南巫里以西、印度洋上的针路更数记载却很丰富。另外,据张崇根言,自永乐元年后多次下西洋者仅有宦官尹庆一人,但他并没有到过波斯湾口的忽鲁谟斯,以及阿拉伯半岛南部的阿丹(亚丁)和祖法儿(佐法儿)。并推论此书的作者,不是经一人之手写成的,现在的《顺风相送》可以说是底本的增删本。③ 第二,田汝康先生则在《〈渡海方程〉——中国第一本刻印的水路簿》一文中将《顺风相送》和《渡海方程》相连,认为前者是后者的抄本,并认为"这个传抄本虽然保存了原刻本的某些基本内容,但在传抄过程中又有取舍地作了添加和省略"。④

至于成书时间,《顺风相送》的副叶上有拉丁文题记一行,说此书是坎

---

① （明）郑若曾:《郑开阳杂著》卷4,文渊阁四库全书本。
② 向达校注:《两种海道针经》,中华书局2000年版,第33、43、22页。
③ 张崇根:《关于〈两种海道针经〉的著作年代》,载氏著《台湾历史与高山族文化》,第263页。
④ 田汝康:《〈渡海方程〉——中国第一本刻印的水路簿》,载《中国帆船贸易和中外关系史论集》,第128页。

德伯里主教牛津大学校长劳德大主教(Arch.Laud)于1639年所赠。① 另据吴天颖所著《甲午战前钓鱼列屿归属考——兼质日本奥原敏雄诸教授》书中上传《顺风相送》的封面、封底,此书为1637年收藏本(见图2-11)②。但这只是细枝末节,在时间下限上没有多大影响。在时间上限方面,李约瑟博士则把这本水路簿的完成年代推溯到15世纪上半叶,即郑和远洋航行的末期。③ 厦门大学杨

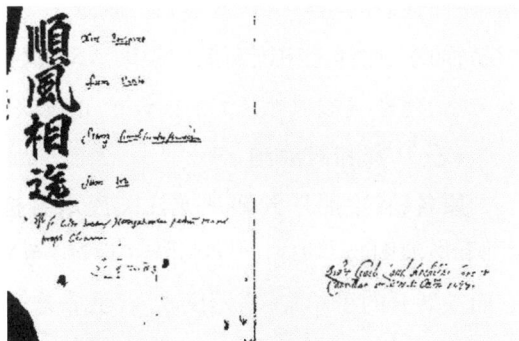

图 2-11

国桢教授根据《地罗经下针神文》记"本船奉七记香火有感明神救封护国庇民妙灵昭应明著天妃",推断底本的上限不出于永乐七年(1409)。④ 台湾的张崇根先生则根据书中三处关于"佛郎"或"佛郎番"的记载,以"佛郎"或"佛郎番"即16世纪侵入东方的葡萄牙和西班牙殖民者为切入点,通过考察葡萄牙和西班牙到达印度尼西亚、菲律宾和日本等地的时间、地点,推断《顺风相送》的成书上限不超过1571年。而后,他还根据16世纪80年代荷兰人已侵入爪哇,1618年成书的《东西洋考》已有关于红毛番的记载,而《顺风相送》中却只字不提荷兰人之事,将书的下限定在16世纪90年代。⑤

---

① 向达校注:《两种海道针经》,中华书局2000年版,第3—4页。

② 吴天颖:《甲午战前钓鱼列屿归属考——兼质日本奥原敏雄诸教授》,社会科学文献出版社1994年版,第25页。

③ Joseph Needham, *Science and Civilisation in China*, 1971, Cambridge. Vol.Ⅳ, part 3.382, p.581.

④ 杨国桢:《东西洋航路与福建海洋发展》,载《中国古代社会研究》编委会编:《中国古代社会研究——庆祝韩国磐先生八十华诞纪念论文集》,厦门大学出版社1998年版,第284页。

⑤ 张崇根:《关于〈两种海道针经〉的著作年代》,载氏著《台湾历史与高山族文化》,第259—261页。

显然,此针经是一个历史积淀产物,是对前人航海活动总结的成果,正如陈国灿先生所说:"这部海道针经,基本上成书于明永乐年间,后来续有增补,而最后的增补约在嘉靖朝。航海事业的发展,促进了明朝沿海的对外贸易,而东、西洋上中国商舶的频繁活动,又使得明代的各种'海道针经'日益丰富、精密,《顺风相送》一书本身,正反映了这种历史的发展。"[①]

（三） 郑和航海图

原名《自宝船厂开船从龙江关出水直抵外国诸番图》,后人多简称为《郑和航海图》。约成于洪熙元年(1425)至宣德五年(1430)间。原图为自右而左展开的手卷式,茅元仪收入《武备志》卷 240 后改为书本式,共 20 页航海地图、109 条针路航线和 4 幅过洋牵星图,航海地图高 20.3 厘米,全长560 厘米。

该图制作于郑和第六次下西洋之后,全体下洋官兵守备南京期间。其时正值明宣宗朱瞻基酝酿再下西洋之际,为保障师团下西洋更加顺利,特将郑和船队历次下西洋航程综合整理,绘制成整幅下西洋全图。全图以南京为起点,最远至非洲东岸的慢八撒(今肯尼亚蒙巴萨)。图中标明了航线所经亚非各国的方位、航道远近、深度,以及航行的方向牵星高度;对何处有礁石或浅滩,也都一一注明。图中列举自太仓至忽鲁谟斯(今伊朗阿巴丹附近)的针路(以指南针标明方向的航线)共 56 条,由忽鲁谟斯回太仓的针路共 56 条。在图中郑和船队所经之地,均有命名。

第 2 页:自宝船厂开船从龙江关出水图,上有宝船厂、静海寺、天妃宫、天地坛;第 3 页:沿长江东航经过皇城、钟山、龙谭、观音门、燕子集、瓜州、金山、大港、焦山、镇江;第 4 页:沿长江东航经过东鞋山、江阴、香山、龙王庙、天妃宫、巡司、蔡港、白茅港、太仓卫;第 5 页:吴淞江、天妃宫、崇明州、茶山、召宝山、南汇、金沙卫、乍浦、海宁卫、灵山卫、昌国所、普陀山;第 6 页:大磨山、双屿门、东屿、东厨、大面山、郭巨千户所、大嵩千户所、东门山、三母山、焦山;第 7 页:松门卫、大尖经、钱山、中界山、石塘、虎斗、黄山、温州卫、平阳

① 陈国灿:《明初航向东西洋的一部海道针经——对〈顺风相送〉的成书年代及其作者的考察》,载武汉大学历史系编:《史学论文集》第 1 集,武汉大学历史系,1988 年 11月,第 167—177 页。

卫;第8页:虎礁、壮士千户所、满门千户所、芙蓉山、洪山、龟屿、大金门;第9页:古山、福建布政司、五虎山、长乐、南山寺、东沙、乌邱山、平海卫、兴化府;第10页:泉州卫、崇武所、漳州、平湖屿、大甘、东莞;第11页:南海卫、广东、雷州、高州、廉州、琼州府、七洲、万里石塘、钦州、交洋、福州;第12页:占城国、新洲港、洋屿、小弯、赤坎、大弯;第13页:占腊国、竹里木、八开港、铜鼓山、万年屿、佛山、暹罗国、笔架山、十二子山、假里马达;第14页:赤坎、马鞍山、佛山、海门山、石礁、狼西加、孙姑那 甘巴门、长腰屿、丁家下路;第15页:龙牙门、旧港、答那溪屿、淡马锡、彭杭、琵琶屿、凉伞屿、长腰屿;第16页:白沙、射箭山、满剌加、官厂、沙糖礁、鸡骨屿、龙牙加儿山、龙牙加儿山港、金屿;第17页:班卒、槟榔屿、龙牙交椅、古力由不洞、单屿、亚路、苏门答剌、官厂;第18页:八都马、打歪山、虎尾礁、花面;第19页:榜葛剌、竹牌礁、锡兰山、门肥赤、小葛兰、高朗务、慢巴撒、麻林地;第20页:柯枝国、古里国、乌里舍城、木骨都束;第21页:左法儿、阿胡那、八思儿、木克郎、克瓦塔儿、苦思答儿、古里牙、苦碌麻剌、忽鲁谟斯。

（四）明中叶福建航海图[①]

这是一幅手工绘制的彩色航海图,现藏于英国牛津大学鲍德林图书馆（Bodleian Library）,与上述向达先生抄录的《顺风相送》的藏所相同。此图来自于16世纪末至17世纪中叶英国一位著名的律师约翰·雪尔登（John Selden,1584—1654）的私人收藏,西方学术界和图书馆学界因此把它命名为《雪尔登地图》（The Selden Map）。钱江教授推断:此图在17世纪初的某一年,经由航赴爪哇岛万丹贸易胡椒的福建闽南商人之手,被驻守万丹的英国东印度公司职员收购,然后被带回伦敦,之后又辗转在1654年之前被约翰·雪尔登收藏,并于1659年成为牛津大学鲍德林图书馆的正式藏品。

此图大约长1.5米,宽1米,北起西伯利亚,南至今印尼爪哇岛和马鲁古群岛（香料群岛）,东达北部的日本列岛和南部的菲律宾群岛,西抵缅甸和南印度。地图正上方绘有比例尺和航海罗盘,准确无误地标出东、西、南、

---

① 此图所介绍内容如无特殊标注,皆引自钱江:《一幅新近发现的明朝中叶彩绘航海图》,《海交史研究》2011年第1期,第1—7页。

北、东南、西南、东北、西北八个方向。此图将描绘的重点放在华南,以及海外的日本列岛、琉球群岛、台湾岛、菲律宾群岛、印支半岛、马来半岛、印尼群岛、南亚次大陆等 16、17 世纪福建商船贸易活动活跃的海域,对于从印度西海岸古里前往西方的航路则只是以文字形式标注,内容为"古里往阿丹国,去西北,计用一百八十五更;古里往法儿国,去西北,计用一百□□(此处脱落二字,难以辨识)更;古里往忽鲁莫斯,用乾针五更,用乾亥四十五更,用戌一百更,用辛戌一十五更,用子癸二十更,用辛酉五更,用亥十更,用乾亥三十,用单子五更"。图中以黑线准确地画出从福建沿海延伸而出的东、西洋航路,主要包括东洋航路 6 条、西洋航路 12 条,东洋航路包括:漳泉往琉球航路、漳泉往长崎航路、漳泉往吕宋航路、潮州往吕宋航路、吕宋往苏禄航路、吕宋往文莱航路;西洋航路包括:漳泉经占城、柬埔寨往咬留吧航路,漳泉经占城、柬埔寨往满剌加航路,漳泉经占城、柬埔寨往暹罗航路,漳泉经占城、柬埔寨往大泥、吉兰丹航路,漳泉经占城、柬埔寨往旧港、万丹航路,满剌加往池汶航路,满剌加往马神航路,满剌加沿马来半岛西岸北上缅甸南部航路,万丹绕行苏门答腊岛南岸航路,咬留吧经马六甲海峡往阿齐航路,咬留吧往万丹航路,阿齐出印度洋往印度傍伽喇、古里航路,较好地反映了当时福建海上贸易活动的范围。

（五）桴海图经

嘉靖三十四年(1555),为对付倭寇,明朝的郑舜功奉浙江巡抚之命被派往日本,在九州住了 3 年,回国后写成了《日本一鉴》一书,书中有"沧海津镜"内容,所绘为小东岛至琉球航路之主要岛屿,见图 2-12①。

图 2-12　沧海津镜

据郑舜功序言,他此次出使日本,虽尽力汇集前代使日图经,但得到的

---

① （明）郑舜功:《日本一鉴·桴海图经》,1939 年影印本,卷 2。

《渡海方程》、《海道针经》等指南之书大都以西南夷国为主，往日本方向航路稀缺，"岁乙卯，功方奉使日本，取道岭南。惟时治事侦风，故召司方之人以供其事。司方者，司趋向方之人也。爰究指南之书而询蹈海之要，广求博采者。久之，人有以所录之书应者，谓之曰针谱。按考日本路经，言之未详。后得二书，一曰渡海方程，一曰海道经书，此两者同出而异名也。历按是书，多载西南夷国方程，而日本程途，虽有其名，亦鲜有详者（以此观之，似与顺风相送类似）。一曰四海指南，内载三王进之使日本，取道太仓田韭山放洋，而往取野顾（寄音），次抱里（寄音），沿入其都，夫彼路经如斯而已。"但幸好闽广民间多有熟知相关海道者，"自嘉靖初给事中陈侃出使琉球，取道福建以往，其从人有识日本路程者，故闽海人因知取道于大小琉球，沿诸海山一路而去。又广海人郭明卿贩稻航海市漳泉，因风漂流至其国，故广海人自后亦知其道矣"，因此在次年"丙辰仲夏人事既具，风汛乃期，我方津发自广至倭"。因此，在出使过程中，他于"山水物色，见无不询，询无不志，虽不得乎山海文字精详，亦必记其声音向方之仿佛，既入其境，但以国客之名，布忠信以宣文德，陈仁义于彼。经历数旬，凡得诸履涉及取咨者，若岛屿都域之统属，水陆途次之程期，住泊经由之处所，莫不各究其指"。[①]《沧海津镜》就是其中一个重要成果之一。

　　和以往图经一样，《沧海津镜》只是图经中的图，必须结合经文部分方可用于指航。首先，图中岛山有小东岛、鸡笼山、琉黄山、花瓶屿、瓶架山、彭嘉山、钓鱼屿、黄麻屿、赤坎屿、古米山、马齿山、大琉球国那霸港、壮山、石仞门、石峡、迤逦屿、热壁山、黿鼊山、田嘉山、梦家剌、大罗山、七岛、屋久、亚甫山、宫岛、野岛礁、淡路岛。其次，根据"万里长歌"，其针路为：

　　　　一自回头定小东，前望七岛白云峰。（回头，地名，泉海地方，约去金门四十里，下去永宁八十里。）或自回头径取小东岛，岛即小琉球，彼云大惠国琉球。夫小东之域，有鸡笼之山，山乃石峰特高于众中，有淡水出焉。而我取道鸡笼等山之上，径取七岛。七岛之间为琉球、日本之

①　（明）郑舜功：《日本一鉴·桴海图经》，1939年影印本，卷1。

界。自山，南风用卯乙缝针，西南风正卯针或正乙针，约至十更取钓鱼
屿。钓鱼屿，小东小屿也，尽屿南风用正卯针，东南风卯乙缝针，约至四
更取黄麻屿。尽黄麻屿，南风用甲卯缝针，西南风正甲针，东南风正卯
针，约至十更取赤坎屿。尽屿，南风用正卯针，或寅甲缝针，西南风艮寅
缝针，东南风甲卯缝针，约十五更取古米山。尽山，若西南风用寅甲缝
针，南风正卯针，约十五更取马齿山。山北多礁。尽山，南风用甲卯缝
针，或寅甲缝针，约至五更取大琉球。若使大琉球，用正卯针或寅甲缝
针入那霸港。自港外用正子针，约至四更取迤迤屿。尽屿之外，南风用
正癸针，约至三更取热壁山。尽热壁山，南风用正癸针，约至四更取硫
黄山。夫此山岛日则障烟，连日夜如野烧烛天，山麓则有汤泉，泉水可
愈疮疥。尽山，南风用癸丑缝针，约至五更取田嘉山。自山左右海洋间
有种飞鱼，形不满尺，翼不过尾，飞约数寻。尽山，南风用癸丑缝针，约
三更半取梦家刺。尽梦家刺，南风用正癸针，或癸丑缝针，约至三更取
大罗山。尽山，用正癸针，约二更半取七岛。七岛也，七山交错，岛狭水
紧，宜慎避趋尽。岛用正寅针，约至五更，取野顾，即屋久岛，寄音耀固
世迈岛。有白气寻浮，故人目曰白云岛。南七岛用正寅针，约至五更取
屋久岛。一自屋久，用艮寅缝针，约至四更取亚甫山。我自礁上开行，
用艮寅缝针，约至十更取，寄音押兹利密耀。若不见此（敦理宫），则用
正艮针二更，艮寅缝针五更，取江轮野，寄音那歪懦，一名江门野岳观，
寄音那大懦阿佳密。次用正丑针三更抵兵库港，用平底舟遴近山城国
都。次用正子针一更，正癸针二更，取野岛礒关，寄音迈易梭射气，岛南
沉礁，我道岛上。次用正丑针一更，正子针四更取淡路岛，寄音押法致
世迈，一名大门山，寄音大目佳耀迈，我道山上。次用正丑针三更抵兵
库港，用平底舟遴近山城国都。[1]

　　从内容中可以看出，此次航行是在《顺风相送》等海道针经的指导下进
行的，有一定的历史传承关系。

---

① （明）郑舜功：《日本一鉴·桴海图经》，1939 年影印本，卷 1。

（六）册封琉球出洋图

现今笔者看到的使琉"针路图"有两种，一种是徐葆光绘于 1719 年的康熙朝使琉针路图（见图 2-13）①，一种是周煌绘于 1756 年的乾隆朝使琉针路图（见图 2-14）②。

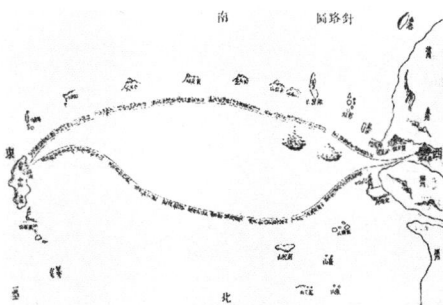

图 2-13　康熙朝使琉针路图

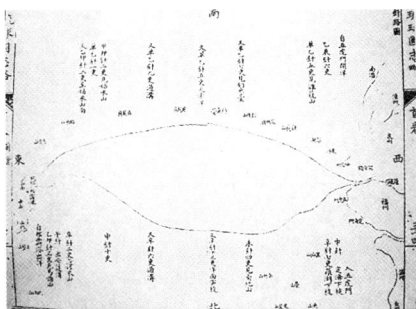

图 2-14　乾隆朝使琉针路图

康熙朝时绘制的针路图上南下北左东右西，上方有"针路图"标记，与此相似的有收藏在《清史图典·康熙朝》中的"封舟出洋图"（见图 2-15），只是封舟出洋图上画有罗盘，且方向为左西右东。在福州罗星塔和琉球那霸港之间绘有两条航线，即是前往琉球和自琉球回国两条路线，航行针路沿着航路标注，在航线两边绘着航路更换的各个岛屿名称，图中明确将《桴海图经》中的小东岛改为台湾。其中，福州往琉球绕南取海中山屿以渐折，琉球往福州绕北取海中山屿以渐折，而据徐葆光《中山传信录》记载，此航路是配以利用季风来完成航行的。

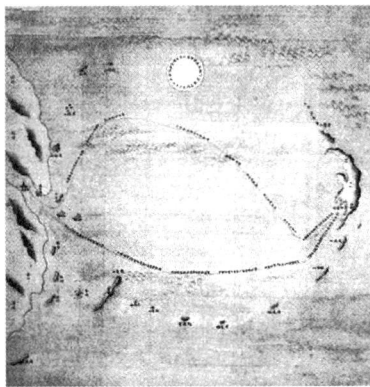

图 2-15　封舟出洋图

琉球在海中，本与浙闽地势东西相值，但其中平衍无山。船行海中

---

① （清）徐葆光：《中山传信录》卷 1，针路图。

② （清）周煌：《琉球国志略》，首卷。

全以山为准，福州往琉球，出五虎门必取鸡笼、彭家等山，诸山皆偏在南，故夏至乘西南风，参用辰巽等针，袤绕南行以渐折而正东。琉球归福州，出姑米山，必取温州南杞山，山偏在西北，故冬至乘东北风，参用乾戌等针，袤绕北行以渐折而正西。

《指南广义》中航路与此大略，但又有所区别，

《指南广义》云：福州往琉球，由闽安镇出五虎门，东沙外开洋，用单（或作乙）辰针，十更取鸡笼头（见山即从山北边过船，以下诸也皆同），花瓶屿，彭家山。用乙卯并单卯针十更取钓鱼台，用单卯针四更取黄尾屿，用甲寅（或作卯针）十（或作一更）取赤尾屿，用乙卯针六更取姑米山（琉球西南方，界上镇山），用单卯针取马齿，甲卯及甲寅针收入琉球那霸港。琉球归福州，由那霸港用申针放洋，辛酉针一更半见姑米山，并姑巴甚麻山，辛酉针四更、辛戌针十二更、乾戌针四更、单申针五更、辛酉针十六更见南杞山（属浙江温州），坤未针三更取台山，丁未针三更取里麻山（一名霜山），单申针三更收入福州定海所，进闽安镇。①

相对于徐氏的航海日记，此针路与实际航行之航路有一定偏差，原因是因为伙长用卯针太多，偏失航路，致使封舟落北，漂过北山，出现"当见鸡笼山、花瓶、棉花等屿及彭家山，皆不见"、"应见钓鱼台、黄尾、赤尾等屿，皆不见"、"见东北小山六点，陪臣云此非姑米，乃叶壁山也，在国西北，始悟用卯针太多"②等状况，故没必要按照错误的航路重新绘制。

乾隆朝使琉针路图也是上南下北左东右西，所画航线与康熙版一致，但它的针路写于相关岛屿的上下侧，同时也没有绘制岛屿图形。不过，与徐葆光时留下的海图不一样的是，此图是周煌使琉归来之后，按照海上往返所经

---

① （清）徐葆光：《中山传信录》卷1，针路。
② （清）徐葆光：《中山传信录》卷1，前海行日记。

历的海山岛屿路程、所用针位、行船更数、洋面寄碇等项,逐一作了修正,重新绘制而成。而且在航行前,他就"吸取以前册使用卯太多的教训,排除程顺则《指南广义》主用卯针之说,折中册使夏子阳和汪楫使录所记之经验,指令本船伙长'敬谨遵用'夏、汪之针路,从福建五虎门开洋,三日之间直至琉球国属姑米山。从琉球返回福建,亦循预定针路航行,中间虽有寄碇停航,全程亦相当顺利"①。

其福州往琉球针路为:自五虎门开洋,乙辰针六更,单乙针五更见鸡笼山,又单乙针七更见钓鱼台,又单乙针五更见赤洋,又单乙针九更过沟,甲卯针二更见姑米山,单乙针一更、又乙卯针二更至姑米山南。而自姑米山南至那霸港的针路则未见于图,查其日记,乃因此行封舟遭风触礁,故没有在图上标出。

其琉球回福州针录为:自那霸港出洋,乙卯针三更见马齿山,午针出安护浦,辛针三更过姑米山,申针十更、又辛针六更过沟,又辛针十三更洋面寄碇,未针四更见南杞山,辛针七更罗湖下碇,申针定海下碇,入五虎门。

(七)《指南正法》

首先,关于本书作者,因序中有"指定手法乃漳郡波吴氏,氏寓澳",引起了歧义。据向达先生考释,仅知《指南正法》为漳州一个姓吴的人稽考校正,但他并不文饰或删削,而是将收集到的针谱或罗经针簿整齐排比,使之比较清楚而有条理,因此文中有些地名前后不相统一,如长崎、长岐,麻六甲、磨六甲、满剌加,彭亨、彭坑、彭坊之类。② 而郭永芳指出:"籍贯+名(字或号)+姓+氏,亦是行文的一种遣辞造句法。一般讲,在'波'字位置上应该是字或号,然字号没有用单字的,所以'波'只能是名,可能'吴波'是舟师而不属士大夫阶层,没有字或号,又为了尊敬,于是只能在姓字后用一'氏'字。因而'吴波'是人名,即是作者。"③无论如何,推断其为《渡海方程》作者吴朴之后人颇为可信。

---

① (清)周煌:《琉球国志略》。
② 向达校注:《两种海道针经》,中华书局 2000 年版,第 11 页。
③ 郭永芳:《〈指南正法〉成书的年代及其作者质疑》,《文献》1987 年第 1 期,第 278 页。

对于《指南正法》的成书时间，向达有过如此叙述：

> 指南正法附在清初卢承恩和吕磻辑的兵钤一书后面，开花纸旧抄本，钤有“曾存定府行有耻堂”的图书。卢承恩是清康熙时广东总督卢崇俊的儿子，书有康熙八年（一六三五年）（按：原文如此，应为1669）何良栋的序。指南正法成书或附入兵钤之后，可能比何良栋的序晚一些。书中咬嵧吧回长崎日清提到乙丑年，内中所纪的月建大小与康熙廿四年（一六八五年）合。长崎往咬嵧吧日清提到己丑年，内中所纪月建大小与康熙四十八年（一七〇九年）合。咬嵧吧往台湾日清提到辛卯年，内中所纪月建大小与康熙五十年（一七一一年）合。里面又提到东都、思明字样，就语气看来，是台湾郑氏灭亡即清康熙廿二年公元一六八三年以后不久的事，与上面所提纪年也大致相合。故我们推测以为指南正法的成书当在清康熙末年即十八世纪的初期。①

但此说法遭到诸多质疑。第一，据张崇根先生考证，“用陈垣先生的《二十史朔闰表》、郑鹤声先生的《近世中西史日对照表》，以及中国人民大学清史研究所资料室编的《清代中西历表（1573—1840）》查验，并结合《指南正法》的内容来探讨，发现上述几项‘日清’纪年的考订，都不正确”；且《长崎往咬嵧吧日清》中的“己丑年十一月初九日开船，用庚申暗平五岛中山”、“二十九日夜丁未十三更光见水青白。初一日夜丁未十二更”中的己丑年十一月为29天，而向达先生推断的康熙四十八年（1669）十一月却有30天，与之不符合，应为1649年（南明永历三年，清顺治六年）；《咬裥吧回长崎日清》中的“乙丑年四月廿八日在澳内开船，至下午在澳外寄碇。夜五更开船，用癸丑。廿九日寄在鬼仔屿西南势，至五更开船，用丑癸及单癸。初一晚寄在屿头东南势”中的乙丑年四月为29天，非向达所说的康熙廿四年（1685），因据《二十史朔闰表》等书1685年四月为30天；《咬口留吧往台湾日清》中的“辛卯年四月二十二日开船，至午寄湾外”、“三十日用子癸暗

① 向达校注：《两种海道针经》，中华书局2000年版，第4页。

平罗汉屿头,船在罗汉屿下东南势开。夜子癸及单子光在长腰屿上东北。初一日风西南"中的辛卯年可为1651年(南明永历五年、清顺治八年)。而后他通过文中多增加的"台湾"记录和"思明"、"王城"、"东都"等具有时代特征的地名推断,《指南正法》的成书下限可能在1664年前后。① 第二,郭永芳在日清月建外,通过"大明唐山并东西二洋山屿水势"、"定海千户所"、"用丑艮七更取太武,收思明"、"人物衣冠似大明一样"等说明作者乃是生活在郑成功政权之下,而其在郑氏政权灭亡后寓居澳门时整理出《指南正法》。

在前贤的启发下,笔者系统地整理了《指南正法》的内容,发现除"大明唐山并东西二洋山屿水势"、各地往日本针路和东南洋各国间航线外,主要以关于台湾、澎湖、厦门、泉州等地的航路为主,为方便说明,将相关航线整理如下:

湄州用单丙取西屿头。……猫屿西南并丁未风可用辰巽取打狗仔。或猫屿近南风……可用辰巽及单巽取台湾港口。

台湾往日本从大港出。……转取澎湖东过。

时里取台湾港口。若流水退全可用单巽取大港。

乌坵陇用单午及丙转变八更取澎湖。

平海开船,用单丙二更、丙午六更取澎湖。

湄州开驾,用单丙三更、丙午五更取澎湖。

祥之开船,用丙午七更取澎湖。

大担开船……

崇武用单午三更半、丙午二更、丙巳一更半去澎湖。

乌坵用单午七更、单丁一更,水二涨一退,船在澎湖北过。

寮罗东北风用单乙及乙辰七更取西屿头。

澎湖时里北风用单巽取台湾港口。

① 张崇根:《关于〈两种海道针经〉的著作年代》,载氏著《台湾历史与高山族文化》,第264—269页。

台湾往长崎开驾……

东洋山形水势：大担门口十五托，巽巳三更过东碇。……麻老央下山是文武楼，有一屿可过。

双口针路：大担开船，用辰巽七更取澎湖。……丙巳十更取双口港鸡屿口……

敕东山形水势：磁头……深沪……永宁……崇武……尽山

北太武往广东山形水势：料罗……金门……烈屿……大担小担……南澳……虎跳门……北寮海

泉州往邦仔系兰山形水势：澎湖山……虎头山……月投门

浯屿往双口针：浯屿开船……单午五更取圭屿南过，候水涨进港可也。

（双口）回浯屿针

大担往交趾：太武开船，用坤申七更取南澳彭（山）外过。……用乾亥、单亥五更取鸡叫门，即安南国港口也。

（交趾）回针：港口开船……用单寅收入太武。

大担往柬埔寨针：大担开船……见马鞍形是外任，看大水好风进港，妙也。

（柬埔寨）回大担针：毛蟹州出浅……用丑艮七更取太武，收入思明。

大担往暹罗针：大担开船……单子五耕取浅口，用子癸坐竹屿进港。

（暹罗）回唐针：浅口开船……用艮寅七更取太武入浯屿。

浯屿往咬口留吧：依前针取昆仑……丁未五更取咬口留吧为妙。

乌坵往澎湖：放船……崇武往澎湖七更。

寮罗往澎湖：放船……单辰七更取西屿头，收入妈宫。

厦门往长崎：大担开船，用甲卯离山。……用子癸取天堂，妙也。

咬嚼吧往台湾日清：辛卯年四月二十二日开船……

太武往大泥针路：用单未七更见南澳外过……用庚申针来见大泥。

大泥回浯屿：大泥、六昆、下池离浅……用艮寅七更取太武收入厦门为妙也。

浯屿往麻六甲针路：依前昆仑针路……用乾亥五更取五屿，沿山驶是麻六甲，妙也。

麻六甲回浯屿针路：开驾用辰巽……依前针路而行，妙哉。

太武往彭亨：太武开船……用坤未四十更取彭亨港。

彭亨回太武：彭亨开船……依大泥针回太武入浯屿，妙哉。

太武往咬嵧吧针：至昆仑用单坤及坤申七更。……用单午并丙巳入甲板屿收澳。

咬嵧吧回太武针路：港口放洋……用丑艮十八更取罗湾头，妙哉。

咬嵧吧澳回唐：澳内用子癸平头屿……收入浯屿，哉妙（妙哉）。①

综而观之，吴氏应曾在郑氏政权下生活过，而他整理相关航路时清朝廷业已统一台湾，这可从祝文中的"大清"称呼和"大泥回浯屿"针路中的"收入厦门"看出端倪，因此张崇根先生的 1664 年下限似乎有点粗糙，以 1683 年至 1700 年为下限似乎更为合理。

（八）东洋南洋海道图

《顺风相送》和《指南正法》给我们留下了当时海洋社会经济发展的重要史料，但图形的缺失还是让人十分遗憾，使我们难以确切了解当时海洋贸易区域在今天的具体位置。在这方面，《东洋南洋海道图》一定程度上给了我们解答。

是图（见图 2-16）为彩绘纸本。纵 169 厘米，横 132 厘米，现藏于中国第一历史档案馆。绘制人施世骠，字文秉，福建晋江衙口人，施琅之子。康熙平台，他跟随父亲从征台湾有功，升为左都督，后历任济南参将、临清副将、定海总兵、广东提督、福建水师提督等职，赠太子少保。施世骠一直在沿海地带领军，对海上情况有相当的了解，又有丰富的巡航经验，在搜集海洋地理资料的基础上，于康熙五十一年至六十年（1712—1721）任福建水师提

① 向达校注：《两种海道针经》，中华书局 2000 年版，第 133—195 页。

督期间绘成《东洋南洋海道图》。①

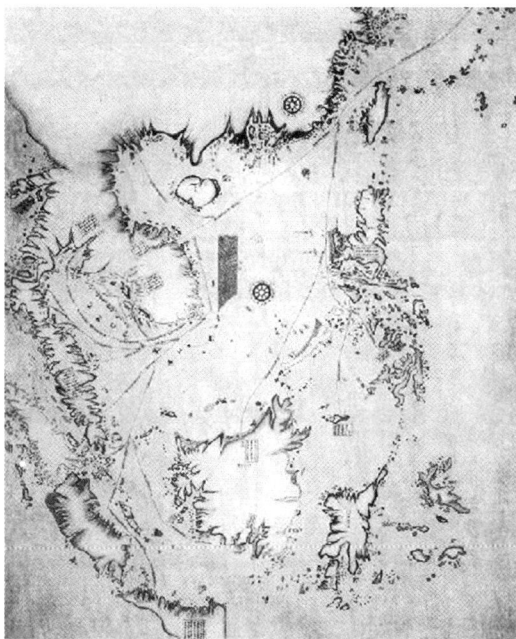

图2-16　东洋南洋海道图

图上画了两个方位盘、水体加绘水波纹,沙滩以点表示,着黄色,颇为形象。图中还绘出了琉球、安南、暹罗、南掌、港口、柬埔寨、缅甸、广南、柔佛、亚齐、大呢、吉兰丹、丁加奴、麻六甲、澎亨、旧港、过西文来、蚊阁、马辰、单绒系腊、甘马力、陈宋大港、红豆屿、邦仔、系兰、猫羌、文武楼、班爱、淑务、屋党、芒加风、土山、万丹、并里阁、三把龙、二伯涝、灰蛙等地的航海针路及海上地貌,并每处都注明方向、道里远近数字,以及各地土产贸易等等。② 可以说,该图不仅反映了当时水师将领对海洋知识的了解程度,而且很大程度上反映了当时中国与南洋之间的贸易往来情况。

与《东洋南洋海道图》相似的还有觉罗满保绘进的《西南洋各藩针路方向图》,时间约在康熙五十年(1711)前后,图上绘制了我国东南沿海的重要海口,"自上海海口起,经浙江、福建、广东诸省重要海埠,凡与暹罗(今泰国)、缅甸、越南及'南洋'各岛航海往返路线方向、转折,都注记了道里的远近、土产贸易的情况","此图不仅有通常海图体现出海上的深浅,且凡渐近海处,设色都逐渐加深,这正表明出海水的深浅"。③

---

① 载《地图》2002年5月,第53页。

② 耿引曾:《中国人与印度洋》,大象出版社1997年版,第122页。

③ 宋正海等:《中国古代海洋学史》,海洋出版社1989年版,第140页。

以上大致介绍了16—18世纪绘制的航海图,虽然并不全面,但应该已经可以代表此一时期航海图绘制特点和发展特征。除官方绘制的海运图、海道图外,民间航海者所使用的海图仅余章巽先生整理的古航海图,而经士人所整理的航海指南已是经存而图亡。

第三节 16—18世纪中国的海防图

此一时期的海防图主要有三种类型,一为注重战略层面的布局、协助高级将官统领全局的海防全图,以郑若曾绘制的《万里海防图》为代表;一为结合海洋防御过程中不断丰富的海域地理环境和航海知识、为地方军官执行战术和管理水师提供素材的区域性海防图,这以《全海图注》和各地方省市的海防图为代表,如《广东通志》与《福建通志》中的海防图、《福建海防图》、《浙江福建沿海海防图》、《两浙海防类考续编》中的《全浙海图》、《温处海防图略》中的《温区海图》、《江南通志》中的海防图等。最后是记载水师活动的航线图,具有航海图的特点,但它是水师在海防过程中绘制并且服务于海洋防御目的的,所以将之归为具有航海性质的海防图。

一、海防全图

观此一时期的海防全图,明时以《万里海防图》为代表,因为它不但是前人作品的集成,而且对后来海防全图的摹绘有重大影响,包括《乾坤一统海防全图》和《海不扬波图》等。清朝定鼎后,海防全图的代表作品为《水师辑要》中的海图,其余所绘制的海防图,大都为地方性的,如《浙江福建沿海海防图》、《福建海防图》等。至于受《海国闻见录》中《沿海全图》影响下的《中华沿海形势全图》、《各省沿海口隘全图》、《七省沿海图》等,虽然也曾起到指导海防的作用,但其主要是对中华沿海疆域地理形势的写实,应属于海疆图体系。

(一)万里海防图

绘制者郑若曾,"字伯鲁,号开阳,昆山人,嘉靖初贡生。……少师魏校,又师湛若水、王守仁,与归有光、唐顺之亦互相切磋"①,"文康五世孙,幼有经世志,凡天文地理山经海籍,靡不周览。……倭扰东南,总制胡宗宪、总兵戚继光延若曾入幕中,参赞机务"②。郑若曾与唐顺之共同编定《海防图论》一部,内载海图十二幅,其式为海上陆下,浙江巡抚胡宗宪为此书题为"海防一览",实即《万里海防图》的前身。③ 郑若曾被胡宗宪聘为幕宾主记后,与同事邵芳合作,对《海防图论》进行修整考订,修成南起广东、中历福建、浙江、南直隶至山东、辽东的沿海海防图,杂图七十二,计有:"广东沿海山沙图"十一幅,"福建界图"九幅,"浙江界图"二十一幅,"直隶界图"八幅,"山东界图"十八幅和"辽东界图"五幅,各图并附图论。诚如《筹海图编》初版范惟一序云:

> 余友郑子伯鲁,昆山人也。往者海山之乱,昆山盖屡被祸惨甚。郑子履艰思饶,以倭之深入由我策之不预,稍置费讲,非完计也。乃辑图十有二幅,苏郡刻行之,属有持以示督府少保胡公者,胡公览而嘉异之,罗而致之幕下,参谋赞画,俾益增其所未备……萃而成书,共十有三卷,胡公题曰《筹海图编》云,因刻之。④

郑若曾绘制之《万里海防图》,成图于嘉靖辛酉年(1561,嘉靖四十年),用计里画方之法,每方百里,由浙江巡抚胡宗宪作序,刻板刊行。1562 年,经过修正,以《沿海山沙图》的名字载入《筹海图编》中,体例上外详而内略。编图时参考了此前有价值的图籍 70 余种,如钱邦彦的《沿海七边图》、俞大猷的《浙海图》、陈习的《苏松海边图》等,可以说是当时海图绘制的集大成者,对后来的海防图籍有重大影响。天启元年(1621),茅元仪编纂《武备

---

① （清)永瑢等:《四库全书总目》卷 70 史部 26,"郑开阳杂著十一卷",清乾隆武英殿刻本。

② （清)冯桂芬:《(同治)苏州府志》卷 93,清光绪九年刊本。

③ （清)永瑢等:《四库全书总目》卷 75 史部 31,"海防图论十一卷",清乾隆武英殿刻本。

④ （明)郑若曾撰,李致忠点校:《筹海图编》,中华书局 2007 年版,"点校说明"第 3 页。

志》成，计240卷，其《海防二》部分，完全摘抄了《筹海图编·沿海山沙图》的内容。

清康熙年间，郑若曾的五世孙起泓及其子定远，照其祖父的原存书稿和图等，整理出一部防倭与海防专著，名曰《郑开阳杂著》，内载有《万里海防图论》和《海防一览图》（见图2-17）①。《海防一览图》为文字贴说方式，将海防要论附在图中，而《万里海防图论》即《筹海图编》中的《沿海山沙图》，图后附有各海区的防御要论。比较二者，前者所绘县城较多，而后者则于军事设置更为详细。

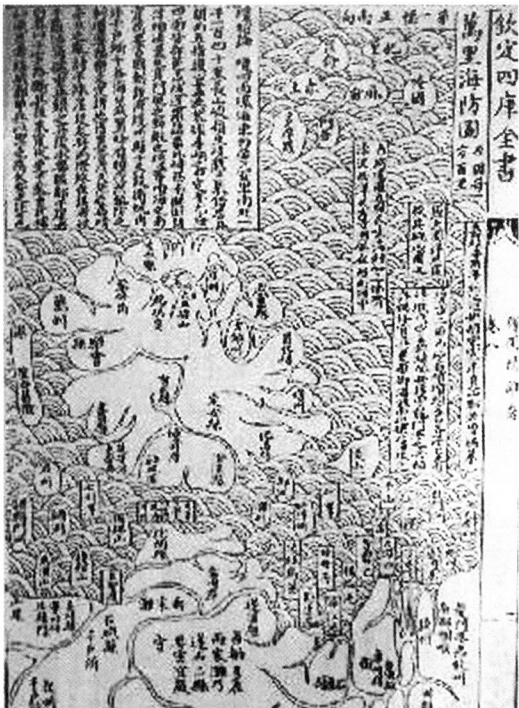

图2-17 海防一览图

《万里海防图》是为了防御倭寇而绘制的军用海图，图上所绘的属于明朝巡防范围以内的大小岛屿、滩沙都是明朝海军巡哨、防剿倭寇的水域。有关地貌特征、海流急缓、倭寇入侵路径、巡哨时间、会哨地点、边海卫所汛地等的部署，海中各等安澳、可避飓风之港湾门寨无不尽编其中。此外，还附录了图说文字，揭示海上岛屿的军事用途及其在海防上的重要地位，是图亦收于《筹海重编》中。后来的《乾坤一统海防全图》和《海不扬波图》等均以此为蓝本摹绘，《武备志》及《武备秘书》等书亦有收录。

（二）乾坤一统海防全图

乾坤一统海防全图为彩绘绢本。全图分为十幅，每幅纵170厘米，横

① （明）郑若曾：《郑开阳杂著》卷8，文渊阁四库全书第584册。

60.5 厘米。若左右相接，即合成一幅纵 170 厘米、横 605 厘米的全国沿海图。

万历乙巳年（1605，万历三十三年）春三月间，南京吏部考功司郎中徐必达与董可威合作，照胡宗宪刻印之《万里海防图》摹绘成十幅绢本彩绘图，定名为《乾坤一统海防全图》。清乾隆二十六年（1761），王际华、裘曰修等官员奉敕整理内务府舆图房舆图，将此图载入《萝图荟萃》目录，以后所编之图目均有相沿著录。①

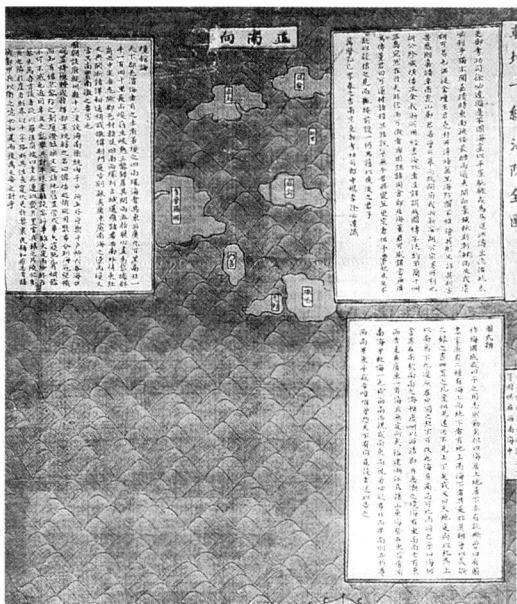

图 2-18　乾坤一统海防全图之
正南向第一幅上部

图中文字详述此图摹绘之缘起（见图 2-18），现摘录如下："吏部考功司徐必达：图边不图海，岂以平原驰骤，戎马易逞，洪涛出没，倭帆未必利乎？独不闻嘉靖时东南被倭最酷？而近来关白豪强辄剥朝鲜而及我肤，胡可易也。偶从金坛王君尧封所，得睹《万里海防图》，不惟绘其形，又详其利害甚悉，则嘉靖辛酉昆山郑若曾所摹，而故开府我浙新安胡公宗宪所刻也。胡公殄灭横倭，生我全浙，所经画海外者至详。谓此图博不泛，约不简，十洲三岛，宛然在目，夫非信而可征者欤？因谋诸同舍郎北海董君可威，谓当亟广其传，董君曰可，遂付诸梓。其诸说宁无今昔异变、宜更定者，但予管窥未及，不欲以疑信之见辄掩前谟，一仍其旧，以俟后之君子。万历乙巳（1605，万历三十三年）季春之吉

---

① 鞠德源：《钓鱼岛正名钓鱼岛列屿的历史主权及国际法渊源》，昆仑出版社 2006 年版，第 130 页。

(三月初一日),南京吏部考功司郎中橋李徐必达识"。

可见,《乾坤一统海防全图》是完完全全忠实于郑氏的《万里海防图》的,可以说是《万里海防图》的精绘本,是一幅综合性沿海军事设防图,其内容前人已有过具体说明,且较贴切,现摘抄如下:

> 详细描绘广东、福建、浙江、南直隶(今江苏、安徽)、山东、北直隶(今河北)、辽东(今辽宁)七省沿海地区的自然地理特征、政区建置以及军事设防状况。全图以上方为南或东南或正东方向绘出,以求海岸线取直划一,即海在上,陆在下。陆地部分用计里画方的方法,绘制府、州、县城与山脉、河流的相对位置。图上各卫所寨堡、烽堠墩台、望楼关隘以及巡检司的布局和名称,详尽清晰。海洋以鳞状波纹线表示。岛屿礁石、港湾渡口为标注重点。水寨、险滩、咽喉要地还附以文字说明。海岸线与相邻岛屿的位置大体准确。所绘航路,承元代故道,起自福建梅花所,止于直隶直沽长江口,港汊纵横,突出了其海防、江防合一的重要地位。此外,还绘出与中国隔海相望的日本、朝鲜的部分沿海地区。[1]

(三) 海不扬波图

此图(见图2-19)为明代沿海军事设防图,采山水画画法,海洋绘以蓝色鳞状波纹并辅以白色浪花,黑色双线勾出河道形状并填以蓝彩,山脉用蓝、绿渐层表现,府、州、县及卫所则绘出蓝色圆形或椭圆形平面城围(少数例外,如台州府、定海县城绘立面方形城围),地名写在城内。烽堠、军堡、关隘所在以墩台并插上红旗表示,名称写在旁边的方框内,其余古迹、名胜、岛屿,或是巡检司、把截、驿站等,除地位较特殊外,大皆仅注以文字并加上方框表示。对比本图与《筹海图编》(四库本)卷一《沿海山沙图》,我们发现两者除墨绘、彩绘之别,本图的城墙采平面绘法,《沿海山沙图》采立体形象以及本图纵向图幅较广外,两图大体类似。推测本图也是郑若曾《万里海防图》七十二幅本摹本之一,时间不早于嘉靖四十一年(1562),至迟不会

---

[1] 沈晓娅注,载曹婉如等编:《中国古代地图集·明代》,文物出版社1995年版。

晚于明末。①

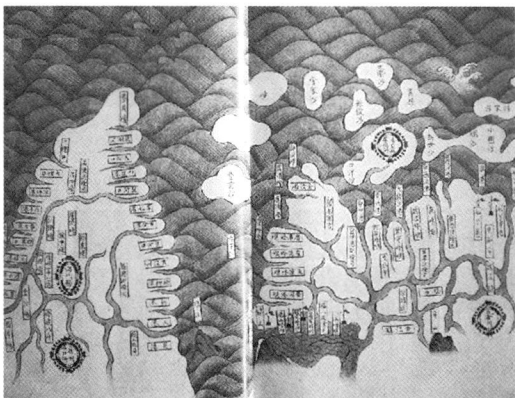

图 2-19 "海不扬波图"太仓州—通州部分

此图主要描述从海南岛到鸭绿江口中国沿岸军防布局，及沿海附近岛屿、城镇分布状况。图前题"海不扬波"四个大字，故以此为图名，图末有冯时撰之简要图说，并钤"冯时律天图书"印。图说内容为：

海自广东至辽阳，起琼州，抵鸭绿，纡萦八千五百余里，径直七千二百余里。琼虽孤悬海外，实为广之屏障，且安定、罗活、大小五指之间，黎人巢穴，非宿重兵不能张其威而声其援也。粤海向分西中东三路，自西路言，廉州上枕灵山，下俯琼崖；雷州三面滨海，遂溪湛川当三道门户，徐闻锦囊为其犄角；高州东连肇庆，南凭溟渤，而神电其咽喉也，连头港汾州山又其南藩矣。中路则香山东莞，广海犬牙参错，拿猍虎头，卓哉要区。东路则碣石甲子黄冈险峻林立，而柘林居三路之上游，全广锁钥，莫过于此，此广东海防之形胜也。八闽旧设五寨，首起玄钟，直接浯屿，皆铜山水寨之所辖。其厦门海（深）沪濑窟，外扼大小担屿之险，内杜金门月港之奸，浯屿其要地也。而莆禧平海北过万安湖井，南阻湄州岱坠，而连江及梅花，洵福郡之头颅，小埕又连江之翼蔽矣。若官井罗浮沙埕与罗江古镇是为五哨，联络呼应，并望烽火门为之鹄，此福建海防之形胜也。浙江外有南鹿玉环金塘大小衢马迹诸处之汛，内有金乡松门昌国定海临山海宁诸处之防，惟舟山岙崎大洋，不啻为全浙之轮轴，襟吴带闽，缓急可呼。其台州负山临海，一面巨浸，岩穴可栖，波涛可犯。浙西险塞惟此称最，

① 冯明珠、林天人主编：《笔画千里——院藏古舆图特展》，台北"故宫博物院"2008年版，第46—47页。

此浙江海防之形盛也。江南滨海诸郡,南则苏松,有洋山璧下陈钱之山以环之,北则淮扬,有狼山胸山鸷山以捍之,独崇明弹丸,突出太仓外,缴系江南南北之喉舌,西望金山青村,南联吴淞,东接蓼角掘港马逻庙湾以暨海州,东海海舶之欲入杨子而犯淮扬者,严兵斥候,万不能飘然飞渡,此江南海防之形胜也。山东则登菜二郡,三面入海,背负青齐,如人之坐舒左右手,足乔其一足于波中,以涤之者,宁第山东要害,实沿海南北省之巨冲也,故以胶州鳌山大嵩控其南,靖海成山文登控其东,奇山王徐黄河控其北,倘有避击朝鲜而欲径趋辽左者,扬帆见影,分追截击,必不敢越此跳梁,此山东海防之形胜也。乃北直之天津山海,势若人启上下颚,而直沽卢龙马城,乐亭犹龈齿也,为途虽纤而相望不逾眉睫。神京左顾,泽国之虞,惟彼系之,此北直海防之形胜也。至于全辽有河东河西之分,河西有前屯宁远锦州杏山右屯广宁,河东有海盖金复旅顺红嘴平岛镇江以至凤凰城,此辽海防之形胜也。①

（四）《水师辑要》中海图

《水师辑要》,清人陈良弼著,现存于《续修四库全书》(第 860 册)。据《(光绪)香山县志》载,"陈良弼,福建人,行伍,(康熙)五十三年(1714)任"香山协副将,在香山城西武山上的来青亭题"题额暴志久圮祝志"。②康熙六十一年(1722)五月己丑初五日,升"为福建南澳总兵官"。③雍正元年(1723)五月己亥二十一日调任"广东碣石总兵官"④。雍正四年(1726)三月二十二日上奏:"海盗窃发,其始也,必藉渔船而出,其散也,必藉渔船以登岸。是以欲弭盗必先严渔船",提出限定渔船船蓬高阔的措施,得到雍正皇帝的恩准。⑤但不久,即被新任两广总督兼广州将军参劾,"臣到广以来,

---

① 冯明珠、林天人主编:《笔画千里——院藏古舆图特展》,台北"故宫博物院"2008 年版,第 32—33 页。

② (清)陈澧:《(光绪)香山县志》卷 10《职官》,卷 9《古迹》,清光绪刻本。

③ 《清圣祖实录》卷 297。

④ 《清世宗宪皇帝实录》卷 7。

⑤ 《广东碣石总兵陈良弼奏陈海疆事宜折》,《雍正朝汉文朱批奏折汇编》,第 7 册,第 26—27 页。

闻得碣石总兵官陈良弼秉心贪黩，凡有渔船出口，俱勒陋规，拨换巡防，援补亦多索取，恶迹彰著"①。因此，雍正"嘉阿克敦实奏，命择胜任之人，具本题参"②，后于雍正五年（1727）丁未正月丙午被革职③。

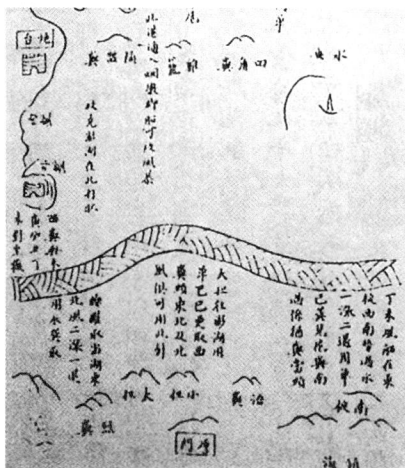

图 2-20　水师辑要澎海图局部

此图籍当为陈氏于水师为官时搜罗而成，大致反映了清康熙年间的沿海海防形势。内容主要包括粤东海图、福建海图、台湾海图、澎湖海图、浙江海图、江南海图、京师海图，与后来刊印出版的《清初海疆图说》④大致相同，只是《清初海疆图说》叙述顺序为：京师二东海图、江南海图、浙江海图、福建海图、粤东海图、台湾图、澎湖海图，与 18 世纪时的沿海图籍同一先后次序。比对二书，发现《清初海疆图说》多了"天下舆地总论"、"台湾府属渡口考"等内容，而在各省府海图除岛屿绘制方式有所不同外，在图的内容和绘制比例上则完全一致（见图 2-20 和图 2-21）。另据"台湾图说"中"今北路半线适中之处多增一县曰彰化，以分诸罗之势"云云，可知当在雍正初年台湾府彰化设县之后不久。因此，大致可推出或者海疆图说以陈氏海图为摹本，或者二者同时参考当时某版本海图。

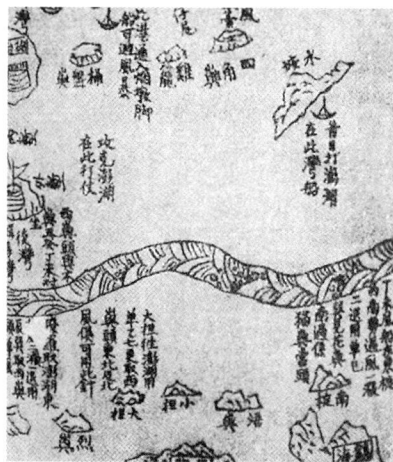

图 2-21　清初海疆图说澎湖海图局部

---

① （清）阿克敦：《德荫堂集》卷 12，清嘉庆二十一年那彦成刻本。
② 赵尔巽主编：《清史稿》第 529，列传 90，《阿克敦传》。
③ 《清世宗宪皇帝实录》卷 52，第 789 页。
④ 佚名：《清初海疆图说》，《台湾文献丛刊》第 155 种。

（五）全海图注

万历十九年(1591)在山东按察司提督学校供职的李化龙撰之"全海图注序"称:《全海图注》为大中丞宋公所辑。此之宋公即宋应昌。宋曾任山东巡抚,关心海防,《全海图注》大约在万历十九年前不久完稿,明刻本为一折页式图册。[①] "内载广东沿海图、福建沿海图、浙江沿海图和南京沿海图。图以上方为海,下方为陆。采用传统画法,绘出了沿海各岛屿及沿海县城、巡司及卫、所所在,并注出各地险要及可停泊船只数目。末附'日本岛夷入寇之图'"。[②] "陆上除表示一般居民地外,用较醒目的符号绘出'巡司'及'烽堠'注记名称,并说明驻守情况。图至长江口后,改称'南京沿海图',实为江防图。始于海门县,逆江而上,北岸至和州府的'乌江渡',南岸至太平府的'采石渡'。沿江两岸标识地势及驻防情况,间或注出军事险要及治安状况。……序中云:'……复画为一图,上自登莱,下达闽广,远近万余里……'"[③]

可见,虽然《全海图注》是仿照郑若曾的"万里海防图"绘制的,图中以海居上方,陆居下方。但它注重描绘粤、闽、浙三省海洋情况,且融入了作者亲自访问许多熟悉"海事者"得到的详细记录资料,所绘沿海情况又较"万里海防图"更为详细。如此图广东沿海自防城营至龙门港段(见图2-

图2-22　全海图注广东沿海图部分

---

① 阎平、孙果清编著:《中华古地图集珍》,西安地图出版社1995年版,第67页。
② 北京图书馆善本特藏部舆图组编:《舆图要录:北京图书馆藏6827种中外文古旧地图目录》,北京图书馆出版社1997年版,第83页。
③ 中国测绘科学研究院编纂:《中华古地图珍品选集》,哈尔滨地图出版社1998年版,第114—115页。

22①），文港旁注记"泊北风船一百余只"，凤凰江旁注记"至鸡鸣村二潮水，凤凰江极难行船"，龙门港旁注记"泊南北风船百只"等港口停泊情况。体现了对当时沿海航行情况的增补。

《全海图注》由于吸收了大量民间的航海知识，为后来修方志者采用，如《粤大记》中的《广东沿海图》。

二、各省海防图

（一）广东海防图

《粤大记》是明万历南海人郭棐所撰通志之一。关于本书的刊成时间，过去虽有成说而不可从。饶宗颐先生定为成于万历年间，仅泛指而无确定年分。② 林天蔚先生定为刻于万历二十一年至二十四年间，所据有二：（1）《粤大记》郭棐自序："其事断自万历，丙申以前未悉者，俟采而续入之。"（2）《岭海名胜记》王学曾万历二十四年所作序："余同乡梦菊郭公……业已刻《粤大记》三十二卷传于世矣。"③

但实际情形恐非如此，试举书中的若干例子为证：一、卷5《科第》载有明代历科广东进士名录，至万历二十六年戊戌科赵秉忠榜而止。二、卷23《海防》载有万历二十五年十月，两广总督陈大科会同广西巡抚戴耀关于区处安南黎氏的题本。三、卷18《陈万言传》云："年十一，以奇童称，人为邑库弟子。垂二十年，领壬子（嘉靖三十一年）乡荐……卒年七十有五。"陈万言中举时约三十岁，下推其卒年当在万历二十五年（1597）。郭棐是万言友人，为之作传应在万历二十五年以后。据此，《粤大记》刊成于万历二十四年（1596）之说无法成立，二十一年（1592）则更无论矣。而确实的刊刻时间，当在万历二十六年（1598）左右。因此，笔者比较认可汤开建的观点："郭棐自序其纪事断于万历二十四年，王学曾又于万历二十四年见过《粤大记》的刻本，这应该是不会错的。至于今传本《粤大记》有多处万历二十五

---

① 曹婉如等编：《中国古代地图集·明代》，文物出版社1995年版，第140幅。

② 饶宗颐：《港九前代考古杂录》，载《饶宗颐史学论著选》，上海古籍出版社1993年版。

③ 林天蔚：《广东方志学家郭棐及其著作考》，《汉学研究》第3卷第2期。

六间记事,很可能是《粤大记》初刻后,郭氏又进行了增补,特别是万历二十

图 2-23 全海图注·香山部分

七年《广东通志》纂修开局后,郭氏同时又对《粤大记》进行了增补,并重新刊刻。我们今天所见均为重刻之增补本,而万历二十四年前之刻本,今已不存,我认为这样解释,恐怕更为合理"①。可见,《粤大记》成书晚于《全海图注》,但二者关于广东沿海部分舆图的内容比例文字等均一模一样,如香山部分(详见图2-23 和图 2-24),二者之间先后传承关系明显。

广东东接福建,与福建海域往来密切,南面西南洋,贸易番邦自古有之。海洋区位明显,海防形势比较复杂,"中间负海之众,无事则资海为生,有事则藉之为暴。自嘉靖末年倭夷窃发,连动头浙,而潮惠奸民乘时构衅,外勾岛孽,内结山巢,恣其凶虐,屠城铲邑,沿海郡县殆人人机上矣"②,海防

图 2-24 粤大记·香山部分

① 汤开建:《〈粤大记·广东沿海图〉中的澳门地名》,《岭南文史》2000 年第 1 期。
② (明)郭棐:《粤大记》,书目文献出版社 1990 年版,卷 5。

图籍留存也因此而较丰富,除《粤大记》中的《广东沿海图》外,主要还有《苍梧总督军门志》中的《全广海图》、《广东通志》中的《广东海防图》。

1.《苍梧总督军门志》中的"全广海图"

《全广海图》现存于《苍梧总督军门志》一书之中,其成图时间,可从《苍梧总督军门志》的版本历史中得到线索,当在嘉靖四十二年(1563)至万历七年(1579)之间。

嘉靖三十一年(1552)两广总督应槚平定两广"蛮獠"之后,"乃搜故事典实,为苍梧军门志","凡隶属利病变化之具述作并至,览者始昭然若指掌焉"[①],于次年成书24卷,名曰《苍梧军门志》。万历二年(1574)刘良弼刻王宗沐《敬所王先生文集》中《苍梧军门志序》云:"舆图兵防奏议各二卷,讨罪四卷,纪略五卷,历宦信任军饷操法赏罚事例养士碑文奏议路程各一卷"。万历七年(1579)刘尧诲任两广总督,在原书基础上重加增补,再成其书,得34卷;九年(1581)由广东布政使司刻印,因两广之地古有"苍梧"之称,故名之曰《苍梧总督军门志》。"舆图"一目,刘尧诲重修本共三卷,卷一

图 2-25 全广海图

至卷二为各府州县舆图,卷三为"全广海图"(见图 2-25)。此图所绘广东沿海六水寨,为嘉靖四十二年(1563)至四十五年(1566)间总督吴桂芳议设。嘉靖四十二年,两广总督吴桂芳上任后,便在原有沿海各营寨基础上,议设拓林、揭石、南头、北津、白鸽、白沙六水寨,各统以参将总兵,分明信地,招募土客兵员,供给战船,修造兵器,以壮海防,时应槚书已修成,设寨之事在书成之后,故卷三为后增。

---

① (明)王宗沐:《苍梧军门志序》,见《敬所王先生文集》卷1,明万历二年刘良弼刻本。

全广海图除详绘沿海府州县村及卫所、都司、营寨、场驿、岗堡、桥船、山岭、洲池、浦港、湾澳、烽堠等外,还于图中标注岛洲形势,如涠洲"属雷州府管,内有田地广阔","海陵山属阳江县,内一巡司",并注有沿海岭寨港湾至他处里程、沿海港湾形势、海中形势和陆海倭贼情状,如"此冠头岭乾体港至永安一百里,至廉州二十里",屯门澳"至老万山二潮水,至九洲一潮水,至鸡公头半潮水……";"永安港水浅,难泊大船","老沙港内有石,难泊大船","雷州港内水深,可泊兵船数百";"此海有暗沙,名曰吉冢撒,来往大船难过","此衍口过船险,须用惯熟水手","此澳大,可泊飓风","凡西往船由此出入";"海康非廉州府所属,但贼入廉州,道必经于此地也","此琼州各港,海贼聚散往来在此处抛泊,邀截商船","甲子港门小,进港可泊四面风,若西南盛发时,有贼经过,一时难出,外面亦难入泊",等等。图后有"沿海信地"、"六寨会哨法"、"春秋汛期",记载了六水寨设置沿革、各寨信地、分哨地方、会哨方法及每年春秋二汛期定例等。凡此种种,已超出了一般地理形势图的范围,而更具有军事地图和敌我双方形势图的性质。

2.《广东通志》中的"广东海防图"

此图(见图 2-26)存于雍正九年(1731)印制的《广东通志》中,也是第一次将广东海防图列入省志中,"粤东滨海,防制详密,旧志不绘图,亦不列卷,今各增入"①。而其来源甚多,可以说是综合明朝以来各种海防图的成果而成,如海防志云:"海竟于粤东,地势尤下,号曰天池。岛绵屿邈,宜重控制,爰绘以图像,编入舆图。复缀辑《筹海图编》、《地图综要》、《纪效新书》、《粤大记》、各府县志诸书,以补旧志之所不备

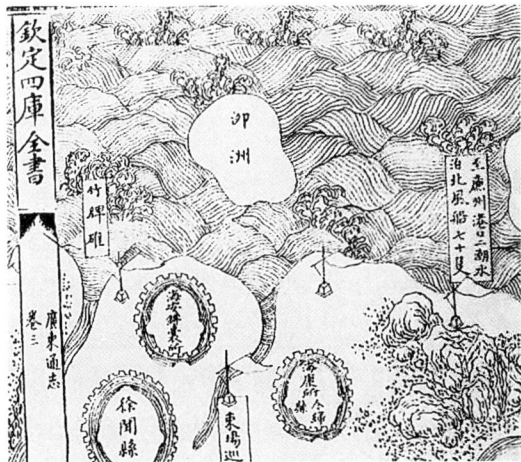

图 2-26 广东海防图

① 郝玉麟:《广东通志》,文渊阁四库全书本(第 562 册),凡例。

者如左,志海防图像"①。

广东海防图共 16 幅,首绘海南岛,后沿海岸自钦州大鹿墩至南澳,全图海上陆下,图中重要港澳标注所泊风向和船只数目,并记有海道潮数。如龙门港注"可泊北风船一百只",青婴池"可泊北风船一百只",对达池"泊南北风船一百余只",邵州"至廉州港口二潮水,泊北风船七十只",碯州"至琼州二潮水,泊南风船一百只",了婆尾"泊南北风船七十余只",番船澳"可泊南风船二十只",浪海港"泊北风船一百余只",赤澳"泊北风船七十余只,外浅内深",东莲澳"泊南风船五十只",马耳澳"泊南风船一百只",等等。②

（二）福建海防图

1. 福建海防图

福建海防图(见图 2-27)为纸本彩绘,中国科学院图书馆所藏,稍有破损,特别是开头部分的文字注记略有残缺。作者不详。图上有海澄县,为嘉

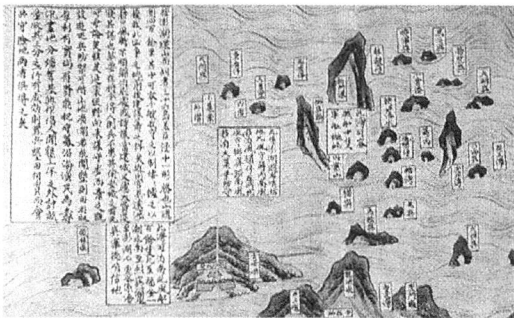

图 2-27　福建海防图

靖四十五年(1566)所置,隶属漳州府。注记中又论及万历二十年(1592)和二十五年(1597)设防之事。所以此图可能是明万历中后期(1597—1619)为了防御倭寇而绘制的。

图自右至左"一"字形展开。自福建与广东交界的柘林湾(图记有柘林寨)、南澳岛绘至福建与浙江交界的沙埕湾(图中记有沙埕、流江堡)一带。图以海居上方,并在开头的注记中称:"南系前左,而北系右后",即以前左方为南。这些与郑若曾之"万里海防图"特征一致,但此图没计里画方。图主要绘制沿海的山川形势和设防情况,山川以中国山水画形式表现,河流于入海处大都绘有一座桥。府城、县城、卫所和巡司

① 郝玉麟:《广东通志》,文渊阁四库全书本(第 562 册),卷 9《海防志》。
② 郝玉麟:《广东通志》,广东海防图,文渊阁四库全书第 562 册,第 120—136 页。

等都用城楼符号表示，文字注记均括以方框。对于南澳岛和澎湖列岛等岛屿的描绘和文字注记都比较详细。例如南澳岛绘有漳州副总兵的驻所，"广营"在右，"福营"居左，其文字注记称："南澳有广南兵一营，属闽有福兵一营"守备。在澎湖列岛的注记中有"澎湖环山而列者三十六岛，盖巨浸中一形胜也。山周围四百余里，其中可容侵艘，我守之以制倭，倭握之以扰我，此必争之地"云云。凡沿海港湾多注记可以停泊船只的数目和到达附近驻防地的航程。水陆按"一潮水"或"半潮水"计，陆路则记里程数。①

2.《福建通志》中的"福建海防图"

目前有载海防图的福建通志有两版，一版谢道承等修纂、于乾隆二年（1737）刊刻，一版为陈寿祺等修纂于道光年间、出版于同治十年（1871）。

谢道承版通志分36类，共78卷，内容丰富，记载翔实，举凡有关本省之地理、沿革、物产、政治、经济、教育、职官、人物、风俗、科技、艺文、海防和自然灾害等无不列入，内容较郑开极主纂的"康熙志"多出十分之三，可谓广征博引。特别是"海岛"一门，记述琉球和苏禄（今属菲律宾）与中国交往

图2-28　谢道承版《福建通志》海图局部

情况颇详，如其凡例所云："其有非闽地而系属于闽者，则为外岛。明三百年琉球岁修职贡，本朝奉职尤谨。圣天资怀柔所及，恩数频加，应与近岁苏禄国备载职方"②。而最为突出的就是添加了舆图一目，使通志内容更加完备。通志海图（见图2-28）与上述雍正九年版《广东通志》中的"广东海防图"在绘制手法、标注特点等方面均为一致，标有大量沿海汛守内容。图

① 曹婉如等编：《中国古代地图集·明代》，文物出版社1995年版。
② （清）谢道承等修纂：《福建通志》，清乾隆二年刻本，文渊阁四库全书第527册，凡例第5页。

2-28 为该图安海港部分内容,中注有"安海港系连海坛山,潮满北风可抛泊船只,潮退搁浅"、"娘宫汛系连海坛山,属观音澳汛管辖,安设战船一只,配兵三十名。澳口安兵十名,山顶设有烟墩,设兵三名瞭望"等。[1]

(清)陈寿祺版通志虽纂于道光、出版于同治年间,然其图版内容甚为粗糙。舆图采用计里画方之法,记言"闽海东北际浙界,西南际粤界,水程盖二千里,而陆程止一千二百里。本海方作四十里,充计作六十里,历二十方,得一千二百里,如陆程数",同时分海防要次,"最要用方围,次要用圆围,诸澳屿在海中者用连环以便览"。[2]

(三) 浙江海防图

1.《全浙海图》

《全浙海图》,收于《两浙海防类考续编》,作者为明人范涞,乃据中山图书馆藏明万历三十年刻本影印。范涞字原易,休宁人,万历甲戌(二年,1574)进士,官至福建布政使。提要云:"万历二十九年(1601),涞官海道副使,因取诸书,复加增广,故名曰续编"。《浙江采集遗书总录》谓此为"明金一龙纂,范涞续修",王以中先生认为金一龙应为余一龙,因余氏为两浙海防类考旧后序之作者。[3] 其母本为《两浙海防类考》(四卷)。是书天一阁目栋亭书目俱著录而不记撰人。绛云楼书目及近古

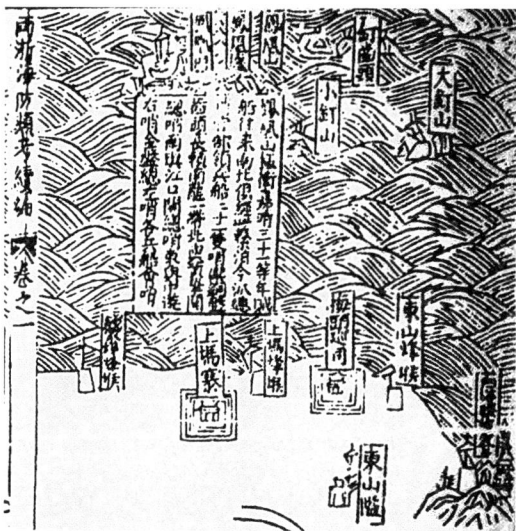

图 2-29 《全浙海图》局部 瑞安部分

---

① (清)谢道承等修纂:《福建通志》,清乾隆二年刻本,文渊阁四库全书第527册,第65页。

② 陈寿祺等修纂:《福建通志》,台湾华文书局影印本同治十年刊本,第16页。

③ 王以中:《明代海防图籍录》,载《清华周刊》1932年第9—10期,第147页。

堂目则不记卷数与撰人。千顷堂书目谓谢廷杰著,四卷。内阁书目亦著录。范氏续编卷首所附滕伯轮旧序云:"督抚湖湘谢公秉钺兹土,经武纬文,坐殿南服,而惓惓衣袽之防,恒日夕兢惕于衷。巡海宪副刘公,平日殚心职业,其于海上故实,无不周知。仰承其志意,纂成两浙海防类考一书……首具海图,明扼塞"。① 此序作于万历乙亥(三年,余一龙后序年份亦同),知此书于万历三年(1575)由督抚谢氏命巡海宪副刘氏编刊,早范氏书26年。

《全浙海图》在内容上除标记沿海岛屿与烽堠外,重点突出对海防汛地的描述,对各处冲要险地均有文字注明,如图2-29所示海图的瑞安沿海部分就有:"凤凰山,极冲。嘉靖三十一等年贼船往来南北俱经此系泊。今派总哨官部领兵船二十一只哨巡……南与江口关总哨、东与巾游右哨、金盘总左哨各兵船会哨"。②

2. 江防海防图

江防海防图把江防与海防合为一幅自右至左的"一"字展开式长卷图,颇具特色。图自江西瑞昌县开始(开始部分稍有残缺)向下游方向(向东)展开至上海吴淞口,这段为江防图。此后则为海防图。海防部分主要自金山卫绘至闽交界的留江水寨,此段除南直隶的一小部分外,实为浙江省海防图,中国科学院图书馆收藏。

图为纸本彩绘,作者不详。江防部分以上方为南,海防部分上方变为西,即东海位居下方。图无绘制时间,但图上靖江县尚为一沙洲,其编绘时间当在成化八年(1472)至天启元年(1621)之间。因《明史·地理志》关于常州府靖江县的记载是:"成化八年九月,以江阴县马驮沙置。大江旧分二派,绕县南北,天启后,潮沙壅积县北,大江渐为平陆"。图上靖江县所在的沙洲即马驮沙。图称长江为"洋子大江"。图中苏州刘家河的注记称:"此河今已淤塞"。按《明史·郑和传》记永乐三年(1405)郑和航海下夕洋,"自苏州刘家河泛海至福州",当时刘家河尚能通行大船,至明中叶成化以后,刘家河已淤塞。图中山形和水城均以中国山水画形式表现。沿江和沿

① (明)范涞:《两浙海防类考续编》,《四库全书存目丛书》(第226册)。
② (明)范涞:《两浙海防类考续编》,《四库全书存目丛书》(第226册),第282页。

海除城镇外,尚有巡检司、巡司、墩和烽堠等防御机构的设置。①

3.浙江福建沿海海防图

这是一幅长轴的近海军事用图(见图2-30),全图青绿设色,对于山峰、

图2-30　浙江福建沿海海防图
局部　宁德部分

城郭、营汛的形象描绘,近于传统山水式的舆图画法。图中所示从广东省界到浙江仁和、海宁一带,对于沿海军事部署,其中包括营汛的分布、船舰航行航道、沿海要塞位址及沿海岛屿的分布等,都详细描绘。从地图内容上看,此图虽以沿海军事部署及海防的描述为重,但却刻意着重在海面上船只航行的航道及沿海或岛屿军事据点的部署。因此,本图对于海面上的军事功能,显然高于陆面上防守的作用。②

此外,在康熙年间王国安等所修之《浙江通志》中也有海防图一目,右起福建沙埕地方,左迄江南金山卫界,主要标注沿海卫所烽堠和海中岛屿,图前以文字说明绘制原因,"浙滨海者六郡,细民率仰衣食焉。明惩倭患,汛防渐密。皇清幅员无外,而岛孽逋诛,飘突所至,浙东急而浙西缓。今……采捕之禁既弛,迁界之民渐复,然奸人阑出,易于啸伏,桑土之谋,可少懈乎"。③

（四）江南海防图

清乾隆年间,赵宏恩等监修、黄之隽等编纂之《江南通志》中绘有江南

---

① 曹婉如等编:《中国古代地图集·明代》,文物出版社1995年版。

② 冯明珠、林天人主编:《笔画千里——院藏古舆图特展》,台北"故宫博物院"2008年版,第46页。

③ (清)王国安、黄宗羲:《浙江通志》,卷之首《图》,第16页,康熙二十三年刻本。

海防图(见图 2-31)。是图右起南石臼烽堠,左至金山营止,东至马迹山江浙汛地交界,沿海所注岛屿有:栏头山、浮山岛、劳山岛、管岛、句岛、九峰岛、千里岛、里仕岛、黑山、鸭岛、竹岛山、危尖山、高公岛、浦山、社林山、坊山、东隅山、西隅山、白山岛、海州岛、延真岛、开山、乱沙、过沙、海门岛、营前沙、山前沙、三片沙、后沙、管家沙、前沙、旧沙、新安沙、崇明(平洋沙)、烂沙、无名沙、长沙、南沙、孙家沙、响沙、吴家沙、浪冈山、海礁山、永子山、分水礁、华岛山、李西屿、陈钱山、茶山、淡水屿、蒲屿、大盘山、上钓山、中钓山、下钓山、许山、金山、张家屿门、洋山、东科山、三姑山、圣樵屿等。①

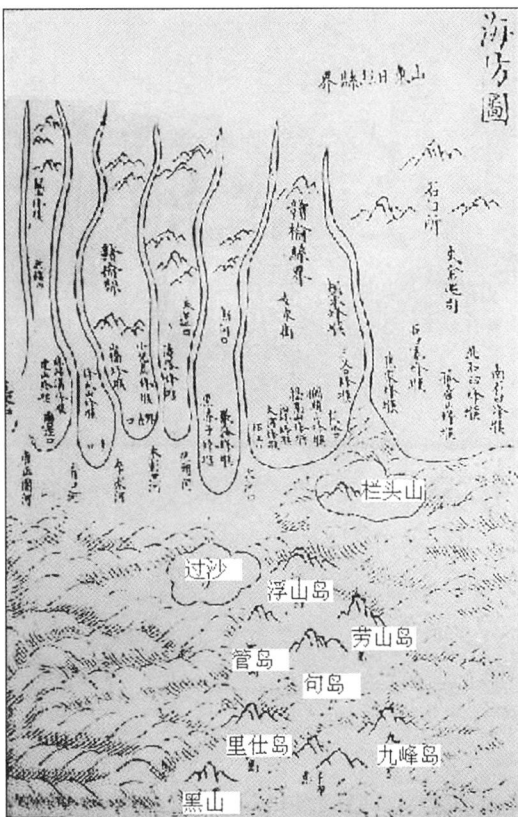

图 2-31 江南海防图局部

从图形上看,此图除陆上海下与《筹海图编》中的“直隶沿海山沙图”有所区别外,在地名、岛屿绘制等方面均大体相似,应是《筹海图编》的摹绘本。

三、各府海防图

(一) 潮州府属海防图

“潮州府属海防图”(见图 2-32)载于光绪十九年之《潮州府志》,尾有

① (清)黄之隽等编纂:《江南通志》卷3,清四库全书本,第29—33页。

"闽汀上官惠绘图"。① 上官惠,祖父为上官周,生活于 18 世纪,工于图画。② 此图右起福建悬钟港,共有舆图五幅,图一标有:大城所、红螺山、虎子屿炮台、鸡母澳炮台、虎屿、狮屿、白屿,南澳岛上有青澳（注"属闽"）、云澳（注"属闽"）、隆澳、深澳、腊屿下炮台、上炮台、长山尾,图二标有:黄冈成、樟林城、大港、青山、横山、白村、信洲、栢洲、鸿门、狮头汛、浮山、下浮山、海山溪南、海山溪北、东石汛、井洲、三屿、五屿、侍郎洲、凤山,图三标有:南洋城、东陇所、鸿门寨、蓬洲所、大莱芜炮台、放鸡山炮

图 2-32　潮州府属海防图局部

台、小莱芜、马耳、磊口门、青草屿、三屿、角屿、汇屿、浔洄山、莲澳炮台、石井炮台、青屿炮台,图四标有:海门营、靖海所、河渡炮台、广渡炮台、钱澳炮台、沧州、靖海炮台、石碑澳炮台、赤山澳炮台,图五标有:溪东炮台、神泉所、神泉炮台、澳角炮台、隆江、览表渡、惠属甲子所城。

（二）温处海防图

作者蔡逢时,字应期,安徽宣城人。他于万历二十四年（1596）撰成此书。那时正是倭寇再次进犯中国东南沿海（万历十九年）之后不久。蔡逢时适任职于浙江按察司,负责整治温州和处州（今浙江丽水）兵备之

---

① （清）周硕勋:《潮州府志》,卷首《图》,保安总局,光绪十九年,第 11—14 页。
② 中国人民政治协商会议福建省长汀县委员会文史资料委员会:《长汀文史资料第 23 辑》,1994 年 6 月,第 88 页。

事,遂留意前人有关海防的图籍,如《筹海图编》和《海防类考》等。他感到这些著作对于温州的情况尚不详尽,所以专门收集与温州有关的资料,编纂成书。

处州虽不临海,但为瓯江中游重镇,又是温州腹地,作者喻温州为"藩篱",处州是"堂奥",二者息息相关,故亦兼及处州。书中附图可分政区图和海防图两类。政区图共两幅,即"浙江温州图"和"处州图",图以上方为北,海位于东方。而作者着重编绘的是海防图,即"温区海图"和"东洛图"等。海防图与政区图最大的不同之处是

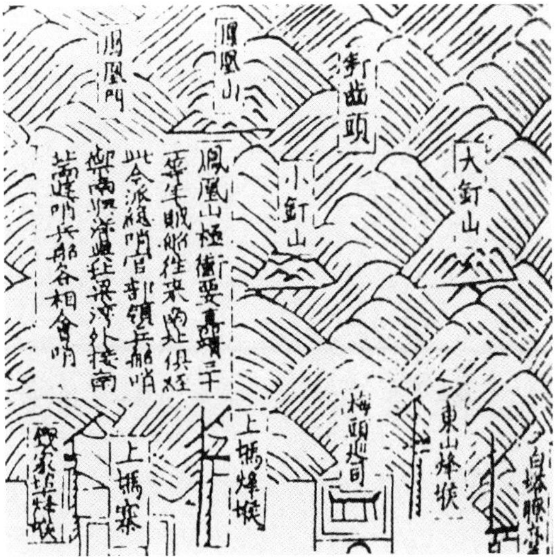

图 2-33　《温外海防图》局部　瑞安部分

海防图以海居上方,这显然是仿照郑若曾"万里海防图"关于图的布局。与"万里海防图"对比,蔡逢时之图确实比较详细。例如东洛岛,在"万里海防图"中于瑞安县所和平阳县所之间的海中仅绘一注记"东洛山"的岛,而在"东洛图"中,此岛绘有胡总管庙、大小瞭望台以及附近分布的许多礁屿和暗滩,并注记可以停泊船只的处所、可停泊的船只数以及风向的影响等等,颇有参考价值。① 是图在内容上可与《两浙海防类考续编》中的"全浙海图"相互参照,如图 2-33 所示,二者关于瑞安外海凤凰山汛地的描述基本类似。

（三）苏松海防图

《中国科学技术史·交通卷》提到《苏松海防图》为把总指挥陈习所绘。②

① 曹婉如等编:《中国古代地图集·明代》,文物出版社 1995 年版。
② 卢嘉锡总主编,席龙飞等主编:《中国科学技术史·交通卷》,科学出版社 2004 年版,第 511 页。

陈习,苏州卫人①,曾任苏州卫镇抚②。另据明人任环在《任光禄文集》中所提,陈习为"伏刁剿把总",游动在海防最前线,"每日出兵,一体设伏,遇有新贼,会同各枝先行遣击,使贼不得合势。若旧贼流动,或往西南,则并力尾击"。③ 然现所见之《苏松海防图》,辑于郑若曾所著《江南经略》中,见图 2-34。

图 2-34　苏松海防图局部

观《经南经略》中之《苏松海防图》,右起于直隶松江府沿海信地,西南抵接浙江乍浦界,左至崇明江海之交。沿海陆地标注各营、卫、堡和巡司等军事建制,并注有沿海重要港口,海中则画出重要岛屿,附以文字贴说,主要描述山形环境、海洋地纹、泊船情况、樵汲资源和战略位置等等,如羊山旁贴说所言:"羊山,高百余丈,周围约七八十里,形如圆犄,有十八澳,其中如一大湖,可容数百舟,湖口面北,上有一娘娘庙。蒲海皆咸,不可食。唯山巅有一池,其泉独淡,倭船与我兵船至此,必汲焉。沿山麓俱白沙如粉,山口有一山,名张家市,上出黄杨树。庙东有巡检澳故址。此山乃倭至必经休息艅之处,向设会哨兵船,来去不常,必用沙船常川扎住,昼则登山瞭望,夜则收套停泊,遇警归报,一面截杀可也"。

此外,各府县海防仍多见于各省府县志书,如崇祯年间方岳贡等修纂之

---

① （明）张应武：《嘉定县志》卷 16,兵防考下,明万历刻本。
② （明）张鼐：《宝日堂初集》卷 24,明崇祯二年刻本。
③ （明）任环：《呈诸台揭》,载陈子龙：《明经世文编》卷 269,明崇祯平露堂刻本。

《松江府志》就有《松江海防图》①,此图(见图 2-35)乃是"苏松海防图"中松江府海防部分,图形绘制和贴说内容都与"苏松海防图"一致。

(四) 浙江各府海防图

清乾隆年间修纂之《浙江通志》中载有杭州府海防图、嘉兴府海防图、

宁波府海防图、绍兴府海防
图、台州府海防图、温州府
海防图等内容,其后图说
云:"两浙濒海者凡六府,杭
则钱塘、人和、海宁;嘉则海
盐、平湖;宁则奉化以外五县
皆属海滨,而定海一邑则又
航海而治矣;绍则萧山、山
阴、会稽、上虞、余姚;台则宁
海、黄岩、太平;温则永嘉、乐

图 2-35 松江海防图局部

清、瑞安、平阳皆是也","防制宜周要,在守各府之隘口,以固门户;捍海洋之
津要,以巩藩篱。置司以巡检之,设卫所以守御之,命提镇以统领之,量地分
哨而后会哨以联络之,修战舰,置墩台,谨斥候,而于出口商船又逐汛交替以
稽察之,此防海之大略也。而地势之险要,杭为龟子门,嘉为澉乍二浦,宁为
招宝山、虎蹲、蛟门,绍为泗门,台为海门港,温为南鹿、玉环,凡海舶之自浙而
达辽海者,必经于此,均为全浙重地,设兵捍卫,盖控制得其宜矣"。②

第四节 16—18世纪中国的海疆图

海疆图在中国古代有一个渐进发展的过程,依舆图的完整性可分为舆
地总图中的海疆图、沿海全图、地方沿海图和特定海域海图等四类。

---

① (明)方岳贡修:《松江府志》卷1,书目文献出版社1991年版,第28—30页。
② (清)沈翼机等编纂:《浙江通志》卷1,文渊阁四库全书本。

一、舆地总图中的海疆图

舆地图在中国古代历史悠久,每当统一朝代出现后,都会编绘所辖国土的舆图,但对 16 世纪后出现的综合性地图集影响最大的非元人朱思本的《舆地图》莫属。据现有资料,元朝杰出的地理学家、地图学家朱思本(1273—1333)是私人绘制舆地总图的奠基人。"思本,字本初,江西临川人。……尝以周游天下,考核地理,竭十年之力,著有舆地图二卷"①,此《舆地图》及其"计里划方"绘制法,因"为格方之式,每方百里……其法颇合准望之意"②,"纵横界画,以五十里为一方,即准望之遗意也。今之职方图记,即用此法。非此,则方向里至皆模糊不可"③,对后代的绘制者产生了深远的影响,如后来之"王伯厚及杨升庵、章本清、冯嗣宗各有所辨,欲以朱思本画方配里法,仿谢庄之截木分合,就各地古事编图,会括诸志"④。只可惜已经散佚,如清人感慨"今日通行之图,则明人之图耳,朱思本原本已不可见"⑤。除以计里画方法绘制舆地总图外,朱思本留给后人的还有其对于海岸带的综合考察。《西湖二集》有载,"朱思本曾为元朝经略边海,自广、闽、浙、淮、山东、辽冀沿海八千五百余里,凡海岛诸山险要及南北州县卫所、营堡、关隘、山礁突兀之处,写成一部书,名为《测海图经》。凡某处可以避风,某处最险某处所当防守,细细注于其上……自粤抵辽东边海险要皆注图说,其关隘捷径方式,计里画方,确有成算。亮元能熟谙之,此人不可招致,亮祖亦颇知之,浙东主将非亮祖莫可任使。洪武爷复以亮祖为浙江行省参知政事,统领马步舟师三万人开府浙东"⑥,被称为沿海要物、经济之书,可以说

---

① （清）瞿镛撰:《铁琴铜剑楼藏书目录》卷 22 集部四:贞一斋杂著条,清光绪常熟瞿氏家塾刻本。
② （清）李兆洛撰:《养一斋集》文集卷 20 杂著:图绘解,清道光二十三年活字印四年增修本。
③ （清）刘献廷撰:《广阳杂记》卷 2,清同治四年抄本。
④ （清）方以智:《通雅》卷 13 方舆,清文渊阁四库全书本。
⑤ （清）朱正元:《西法测量绘图即晋裴秀制图六体解》,载《清经世文三编》卷 9 学术九,清光绪石印本。
⑥ （明）周清原撰:《西湖二集》卷 17,明崇祯刊本。

是后来沿海舆图和海防图的前身。

在朱思本舆地图的基础上，明后期的舆地全图流传较广的当数罗洪先的《广舆图》、陈组绶的《皇明职方地图》和其他朱思本地图系统舆图，对东南海疆和边海之事均有涉及。

明嘉靖年间，罗洪先（1504—1564）以朱思本的《舆地图》为蓝本，增补收集到新地理、地图文献资料绘成了现今我国最早的一部综合性地图集——《广舆图》。"罗洪先，字达夫，号念庵，江西吉水人，嘉靖己丑状元及第，授修撰"①。他作为一个舆图收藏家，在当时有一定的影响力，如其于《跋九边图》中所言："日闻边警，但览图而悲思，见其人无由也。某大夫遣画史从余书图，冀其可语此者，因取大明一统图志，朱思本、李泽民舆地图，许西峪九边小图，吴云泉九边志，先大夫辽东蓟州图，浦东牟钱维、阳西关二图，李侍御宣府图志，京本云中图，新本宣大图，唐荆川大同三关图，唐渔石三边四镇图，杨虞坡、徐斌水图，凡一十四种，量远近，别险夷，证古今，补遗误"②。清人丁丙辑《善本书室藏书志》有明嘉靖刊本《广舆图》二卷，其言道："孙渊如观察平津馆鉴藏记有广舆图一册，前有元朱思本舆图旧序，次广舆图序，称偶得元人朱思本图，其图有计里画方之法，于是增其未备，因广其图至于数十云云，不题撰人姓氏……明史艺文志有罗洪先增补朱思本广舆图二卷，当即此书"③。

该图以"计里画方"法缩编，矩形分幅，如《明书》言："罗洪先准元人朱思本《舆地图》计里画方之法，广图为数十，纵衡长短，远近差次，有形实可据，历十数寒暑而后成目，凡廿有四"④。并且第一次采用了24种地图符号，在编绘技术上具有很高的科学性，被公认为中国古代地图集的精品。《又广舆图序》如是评价道："其他为图者，无所增益，无所发明，不过依样画葫芦而已。念庵所广之图，真实亲切，简要详明，山川险夷，户口多寡，攻守

① （元）陶宗仪：《书史荟要》，附录：《续书史荟要》，文渊阁四库全书本。
② （明）罗洪先：《念庵文集》卷10：跋九边图，文渊阁四库全书本。
③ （清）丁丙辑：《善本书室藏书志》卷11，清光绪刻本。
④ （清）傅维鳞撰：《明书》卷39志二：方域志一，清畿辅丛书本。

利弊,沿革根源,一披阅无不周知。由之,天下事不劳余力矣"①。且《舆地图》除《九边图》唯重北疆之弊,括囊东南海疆,实为全局之思,于海图亦有所得益也,如《广舆图序》所指出的:"默斋许尚书,自为祠郎,旧曾著九边图论,今稍益以各方要害,以及四夷,虽名其书为广舆图,实则以九边为重,而九边又以北夷为重也……及四夷者,今又以倭夷为重"②。

明末陈组绶继承了朱思本、罗洪先的长处,克服《舆地图》和《广舆图》的不足之处绘制成了《皇明职方地图》。陈组绶在其《皇明职方地图大序》中如此说道:"元人朱思本计里画方,山川悉矣。而郡县则非罗念庵先生,因其图更以当代之省府州县增以卫所,注以前代郡县之名,参以桂少保荜、李太宰默二公之图,叙广以许论之边图、郑若曾之海图,易以省文,二十有四法,可谓精意置制,略无遗议。但以天下幅员之广,道里无数,则东西南北莫辨,旧图于郡县惟记其名,不书其险,所以郡县可考而山川之险阻莫测。……旧图九边之要全在谨备于外,故外夷出没不可不详。……旧图在万历以前,今历两世,朝代异则沿革异,制不揣复。因七氏之图而加广之,爰修天下大一统图二,以便全览。修两直隶、十三布政司图十五,以知官守;修河漕海运图二、海防图一,以别水道;修太仆总辖图一,以知马政;而亦尾以朝鲜、朔漠、安南、西域、岛夷图终焉。……边海之事宜摘其要,则附于各图之上"③。明白表示其图系根据朱思本《舆地图》、罗洪先《广舆图》、桂荜《舆地图》、李默《天下舆地图》、许论《九边图》、郑若曾《海图》、余寅《禹贡山河》等七种主要参考资料绘制的,但内容上增加修补了漕运、海运,因此,较上述各书丰富许多。

除《广舆图》和《皇明职方地图》这两个有较大影响力的舆图外,朱思本系列地图还有汪作舟的《广舆考》、程道生的《舆地图考》、吴学俨的《地图综要》、潘光祖的《舆图备考》等。

而清时,随着大一统国家版图的形成,利用西方传教士的测绘技术,绘

---

① （明）李开先撰:《李中麓闲居集》文卷6:《又广舆图序》,明刻本。
② （明）李开先撰:《李中麓闲居集》文卷6:《又广舆图序》,明刻本。
③ （明）陈组绶:《皇明职方地图大序》,载《陈驾部文集》,见《明经世文编》补遗卷1,明崇祯平露堂刻本。

制有康熙《皇舆全览图》、《雍正十排图》和《乾隆内府舆图》等。2006年，
"国家清史图像数据库·北京大学图书馆藏古文献中清代历史图像的数字
化整理"项目实施，而后北京大学图书馆将散存于书库各处的《皇舆全览
图》集中整理，并以行政区域图的身份辑于《皇舆遐览:北京大学图书馆藏
清代彩绘地图》书中。此图最晚绘于康熙五十八年（1719），是中国历史上
第一种采用西方地图测绘方法、经过大规模实测而绘制完成的，采用经纬线
法，梯形投影，比例为1∶1400000。其时，新疆西部和西藏部分地区因战事
等因未能收入，到乾隆年间续测完成，集成乾隆二十五年（1760）完成的《乾
隆十三排地图》（即《乾隆内府舆图》）。

北京大学所藏"这套《皇舆全览图》彩绘本分图，应是康熙五十八年
（1719）该图木刻本的底本，珍贵无比，极富文物价值"①，亦有宝贵的历史
价值。其中《盛京全图》、《山东全图》、《江南全图》、《浙江全图》、《福建全
图》、《广东全图》等更是对中国沿海地带作了精细绘制，是我们了解当时沿
海自然环境和行政建制等的重要资料，并云:"盛京地势，负山阻海……南
枕沧溟，而复、宁、盖、旅顺诸军联属海滨者";江南"形势襟三江而带淮，茹
五岭而吐海";浙江"形势负海倚山，浙水天都，接信郡，而东望沧溟，亦宇内
要津也";福建"东南临海，海外台湾。……涤荡既敷，鱼盐是薮，故并曰均，
江海何所往而不为利哉";广东"土产饶而番货集，昔号偏隅，今为乐土矣。
山脉来于大庾岭，东出南雄，达曹溪，出广州，至香山入海;一来于桂岭，南过
廉州，抵肇庆，至高、雷入海;出大藤峡者，乃桂岭西行至钦、廉，接琼州，至罗
浮入海"。②

康熙的《皇舆全览图》和以往的舆地全图相比，对海岛的绘制有了更大
的进步。雍正十排图是在康熙时实测地图的基础上绘制的。图按纬线自北
向南每八格为一排，共分十排。此图是中国和西方测绘人员利用国内外最
新资料对康熙时实测地图所做的补充和修订。图的范围，北起北冰洋，南到

① 北京大学图书馆编:《皇舆遐览:北京大学图书馆藏清代彩绘地图》，中国人民
大学出版社2008年版，第1页。

② 北京大学图书馆编:《皇舆遐览:北京大学图书馆藏清代彩绘地图》，中国人民
大学出版社2008年版，第1—69页。

中国南海,东起太平洋,西到地中海,比康熙皇舆全览图更大。① 而于乾隆二十年(1755)绘制的《皇清各直省分图》明确将南海诸岛——东沙、西沙、中沙和南沙群岛等列入我国领土的版图并标明设府管辖。②

除全国舆地总图中对海域的关注外,在沿海省份的省府州县舆图中,也有大量关于沿海地理的描绘,这方面绘制众多,主要存于方志资料中,难以一一列举,下面以几个省志与府志中舆图为例进行说明。

《山东通志》中山东省沿海各府舆图:《莱州府图》记,莱州"东至莱阳县界,西至昌乐县界,南至诸城县界,北至海岸",沿海设有栲栳岛巡司、灵山卫、浮山所、鳌山卫等军事建制;《登州府图》记,登州"东至海,南至即墨县界,西至掖县界,北至海",沿海设有大嵩卫、靖海卫、宁津所、成山卫、威海卫、奇山所等军事建制,北边海面上画有蓬莱岛、旧横岛、沙门岛等岛屿;《青州府图》记,在东南方沿海处设有安东卫和石旧所等军事建制,靠海有日照县。③

《江南通志》中江南省总图及沿海各州县图:《江南全省形势总图》记,江南东北接山东日照县界,其下滨海州府依次为海州、通州、太仓州和松江府;《海州统二县图》记,海州东至海岸界,北至山东府青州界,海州外有二岛屿,一为千户,一曰墟沟,其后之"海州图说"记:"北连山东,东距大海,海中有郁州、莺游诸山。郁州为岛屿胜境,莺游则元时海运之所经也";《通州统二县图》记,通州东至海岸界,西北至扬州府界,南至镇江府界。海边标有几个海盐生产所在:庙湾东台等盐场、丁溪安丰等盐场、余东吕四等盐场,其后之"通州图说"则言:"海道无所不达,江北之海防莫要于此。……自掘港东南,诸盐场棋布其间,运盐河自泰州东行,经如皋入州界,而东答于吕四场。其联络贯注者,为串场河,匪惟盐艘所关,亦设险之地也。泰兴县与靖江错壤斜连,孟渎舟艇往来,虽属通州,实扬郡之屏蔽矣";《太仓州统四县图》记,太仓州东至大海界,南至浙江界,北至通州界。宝山县外有吴淞所,

---

① 曹婉如、刘若芳编:《中国古代地图集·清代》,文物出版社1997年版。
② 韩振华:《我国南海诸岛史料汇编》,东方出版社1988年版,第84—85页。
③ (清)赵祥星、钱江:《山东通志》,康熙四十一年刻本,卷1《图考》。

县之滨海围有土塘。太仓州外海有崇明县,县治在长沙,旁列承阜沙、平洋沙、平安沙、新兴沙和古排沙等屿,互不相连,其后之"太仓州图说"云:"其地南接松江,西界昆山,东滨大海,北控江口。……太仓承太湖东下之委,为水国门户。诸塘之水,纵横灌注,并与海通。……至若濒海之地,冈阜相属,土人谓之冈身,盖天之所以限沧溟也。练祁塘亦通潮汐,县东南为吴淞江入海之口,旧设宝山、吴淞二所,以司防汛,今宝山为县矣。崇明孤悬海中,众沙环之,然地直江海之会,为吴郡外屏,故重镇设焉";《松江府统八县图》记,松江府东至大海界,沿海修筑海塘,自金山县绵延北上至上海县外之界河。海中有大金山、小金山、海汇、浒山、蔡港、羊山等岛屿,其后之"松江府图说"言:"所属八邑,半濒于海,鱼盐蜃蛤之饶,民赖其利。然咸水或乘风潮溢入,此捍海塘所以厚其防也。大海环其东南,而钱塘灌输于南,长淮扬子灌输于北,与松江之口皆辐列海滨,互为形援。今南汇、青村、金山三城已改县志,而郡城驻扎督帅,宿重兵以资控扼焉"。①

《浙江通志》中浙江省沿海各府图:《宁波府图》记:宁波府东南至海,东至海,东北至海,北至海,西北至海。在东北面海中绘有普陀山、舟山、沈家门、鲛门、虎蹲山等岛屿和定海县治,其后之图说云:"句章在越,为甬东地海道辐辏之所……放船长驱,一举而千里者也。唐置明州,宋为庆元路,明改宁波府。缘海为郡,南界台州,西界绍兴,而东北直与大海为际。旧领县五,附郭者曰鄞府,西北曰慈溪,西南曰奉化,东北切于海岸者曰定海,东南曰象山。国朝康熙二十六年,以旧昌国卫经明季迁移以来,地名舟山,孤悬海中,为海疆门户,展复招徕,特命建立县治,增置重兵镇守弹压,更名定海,而以旧定海县为镇海,并隶于府。生聚日久,既富且教,遂成壮县。而招宝山之外,蛟门、虎蹲重关叠成,皆天设之险,控制得宜"。《台州府图》记:台州府东南大海,东大海,东北至宁波府象山县界。距海之县有三:曰黄岩;曰太平,郡治东南;曰宁海,郡治东北。《温州府图》记:温州府东至海,东南至福建福州府界,东北至台州府太平县界。海中有九斗、玉环等山,图说云:"北为乐清,

---

① (清)尹继善、黄之隽:《江南通志》,清乾隆元年刻本,卷1《舆地图说》。

前临大海，九斗蟠其左，萧台踞其右，而后所、盘石、蒲岐皆其海埂要害之处。……惟海中玉环一山，为谢公屐齿所未到，迁弃已久。国朝雍正五年，展复招徕，设官增戍，创建城郭廨宇，垦辟土田，人民萃居，士卒屯聚，屹然为海疆屏障云"。①

《福建通志》中福建总图和沿海各府图：《福建总图》粗略勾画海中重要沙屿岛澳，如短表、长表、大金所、台山游、海坛游、五虎山、海坛山、笔架山、南日山、金门、厦门、海门、南澳等；《福宁府图》沿海绘有笔笃巡司、青湾巡司、烽火寨、高罗巡司、大金所、白石巡司、延亭巡司等军事建制，以及东山铺、李园铺、盐日铺、高罗铺、渔洋铺、官洋铺、分水铺等传递公文之据点和各地公馆之分布，如东墙公馆、黄崎公馆、杯溪公馆等；《福州府图》滨海绘有北茭巡司、小埕水寨、定海所、五虎巡司、梅花所、松下巡司、石梁巡司、泽朗巡司、万安所、牛头巡司、镇东卫、壁头巡司、际朗巡司等军事建制，并有大田、宏路和蒜岭等驿站；《兴化府图》沿海除绘出南日山外，还有宁海寨、冲心寨、青山寨、平海城、嵌头寨、莆禧所、天马山寨等军事建制；《泉州府图》沿海除标明金门岛和官树塔外，还绘有大盈寨、小盈寨、灌口寨等军事建制。②

《潮州府志》中府图和沿海各县图：卷首舆图中有潮州府疆域总图，陆地计里画方，每方二十里，海中画有海山、大莱芜、小莱芜、放鸡山台等岛屿；"潮阳县疆域图"，计里画方，每方五里，海中标有浮涧山；"澄海县疆域图"，计里画方，每方五里，沿海注有东陇港、旗岭港、大松港、蓬子港、三湾村等。③

《漳州府志》中府图与沿海各县图：沿海有文浦山、圭屿、海门山、大泥后、太武山、大帽山、将军澳、西碇、虎头山、陆鳌、原古雷司、八尺门、铜山、悬钟，南澳镇注明北为福管、南由广管；"漳浦县图"：除太武山、大帽山、镇海、陆鳌、虎头山、原古雷司外，还有井尾、岱嵩、原青山司、车鳌、竹屿、甘屿、吉

① （清）李卫、沈翼机、傅王露：《浙江通志》，清乾隆元年刻本，卷1《图》。
② （清）郝玉麟、谢道承、刘敬与：《福建通志》，清乾隆二年刻本，卷1《图》。
③ （清）周硕勋：《潮州府志》，卷首《图》，保安总局，光绪十九年，第1、3、6页。

屿等标注,铜山外标有五都、原金石司、原洪淡司等。①

二、沿海全图

沿海社会处于全国的边缘,在舆地全图的绘制过程中,虽有对海域的关注,但却大有缺漏。明朝之后,随着海洋社会对王朝稳定的影响越来越大,出现了专门的沿海舆图。在 16—18 世纪主要有两个体系,分别是郑若曾《筹海图编》的沿海舆图体系和陈伦炯《海国闻见录》的沿海全图体系。

明时的沿海舆图在《筹海图编》中得到很好的体现,出现了海疆图中的"筹海"系统,对后来沿海舆图的绘制产生深远影响。《筹海图编》以省域分广东、福建、浙江、直隶、山东和辽阳等六个部分,各地绘一总图,再以若干州府分图细述之。全图上陆、下海,上北、下南、左西、右东,分别标注四至疆界,总图详记府县名称,分图注重险要地势和卫所、巡司等军事驻地,近海有主要岛屿的标记。是图在《三才图会》中亦有收录。与此相类似的还有《清初海疆图说》中的沿海全图。

但现存之沿海全图以陈伦炯《海国闻见录》中的《沿海全图》为首,其后的《各省沿海口隘全图》、《中华沿海形势全图》等七省沿海图系列一直延传至近现代。

《海国闻见录》为清朝陈伦炯撰。"伦炯字资斋,同安人。父昂,康熙二十一年从靖海侯施琅平定台湾。琅又使搜捕余党,出入东西洋五年。叙功授职,官至广东副都统(案副都统为满洲额缺,陈昂得是官,盖出特典)。伦炯少从其父,熟闻海道形势。及袭父荫,复由侍卫历任澎湖副将、台湾镇总兵官,移广东高雷廉、江南崇明、狼山诸镇,又为浙江宁波水师提督,皆滨海地也。故以平生闻见,著为此书。上卷记八篇,曰《天下沿海形势录》,曰《东洋记》,曰《东南洋记》,曰《南洋记》,曰《小西洋记》,曰《大西洋记》,曰《昆屯记》,曰《南澳气记》。下卷图六幅,曰《四海总图》,曰《沿海全图》,曰《台湾图》,曰《台湾后山图》,曰《澎湖图》,曰《琼州图》。凡山川之扼塞,道

① (清)康熙《漳州府志》,卷首《舆图》,第 28—29、33—34 页。

里之远近，沙礁岛屿之夷险，风云气候之测验，以及外蕃民风、物产，一一备书。虽卷帙无多，然积父子两世之阅历，参稽考验，言必有征。视剿传闻而述新奇，据故籍而谈形势者，其事固区以别矣。"①"这些地图的祥备、精确均超过了前人绘制的地图……所标明沿海地名十分细致，如厦门岛上就有厦门港、员通港、高崎、五通、水仙宫、金鸡亭等，岛外的灌口、高浦所、新安、丙州、官浔、芒溪，以及厦门湾内各岛屿，附近泉州、漳州、金门的地名都十分详尽。"②（见图2-36）

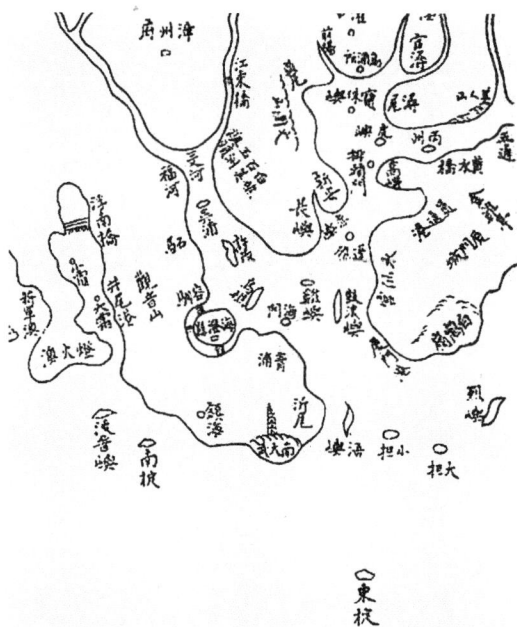

图2-36 沿海全图厦门港部分

《各省沿海口隘全图》，绢本彩绘，长卷，本图自右至左"一"字形展开，卷首北起盛京，南至交趾界，范围包括中国沿海七省，故又名《七省沿海图》。地图方位上西下东，陆地在上，海洋在下，视点由海上望向陆地，对行政区域、地理景观、海防资讯描述详细，辅以文字叙述行船须知、海防守则。卷末绘有海南岛、台湾前、后山图和澎湖。全图绘画景致，内容丰富。沿海府、州、县无论抵海边远近，均酌量方位并用不同符号标示，以便查核；沿海村镇民宅和岛屿、暗礁、河口标示详细并一一注出名称；联省相接界限以文字载明至州县分界，重要地方也用文字简述其四至大势；山脉和名胜古迹用写景法绘出。全图典雅清秀，是中国古代海图的代表作之一。此图卷末署"陈枚恭进"，似作于乾隆年

① 《海国闻见录》（二卷），《四库全书总目提要》卷71史部二十七地理类四，浙江巡抚采进本。

② 顾海：《厦门港（福建海港史话）》，福建人民出版社2001年版，第85页。

间;但全图系以陈伦炯的《沿海全图》及《海国闻见录》中之《天下沿海形势录》为蓝本,再进行某些修改而成。①

《中华沿海形势全图》"中有'乾隆甲午'字样,卷首图说中又有'今则皇舆整肃,海宇澄清'字样,则其绘事应在乾隆三十九年(1774)之后的乾隆年间"。从图上的地名建置和文字注记来看,图为乾隆末年(1787—1795)所绘。如:在"中华沿海形势全图·奉天、直隶、山东沿海图·右部"的山海关左边有临榆县,据《清史稿·地理·永平府》记载:"乾隆初,废山海卫置临榆"②;在"中华沿海形势全图·台湾图·右部"上有嘉义县,据《重修嘉庆一统志·台湾府·嘉义县》记载:"乾隆五十二年,赐名嘉义"③;另在"中华沿海形势全图·福建沿海图·左部"图上有平和县、诏安县,而无云霄厅,据《清史稿·地理·福建漳州府》记载:"嘉庆元年(1795),析平和、诏安地增置云霄厅"。

是图总括海疆,大有囊沿海形势于指掌之意,卷首序云:"旧有《海防通志》、《筹海图编》等书,乃前朝专言备倭之略,匪特卷帙繁琐,抑且时世互殊。今则皇舆整肃,海宇澄清,内备塘工以捍潮患,煮卤以益民生,外则招来怀远,异产珍错,并各洋鱼虾赢蚌苔藓藻蛰,亦利育斯人于无既。惟是巨浸茫茫,岛屿星悬,枭猿潜踪,帆樯浮迹,为奠又斯民计,不得不周以逻察,而逻察权宜,又当先审诸形势焉。各省沿海郡邑志载职其地者,原可按图索治,至于全局形势,旧闻有总图,藏于天府,外省罕得览焉。今兹图考前人诸书之所载,并见闻之所及,统边海全疆,绘成长卷,今昔情形异宜,又细加考辑,参以注说,亦可收指掌之助云尔"。④

然综观此图,与《海国闻见录》卷下所绘之图大体类似,图之贴说则与《海国闻见录》中所记之"天下沿海形势"相似,亦为形势图之摹绘本。

---

① 冯明珠、林天人主编:《笔画千里——院藏古舆图特展》,台北"故宫博物院"2008年版,第46页。

② 《清史稿·地理·永平府》。

③ 《重修嘉庆一统志·台湾府·嘉义县》。

④ 北京大学图书馆编:《皇舆遐览——北京图书馆藏清代彩绘地图》,中国人民大学出版社2008年版,第236页。

如图 2-37 和图 2-38,此二图分别为《海国闻见录》沿海全图和《中华沿海形势图》中的普陀山部分。在此局部图中,《中华沿海形势图》中所增补之贴说内容为,"自马迹南之海岛,由衢山、岱山而至定海;东南由剑山、长涂而至普陀。普陀直东出洛迦门,有东霍山。夏月,贼舟每潜寄泊,伺劫洋舶回棹,且与尽山南北为犄角。山脚水深,停泊时须加长碇缆"①,而《海国闻见录》上卷"天下沿海形势录"中为"南之海岛,由衢山、岱山而至定海;东南由剑山、长涂而至普陀。普陀直东之外,出洛迦门,有东霍山;夏月贼舟亦可寄泊,伺劫洋舶回棹,且与尽山南北为犄角。山脚水深,非加长碇缆不足以寄"②。可见二者基本雷同。

但《中华沿海形势全图》在沿海岛屿方面有所增补,大致反映了 18 世纪人们对沿海岛屿的认识概况,故将其详细列出,制成表 2-3。其中,和《海国闻见录》中的"沿海全图"相比,新增之岛屿用黑体表示,同一岛屿名字相异者用斜体表示,没有标注的岛屿则以楷体表示。

图 2-37 《海国闻见录》局部图

---

① 北京大学图书馆编:《皇舆遐览——北京图书馆藏清代彩绘地图》,中国人民大学出版社 2008 年版,第 240 页。
② 陈伦炯:《海国闻见录》上卷"天下沿海形势录",文渊阁四库全书第 594 册。

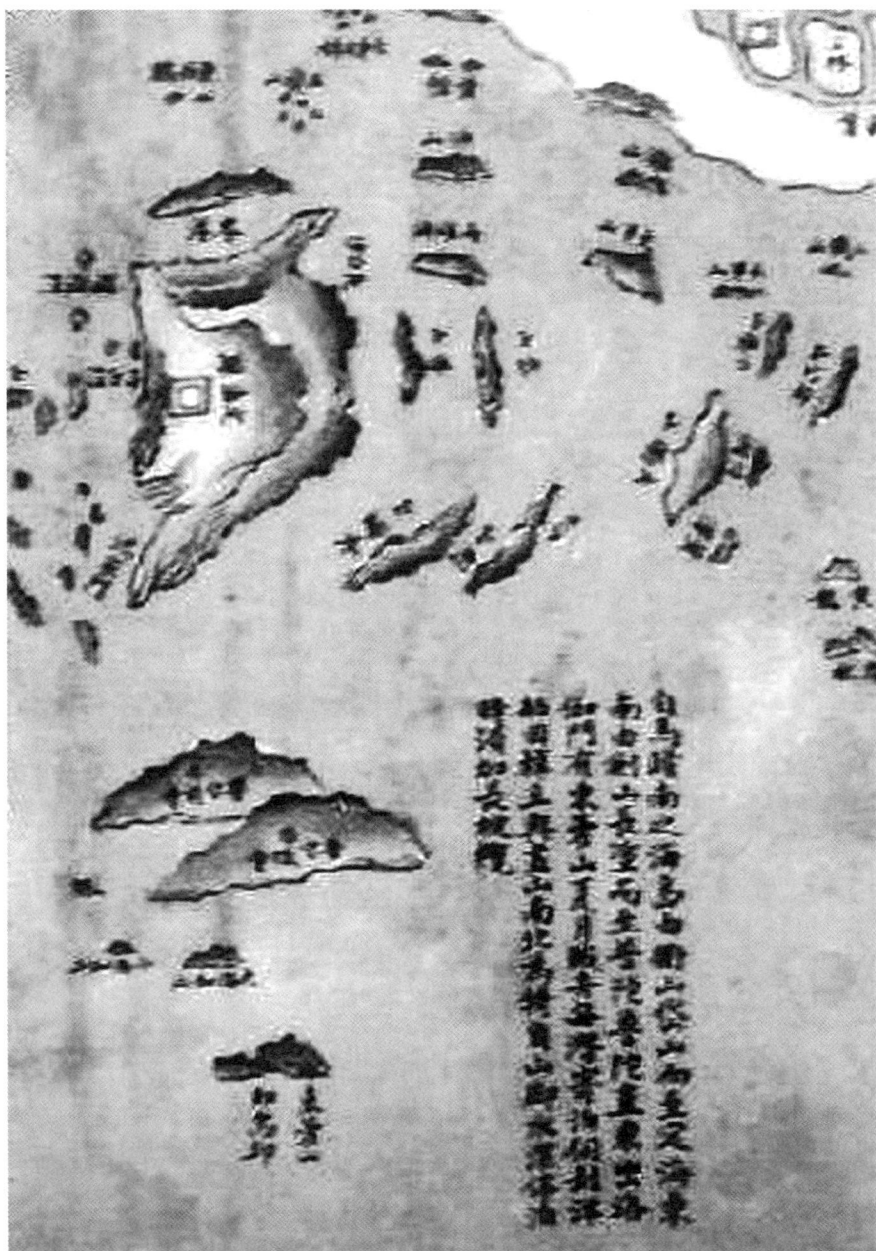

图 2-38 《中华沿海形势图》局部

表 2-3 《中华沿海形势全图》岛屿表

区域范围	《中华沿海形势全图》所载岛屿
奉天 直隶 山东 沿海 岛屿	菊花岛、桃花岛、大笔架、小笔架、连云岛、长兴岛、**兔儿岛**、**牛岛**、铁山、芙蓉岛、母鸡岛、桑岛、砣矶岛、大黑山、小黑山、庙岛、高山岛、大钦岛、小钦岛、**海毛岛**、芝罘岛、沙磨岛、小竹、大竹、**栲栳岛**、**空同岛**、**莒岛**、**龙子岛**、**双岛**、刘公岛、刘公岛、鸡鸣岛、海螺岛、养鱼池、青鱼滩、倭岛、**模耶岛**、石岛、**王家岛**、马头嘴口、苏门岛、望海岛、五里岛、耳岛、琵琶岛、黄岛、腰岛、大竹岛、小竹岛、青岛、长井岛、田横岛、牛岛、**狮子岛**、石门岛、车公岛、**大管岛**、劳公岛、福岛、**梅岛**、**竹分山岛**、唐家到、泰山、虞游山、五条沙、陈马沙、蛮子沙、阴沙、腰沙、白沙、阴沙、棍子沙、火焰沙
江苏 浙江 沿海 岛屿	拖子蛮沙、阴沙、大阴沙、小阴沙、日照沙、三家沙、丁家沙、万盛沙、福德沙、福蒂沙、玉带、昭庆沙、黄豆沙、半洋沙、东三沙、大安沙、戏台沙、高头纱、**铜沙**（铁银沙）、新兴沙、佘山、花脑、络花、大盘、**（陈钱）** 壁下、尽山、李西山、八亩礁、库东、子柳、半羊礁、深水、黄龙、狮头澳、黄沙澳、大戟山、马蹟（**江浙交界**）、小戟、大衢山、小衢山、徐公山、东霍（乌坵）、**大洛迦山**、**小洛迦山**、普陀、长涂山、秀山、岱山、大羊山、小羊山、滩山、渔山、西头洞、岑港、五齐山、东西鹤、黄盘、七姊妹、沈家门、龟山、螺头门、东霍、西霍、蟹浦、虎蹲、蛟门、金塘山、**黄油礁**、牛鼻孔、罗汉礁、关帝岭、火烧门、朱家兴、乌沙门、桃花山、**大陈山**、**九龙港**、韭山、凤尾、急水门、牛栏门、茶盘、**老城山**、下湾门、牛头山、牛头门、南田、穿礁山、马蹄、积榖、黄壳屿、石塘山、吊邦、松门山、披山、大鹿、小鹿、巽屿、冲担屿、坎门、黄门、鹿西、小青、大青、大鸟、小鸟、**江埏**、玉环山、横北、横址、重山、小门、大门、黄大澳、状元澳、三盘、白脑门、长沙澳、大瞿、北策、南策、南龙、北屺、南屺、凤凰、长腰山、百亩礁、琵琶屿、四屿、养奥、观山、七星山、屏风山（屏峰山）、赤屿、拜屿、南关、北关
福建 沿海 岛屿	屏风、蛎屿、台山、利屿、七星、大嵛山、小嵛山、烽火门、君竹、火焰山、荬杯屿、四霜、间山、芙蓉、沈礁、半洋屿、小西洋、东永、**马鞍**、阳屿、下目、北竿塘、南竿塘、东沙、白犬、四屿、三星、五虎山、浮江、琅琦、员山寨、**三码**、磁澳、南崇武、北崇武、东洛、西洛、钟门、大练、小练、*唐屿*（糖屿）、鼓屿、海坛、石牌洋、马腿、羊屿、竹屿、猴屿、橹匙、唐屿、草屿、大板、吉钓、锦屏澳、小日、大力尾、十八日、鹭鸶、南日、乌坵、牛头、野马、黄瓜、江阴、壁头、湄洲、莱屿、磨刀石、竹竿屿、獭窟、大队、小队、乌屿、金门、大登、小登、烈屿、北碇、澎湖、台湾府、东碇、大担、小担、浯屿、厦门、鼓浪屿、南碇、凌晋屿、大甘、小甘、虎豹、狮象四屿、洋林湾、北澎、中澎、南澎、头礁、二礁、三礁、虎子屿
广东 广西	鸡母澳、青屿、西澳、大金门、信州、小金门、马头山、横州、大澳山、井洲、北海山、浮山、三屿、五屿、南海山、槁木、南澳、羊屿、甕屿、猴屿、侍郎洲、大莱芜、小莱芜、南高表、放鸡山、马耳、草屿、浔洞、虎子屿、龙潭鼻、钱屿、白礁、田尾表、东沙、南碣、崎石港、金屿、广兴屿、遮浪、莱屿、龟龄、江牡屿、星兴、东碇、西碇、铁针屿、小星、草屿、圣菱屿、海洲、洗心洲、锅盖洲、三角、冬瓜洲、虎洲、羊洲、浔洲、赤洲、

续表

区域范围	《中华沿海形势全图》所载岛屿
沿海岛屿	南边寉民、金州、虎口、二管峰、三管峰、灯笼洲、赖州氏、钓鱼翁、草屿、竹篙屿、花园、沱泞、大锅、小锅、福建头、金山、佛堂门、荔枝屿、担杆洲、珠池、圣门、船香炉山、北线、仰船湾、金校椅、小门、大门、布袋澳、急水门、草屿、三门、外伶仃、喽洲、北屿、了澳、知州、罗杯屿、石澳、弓鞋、喇撒尾、下磨刀、上磨刀、中冲、琵琶洲、灯笼洲、铃鼓、三砂、老万山、黄矛、浮台、三角、九州洋、金厓、伶仃山、虎门炮台、东洲山、飞驼山、横橹山、象山、小氂、龙门都、青州、班头、阿婆尾、横琴山、十字门山、马哺州、银玩、鱼寮、长沙尾、三门、挂碇、深井、白藤、浪白、黄梁都、文湾、三竃、三角、牛角山、乌猪山、小金、大金、铜鼓山、上川山、下川山、小金门、洋洲山、**金台岗**、**海陵山**、小镬山、中镬山、大镬山、**三汲山**、战船澳、独石、大青州、小青州、小放鸡山、大放鸡山、赤水、博质、鸡笼山、莲头港、高沙套、飞云岭、南三、田头村、东海、碙洲、新芛岛、琼州、三角石、沉水石、雷公沙、水斜洋、外洋围州、汤猪沙、**珠母池山**、燕子尾、外洋马溜墩、外洋三墩、平顶石、急水门、老鸭石、牙山、亚公山、龙门营、象骨沙、外洋洲墩、外洋钓鱼台、鹿墩、马鞍山

三、地方沿海图

（一）山东海疆图

此图现存《山东通志》①中,名为海疆图(见图 2-39)。图中所注海中岛屿有:曲福岛,沐官岛,斋堂岛,以上俱诸城县东南海中;灵山岛,唐岛,鸡岛,牛岛,顾家岛,竹槎岛,黄岛,小青岛,以上俱胶州南海中;古迹岛,赤岛,徐福岛,劳公岛,车公岛,车门岛,女岛,狮子岛,小管岛,大管岛,巉岛,白龙岛,龙口岛,张牙岛,田横岛,青岛,白马岛,以上俱即墨县南海中;香岛,马官岛,卢岛,鸭岛,麦岛,土埠岛,厌岛,壬里岛,以上俱海阳县南海中;裡岛,草岛,小青岛,竹岛,塔岛,黄岛,宫家岛,以上俱宁海州南海中;琵琶岛,瓮岛,钻石岛,姑嫂岛,五垒岛,苏门岛,以上俱文登县南海中;王家岛,延真岛,镆邪岛,鹿岛,孤石岛,倭岛,海驴岛,海牛岛,鸡鸣岛,以上俱荣城县东海中;刘公岛,双岛,以上俱文澄县北海中;养马岛,夹岛,崆峒岛,栲栳岛,以上俱宁海北海中;之罘岛,在福山县北海岸;大竹岛,小竹岛,长山岛,鼍矶岛,大钦岛,小钦

---

① 　(清)岳濬、法敏修,杜诏等纂:《山东通志》,卷首《图》,清乾隆元年刻本。

岛（即羊驼岛），南皇成岛（一作隍城），北皇成岛（即漠岛），以上俱蓬莱县北海中；衣岛，桑岛，岞屼岛，以上俱黄县北海中；三山岛，小石岛，芙蓉岛，以上俱掖县北海中。

图2-39　山东海疆图局部

同时，对于沿海各口岸也有详细标注：与江南交界处沿海设有"安东卫"、"石臼所"等军事建制。安东卫旁有"竹子河"通往"涨雏口"，石臼所后有一固河，绕所右边出海为夹仓口，沿海尚有涛雏口、龙汪口等。诸城县界，有宋家口，"县南一百二十里，龙旺东北二十里。旧设信阳、龙湾二巡检司"；董家口，"宋家东北八十里"；龙湾口，"董家东一百三十里"；以上俱诸城县地方，陆汛系即墨营。胶州地方，有古镇岛口，"州西南一百四十里，龙湾东五十里，设古镇巡检司"；淮子口，"入胶总口，古镇岛东一百四十里"；以上俱胶州地方，陆汛系胶州营。即墨县境，有女姑口，"县西南五十里，淮子东北一百余里"；董家湾口，"女姑东一百三十里"；登窑口，"董家湾南二十五里"；崂山口，"登窑东一百五十里"；金家口，"崂山东北一百六十里"；以上俱即墨县地方，陆汛系即墨县营。莱阳县，有何家口，"县南九十里，金家东北六十里"，陆汛系宁福营。海阳县，有行村口，"县西南八十里，何家东六十里。旧设行村巡检司"；丁字嘴口，"行村东三十里"；以上俱海阳县地方，陆汛系宁福营。宁海州界，有乳山口，"州西南一百三十里，丁字东一百八十里。旧设乳山巡检司"；南洪口，"乳山北九十里"；浪煖口，"南洪东九十里"；以上俱宁海州南岸地方，陆汛系宁海营。文登县地，有五垒岛口，"县东南五十里，浪煖北一百里"；长会口，"五垒北一百里"；望海口，"长会北四十里";靖海龙王庙口,"望海东七十里,旧系靖海卫,今改巡检司";柳埠口,"龙王庙东北二十里";朱家圈口,"柳埠东二十里";以上俱文登县南岸地方,陆汛系文登营。文登县境,有威海龙王庙口,"县北一百一十里,长峰西二十五里。旧系威海卫,今改巡检司";双岛口,"龙王庙西北五十余里";以上俱文登县北岸地方,陆汛系文登营。荣城县界,有马头嘴口,"县南一百四十里,朱家圈北十五里";石岛口,"马头嘴东二十里";家鸡旺口,"石岛北一百五十里";养鱼池口,"家鸡东北一百十里";龙口岸,"养鱼池北八十里";朝阳口,"龙口西五十里";长峰口,"朝阳西一百二十里";以上俱荣城县地方,陆汛系文登营。宁海州,有金山口,"州北五十里,双岛西四十五里";养马岛口,"金山西五十里";龙门口,"养马西二十里";清泉寨口,"龙门西三十里";以上俱宁海州北岸地方,陆汛系宁福营。福山县界,有之罘岛口,"县东北五十里,清泉寨西三十五里";大河口,"之罘西十六里";八角口,"大河西一百里";以上俱福山县地方,陆汛系宁福营。卢羊口,"县东九十里,八角西二十五里";刘家旺口,"卢羊西九十里";湾子口,"刘家西二十里";抹直口,"湾子西十七里";天桥口,"县城北水门外,去抹直西三里";以上俱蓬莱地方,陆汛系登镇中右二营轮防。黄县,有黄河营口,"县北二十五里,天桥西四十里";陆汛系登镇中营分防。招远县,有东良口,"县北六十五里,黄河营西四十里,设东良巡检司";陆汛系登镇中营分防。掖县,有三山岛口,"县西北三十五里,东良西十里";陆汛系莱州营。海仓口,"三山岛西十里,设海仓巡检司";以上系掖县地方,陆汛系莱州营。昌邑县下营口,"一名潍河口,又名鱼儿浦,县西北六十里";陆汛系莱州营。寿光县,有瀰河口,"一名唐渡河,县东北一百二十里。潍和西七十五里";陆汛系寿乐营。旧河口西有固堤镇,为潍县海口,今淤。乐安县地,有新河口,"又名淄河门,县东一百二十里";陆汛系寿乐营。利津县界,有牡蛎口,"县东北一百二十里,设丰国镇巡检司";陆汛系武定营。自昌邑县下河口以西,历寿光、乐安,至牡蛎口,海岸皆沮洳滩荡,为各场窟晒盐之地。从内地墩堡道里计之,其五百二十里。若以舟行水程计之,不过二百里。故各口相去远近里数不能尽一闻载。霑化县界,有绛河口,"县东南八十五里,牡蛎西七十里。设久山镇巡检司";陆汛系武定营。上为海丰县,有大沽河口,"县东一百五十里,绛河西一百一十里。设大沽巡检司";陆汛系武定营,西至祁河口系直隶交界。①

（二）福建海疆图

1.福建沿海舆图

清内阁大库旧藏。绢底彩绘。四周黄缎镶边,并彩绣腾越于云端的九条金龙。该图采用中国传统制图法绘制。反映出福建省的山川地势,各级行政建置以及沿海的口岸、要塞、炮台等。图中红线表示府界,绿线表示县界,黄色宽线表示道路。绘有城郭的城镇 50 余座。……据文献记载,康熙二十三年(1684)设台湾府,属福建省,并置三县(即台湾县、凤山县和诸罗县),图上所示与文献记载一致。康熙二十五年(1686),厦门由"所"改为"厅",图上仍表示为"所"。清雍正后,福建省行政建置变化很大,图上均无反映。因此,推考该图为康熙二十三年至二十五年(1684—1686)间绘制。②

2.福建沿海图

该图系绢绘长卷彩图(见图 2-40),绘制于康熙二十二年(1683),作者不详,仅在卷末有觉霍拓的跋。地图的方向为上东下西,纵 36 厘米,横661.5 厘米,现藏北京图书馆。从左到右,绘画了福建东北部至东南部沿海

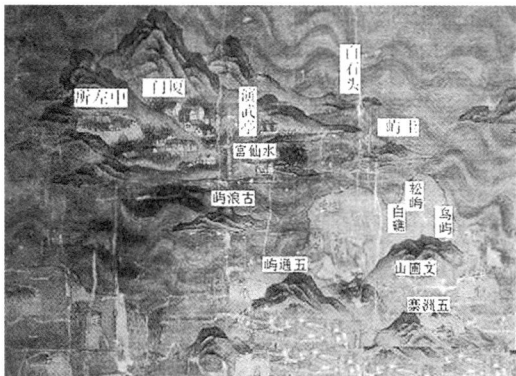

图 2-40　福建沿海图

地带的府、县、卫、海岛、村落、城堡、山梁、港湾以及桥梁、宫观等。

浏览全图,无论今福州附近的闽县侯官城、鼓山、兴化府城、平海卫、眉洲岛、妈祖宫、熙顶桥,还是今厦门附近的厦门、高崎、大担岛、鹭山及山下的村落房

---

① （清)岳睿、法敏修,杜诏等纂:《山东通志》卷 20《海疆》,清乾隆元年刻本。
② 中国测绘科学研究院:《中华古地图珍品选集》,哈尔滨地图出版社 1998 年版。

舍、海上的岛山、海波等等，都绘得详尽、美观。图上地形地物采用了传统的形象画法，色彩艳丽，图形逼真。①

（三）闽粤沿海图

见于杜臻的《闽粤巡视纪略》。杜臻，字肇余，浙江秀水（今浙江嘉兴市）人，顺治十五年（1658）进士，累迁内阁学士，擢吏部侍郎，工部尚书。清军统一台湾后，奉命与内阁学士席柱前往广东、福建巡视，主持开海展界事宜。杜臻与席柱于1683年启程南下广东，自钦州、防城始，沿海由西而东，而北，历7府、3州、29县、6卫、17所、16巡检司、21台城堡寨，还民田28192顷，复业丁口31300；复入福建，自福宁州分水关开始，遵海以北，历4府、1州、24县、4卫、5所、3巡检司、55关城镇寨，还民田21018顷，复业丁口40800，于次年夏天竣事。"因述其经理大略为《闽粤巡视纪略》，首沿海总图，次粤略三卷，次闽略三卷，次附记台湾、澎湖合为一卷"②。

卷首的沿海总图包括广东沿海总图和福建沿海总图。全图陆上海下，沿海府、县、城寨卫所均以城墙表示，但大小不同，府之城墙最大，县次之，城寨卫所又次之。广东沿海总图共六幅，起于南澳，东北界汀州赣州界，迄于广东交趾界，与安南交趾相邻，所绘沿海岛屿主要有吉尾山、枝郎山、大莱芜、马耳山、钱澳山、佛堂门、大奚山、仙女峡、甬山、小伶仃、九洲门、金星门、南洲山、较杯山、龙穴山、小横当山、青洲山、十门口、三竈山、澳门、濠境屿、三山、奇石山、厓山、铜鼓角、上川、下川、大金、小金、五主岛、蛟洲岛、硇洲、南渡山、息风山、试剑峰、龙门等，所绘沿海城寨卫所主要有大城所、柘林寨、太子城、石井寨、海门所、靖海所、神仙寨、碣石卫甲子所、沙寨、捷胜所、平泽所、大鹏所、虎门寨、狮子城、那扶营、海朗所、北津寨、大波营、白鸽寨、锦囊所、海澜所、海康所、海安所、永安所、海安卫、乾体营、钦州营、防城等。福建沿海总图也为六幅，起于福建浙江分界之台山等处，东北止浙江温处界，终于闽粤交界之虎豹狮象等屿，西南止广东惠州潮州界，所绘沿海岛屿主要有台山、屏风山、崷山、七星山、小崷山、笔架山、箸杯山、布袋屿、东礵、西礵、南

---

① 中国测绘科学研究院：《中华古地图珍品选集》，哈尔滨地图出版社1998年版，第109幅。

② 《清史稿》卷268《杜臻传》，第9984—9985页。

礁、北礁、大金所、台山游、东涌山、长腰山、日晖山、平湖、定海所、荻芦山、熨斗、浮江、双龟山、瑞峰山、横山、大西洋山、急水门、滋湾山、麒麟山、龙山、烽火山、小练、大练、笔架山、东金山、莲盘山、野马山、乌坵山、小南日、青山司、南日山、凤山、陈平山、峰崎山、小屿、大孤山、小孤山、白山屿、金门所、料罗澳、北大武、官澳、烈屿、小担、大担、浯屿、东碇、南碇、大桑、小桑、将军樵、豪家樵、古雷、苏尖山、沙洲、澎山、桂洲、根屿、屿仔等，所绘沿海卫所堡寨主要有三沙土堡、塘城寨、白琳寨、西洋寨、东峰寨、烽火寨、铜金寨、大金堡、南阳寨、定海所、小埕寨、镇东卫、万安所、平海卫、蒲禧所、吉了寨、九峰寨、永宁卫、六鳌所、镇海卫等。①

四、特定海域海图

（一）东海图

东海图（见图2-41）载于《山东通志》，图中除登州、莱州和青州等府沿海所设卫所外，较为详细地绘制了外海岛屿的分布情况，从下至上分别有：灵山岛、浮岛、管岛、阴岛、马什岛、赤山岛、黑石岛、鸡鸣岛、小谷岛、刘公岛、双岛、海驴岛、莒岛、崆峒岛、栲栳岛、刘家岛、蓬莱岛、青家岛、长山岛、大竹山、小竹山、旧横岛、桑岛、龟矶岛、沙门岛、芙蓉岛、山岛等，在沙门岛上还标有天妃宫。

图2-41　东海图

图后有文字载："山东三面濒海，登莱二府岛屿环抱。其枉青济，则乐安、日照、滨州、利津、霑化、海丰诸境，皆抵海为界，称渤海云。……自碣石通朝鲜诸国，直抵扶桑，一望汪洋浩瀚，溟涬无际，外控诸邦，内卫中夏，则山东形

---

① （清）杜臻：《闽粤巡视纪略》，卷首《图》，文渊阁四库全书第460册，第945—950页。

势实称险绝。"①

（二）澎台海图

澎台海图（见图 2-42）一轴,彩绘纸本。此图附有题签二则,一为"澎台海图附记事建置疆界海道",另一则为"嘉庆乙丑夏六月木石山石鉴藏"。按前者在附记事等之后还有落款,说明此图所附的记事、建置、疆界和海道情况是仲建烈于雍正八年（1730）旅居广州时撰写的;后者表明此图为嘉庆十年（1805）木石山石所藏。据乾隆时余文仪《续修台湾府志》记载:"康熙二十三年建议设府一,曰台湾,隶福建布政使

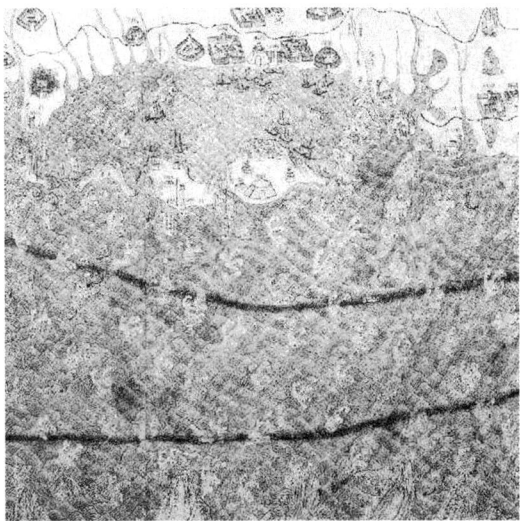

图 2-42　澎台海图局部

司,领县三,曰台湾、凤山、诸罗。雍正元年,增设县一,曰彰化。"图上有台湾府、凤山县、诸罗县,而无彰化县,表明图的绘制,上限为康熙二十三年（1684）,下限为康熙六十一年（1722）。其绘制时间可能在康熙五十三年（1714）实测台湾地图之前。

是图上东下西,左北右南。图的内容比较丰富,上半部绘台湾岛（西部地区）,中部绘澎湖岛和海道,下方绘与台湾相对的大陆沿海地区。图上着重表示台湾岛西部的军队驻防地,它们大都以方形或圆形栅栏符号表示,当时这些驻防地可能都用木栅围绕,以利防守。山脉和主要建筑物亦用形象符号表示,河流用双曲线表示,贯穿南北的交通要道用红色虚线表示。所绘澎湖岛也十分详尽,它的东西两侧绘有两条深绿色的海道,东面的一条有"小洋澎湖沟"等注记,西面的一条有"大洋澎湖沟"等注记,海道是为引导

---

① 《山东通志》,康熙四十一年（1702）刻本,卷 1《图考》。

南北向的航行,避免发生意外。在澎湖与厦门之间绘有一些船只,表明与大陆往来,主要取道厦门。①

（三）海塘图

此图载雍正十三年嵇曾筠等监修、沈翼机等编撰之《浙江通志》卷一,分上下两幅(见图2-43和图2-44),图后有文字说明,说明了修建海塘的原因与方法,"浙省濒海之军皆设海塘以为障护,惟杭嘉绍三府之塘屡有修建,盖三府适当江海交会之处,洪涛巨浸,冲激不时,而杭之海宁,工尤险要。考监官塘之建,

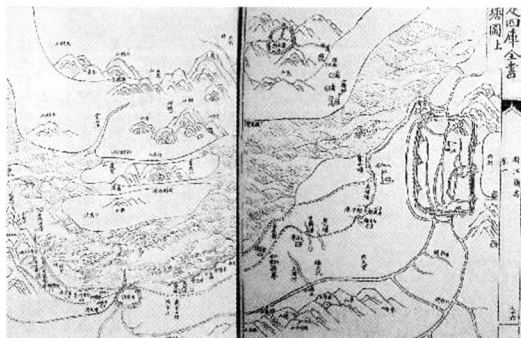

图2-43

唐曰捍海,宋曰海晏,元曰太平。……国朝轸念海疆,勤恤民隐,不惜重帑以成经久之图……复兴建巨石塘,内筑土塘以备冲卸,外葺旧塘固藩篱"。②

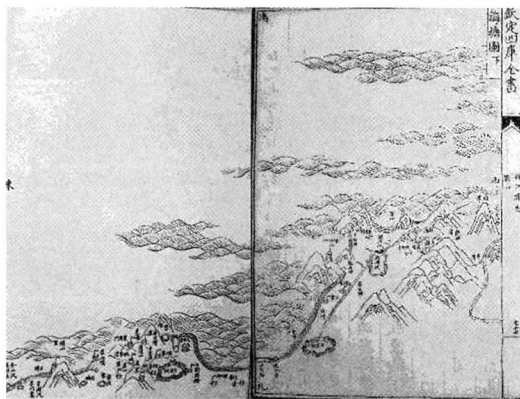

图2-44

---

① 曹婉如等编:《中国古代地图集·清代》,文物出版社1997年版。

② (清)嵇曾筠等监修,沈翼机等编撰:《浙江通志》卷1,第122—124页。

第三章　历史海图中的航海文明信息

帆船航海时代,面对航向常有偏差、航程估算难以精准、自然灾害影响巨大等不利因素,如何确保顺利到达航行目的地? 包含大量航海文明信息的历史海图给我们提供了大量线索。从中,我们得知航海定向和航海计程是航海活动的主体,航海定位是验证航海方向和里程计算是否正确的重要依据,占风避风是保证航行安全的重要手段,柴水补给是远洋航行的物资保障,祭祀海神是提高航行信心的重要保证。因此,本章根据海图内容指示,从航海定向(包括针位和恒星指引的航海方向)、航海计程(通常以"更"、"潮"、"天"、"日夜"等计算)、航海定位(利用航线中的岛屿形态、海水颜色、海中生物、海底地质等共同推断的航海区位)、占风避风、柴水补给和祭祀海神等方面对帆船航海活动要素进行剖析。

第一节　航海定向

原始航海时期,大海茫茫,东西不知,南北不明。自创造性地将指南针运用于航海之后,航海定向问题逐渐得到解决。但在远洋航行时仍需结合观星之术方能在最大限度上确保航行方向的可靠,这在海图上也有很好的体现,《顺风相送》中"古里往忽鲁莫斯"针路就是一个很好的例子:

开船乾亥离石栏,水十五托,看北辰星四指、灯笼星正十一指半,单亥五更取白礁。沿山使用壬亥四十五更取丁得把昔。看北辰星七指,看灯笼骨七指半，好风过洋。乾戌、单戌一百更姑马山，若饯风用单戌八十五更，见山远的打水五托，船身低了见美之那山。见看北辰星四指半，沿山使用辛酉五更取伽里塔马山头，壬亥、单亥三更取迭微讨水。乾亥五更取麻里实吉。辛戌取龟山门中过船，水十一托，是老古地。单亥及乾亥四更讨亚救食机山南边，看山平成三个。乾亥廿五更取沙剌抹山，看东西二处都是山。用单子五更取忽鲁莫斯，看北辰星十四指，灯笼星一指半是也。①

此针经中综合体现了罗盘和星体定向的功能，在罗盘定向方面有"乾亥"、"单亥"、"乾戌、单戌"、"辛酉"、"壬亥、单亥"、"辛戌"、"单亥及乾亥"、"单子"等方向词，在星体定向方面有"看北辰星四指、灯笼星正十一指半"、"看北辰星七指，看灯笼骨七指半"、"看北辰星四指半，沿山使"、"看北辰星十四指、灯笼星一指半"等叙述。但这些词句各代表什么意思？在航海活动中如何贯彻执行？下文试对此进行分析。

一、罗盘定向

指南针的原理是利用磁铁或磁石在地球磁场中的南北指极性而制成的指向仪器，是中国古代航海文明的重要体现。目前用于航海的记录可溯及宋朝，如朱彧于北宋徽宗宣和元年（1119）成书的《萍州可谈》中有载"舟师识地理，夜则观星，昼则观日，阴晦观指南针"②。而且，在北宋时有四种不同装置的针型指南针，即水浮法、镂悬法、指甲法和碗唇法。用于航海的多是水浮法指南针。宣和五年（1123）奉使高丽的徐兢在回国后撰写的《宣和奉使高丽图经》一书中，写明乃为浮针，"若阴晦，则用指南浮针，以揆南北"③。

罗盘有水、旱之分，水罗盘的装置方法是用圆木做一标有方位的罗经盘，中心挖一盛水用的凹洞，把磁针横穿浮漂，放在凹洞中，利用浮漂的浮力

---

① 向达校注：《两种海道针经·顺风相送》，中华书局2000年版，第78—79页。

② （宋）朱彧：《萍州可谈》卷2《论广州市舶司》。

③ （宋）徐兢：《宣和奉使高丽图经》卷34。

和水的滑动力,磁针则指示南北。旱罗盘则是用一根尖的支柱,支在磁针的中心处,尽量减少支点的摩擦力,使磁针在支柱上自由灵活地转动以正确地指向南方或北方。现在保存有元时的实物遗存。装置水浮指南针的为水罗盘,在《西洋番国志》中有明确记载:"皆凿木为盘,书刻干支之字,浮针于水,指向行舟"①。而旱罗盘早在堪舆中已广泛使用,1985 年 5 月在江西临川南宋邵武知军朱济南(1140—1192)墓出土了 70 件瓷俑,其中一件称张仙人俑,高 22.2 厘米,手捧一件地罗盘,乃为地理阴阳堪舆之用。此罗盘模型中磁针与刻度为 16 分度的罗盘相结合,磁针装置方法与宋代水浮针不同,其菱形针的中央有一明显的圆孔,形象地表达出采用轴支承的结构。但旱罗盘应用于航海,迟至明末方有记载,"吴、越、闽、广历遭倭变,倭船率用旱针盘、以辨海道,中国得其制,始多旱针盘"②,此中倭船为何人,暂且不提,但明末海舶方兴旱罗盘应为真实。《顺风相送》中有取水法和下针法等内容,可见所用罗盘仍为水罗盘。

　　罗盘的定位原理,主要利用罗盘的南北基准线、船的首尾线、磁针指向和罗盘方位之间的关系定向。在辽宁大连甘井子元代墓葬、江苏丹徒照临村元代窖藏及河北磁县漳河故道发现的元代沉船中,均曾出土一种白釉瓷碗,碗内底用褐釉画三个大点,当中贯一细道,看起来像个"王"字,而碗底外面则写着一个"针"字。经科学史家王振铎研究证实,这种碗就是航海时指方向所用的针碗。它的使用方法是:针碗的水面上漂着穿在浮漂上的磁针,碗内底的"王"字形标志则有助于标明方向。先将王字中的细道与船身中心线对直,如船身转向,磁针和该细线便形成夹角,从而显示航向转移的角度。可按水罗盘的装置,应该在将碗固定在船身上后,将磁针与分方位组成的罗盘(针盘)放于碗中,将分方位的子午(北南)线与碗的细道对齐。

　　其实,这只是古代航海时两种定位法中的一种。据 1687 年乘中国船从暹罗到中国的耶稣会士的观察,"罗盘上标有 24 方位,并且张有一根丝线从北到南作为基准线(按:即子午线)。在航行中,或者是将所要求的罗盘

---

① (明)巩珍:《西洋番国志》,"自序"。
② (明)李豫亨撰:《推蓬寤语》卷 7《订疑篇》。

方位平行于船的轴线,而使磁针保持丝线的方位;或者是将丝线平行于船的轴线,而使磁针指向与所要求的罗盘方位相对的方向,例如以东北代替西北"①。随着航海经验的累积,人们逐渐将罗盘南北线与船只轴线固定下来,即将"罗更钉在木板上,摆在艄公前面。罗更有南北线(红线),船头船尾一直线(中心线),要对准十字线"②,这样只需转动船只使指针指向与所需方位相反即可确定航行方向。

因此,在阅读古代的针路簿时,有两种情况必须分清楚。如果航行时使用的是"将所要求的罗盘方位平行于船的轴线,而使磁针保持丝线的方位"这一定位法时,则记录的针位方向为船只实际航向;如果航行时使用的是"将丝线平行于船的轴线,而使磁针指向与所要求的罗盘方位相对的方向"这一定位法时,针经和更路簿里所记载的方位是船只的实际航行时磁针所指的方位,这时船只的实际航线与罗盘针位同南北线的夹角相等,但分处于南北线的两边,即罗盘针位为东南向时,船只的实际航向为西南向。只要我们明确针经和更路簿中所记方位的指向,就可以推出船只的航行方向,再结合定程更数,综合比较不同航线对于某一地名方位的记载,就可以较准确地判断地名的位置。

了解了罗盘的定位原理后,在实际运用中,即在利用航海图指导航海活动时,需对海图上的定向词汇有所理解,方能正确有效的贯彻利用。

首先是对罗盘字面的位置了解。我国传统的罗盘,分成二十四向来定针位,每一方位占15度,航海使用的罗盘也是如此。"这种二十四向的区分,渊源也极古,是秦、汉时候受阴阳家的影响,把阴阳、五行、八卦、干支等杂糅配合起来,以分析时间和空间。其关于地理空间的二十四位定向,是以十二支(子、丑、寅、卯、辰、巳、午、未、申、酉、戌、亥),十干中的八干(甲、乙、丙、丁、庚、辛、壬、癸,除去居中央的戊、己不计),以及八卦中的四卦(乾、坤、艮、巽,即所谓四维或四显卦,除去和子、午、卯、酉同位的坎、离、震、兑即

---

① ［英］李约瑟:《中国科学技术史》(第四卷),《物理学及相关技术》(第一分册,物理学),第289页,注释3。
② 韩振华:《我国南海诸岛史料汇编》,东方出版社1988年版,第430页。

所谓四正或四藏卦不计),配合而成。"①首先,以十二地支中的"子"为正北向,而后右转,依次序将罗盘分成十二等份;以八卦中的艮、巽、坤、乾分列罗盘的东北、东南、西南、西北四个方位,即罗盘的 45 度、135 度、225 度和 315度四个方位;再以顺时针方向分置壬癸、甲乙、丙丁、庚辛于子、卯、午、酉两旁。

其次是对海图针位的理解。我国的这种航海罗盘虽然只有二十四向,但在航海图经上,我们看到对针位的应用有单针和双针两种情况,即所谓的"或单指,或指两间"②,应用相当灵活。

但在解读针位时至今仍没有一致的意见,特别是对于指两间的缝针有多种解释。如依密尔斯之言,其说有三:以辰巽针为例,(一)先辰后巽,即海舶航行方向,先取东南偏东 120 度,后用东南 135 度。(二)辰巽中央,即海舶航行方向,系采用两角度之平均数,亦即 127.5 度。(三)海舶航行于辰巽间,即 120 度和 135 度之间。③ 西人裴士德对密尔斯之解释,认为甚是恰当,"双重方向者,必系航海者先依第一针位方向航行,寻岛陆在望,察其与原方向有误,遂改取第二针位方向,致而有重也"。而后,他还按郑和航海图所示方向另绘一图,则合于今日地图。④ 张礼千认为(二)与(三)两说,非为确论,且以《东西洋考》中针路证之,其云:"如从交趾洋至清华港,用未申针即是 210 度至 240 度,若折半之,即单坤针,为 225 度。然在针路中,仅曰'取未申'者,具见其航向之不取未申中央,即单坤也明矣。"又如从赤坎山至暹罗之航程中,自真屿至大横山一段,用庚戌针,即自 255 度至 300 度间,此时航向,既不能取中央,更难荡舟于二者之间,势非先向西偏南,即庚向行,继向西北偏西,即戌向行不可。盖由真屿至大横山,须绕柬埔寨海角耳。⑤ 许云樵认为张氏取第一说,亦不可靠。密尔斯三说中,第一说最脆弱,因他不悉针位之写法,必先天干,后地支,只有卦位不定。海图内卦位一

① 章巽:《古航海图考释》,海洋出版社 1980 年版,关于考释工作的说明,第 2 页。
② (明)张燮:《东西洋考》卷 9,"舟师考"。
③ J.V.Mills, *Malaya in the Wu-Pel-Chin Charts*, J.M.B.R.A.S.1937, Vol.ⅩⅤ Pt.3, p.48.
④ 张礼千:《东西洋考之针路》,新加坡南洋书局 1947 年版。
⑤ 张礼千:《东西洋考中之针路》,新加坡南洋书局 1947 年版。

律置于干支下，《东西洋考》一律置于"干"或"支"上，以代替所缺之"干"或"支"。如照第一说，则行不通，岂有航行一定要先取"天干"，后取"地支"？至于第三说，荡舟于两者之间，则是最危险之航行，不久将失其航线，而寻不到目标。"舟师考"所谓"凭其所向，荡舟以进"，是泛指"单用"或"指两间"而言，无荡舟于两者间意。故第二说才对，因中国人称方向，都是折中而言。如东南，指其向是东与南之中央，因此"辰巽"向，是指在辰与巽中央，即127.5 度是也。①

可见，在指两间，即缝针的诠释方面，主要有两种看法，一为两针间处，一是按针位先后顺序结合地理方位而定。究竟何种说法为实，我想可以从缝针来历和航海活动实际两方面入手进行考证。

第一，缝针来历如何？这个应该可以从后来的罗经书籍中找到来源。据清人江永所著《河洛精蕴》卷 8 记："罗针指午曰正针，与正针差半位，指其丙午之间者曰缝针，与缝针差一位，以丙为午，以午为丁，正针指其午丁之间者曰中针。正针者，地盘之子午也。中针者，天盘之子午，与北极相对者也。缝针者，地盘地支之午分为两半，一为丙，一为午也。以中针与正针较差半位，地之午偏于丁，而天之午正当地盘丙午之间者也"②。但这是地理堪舆学家的罗经三盘说，航海者所用罗盘乃是简化了的二十四均分之罗盘。明人骆问礼有记："方向之说，所不可废也。而均分为二十四，不知始于何人，不待知者可知其说之误也。何者？阴阳之气列而为卦，在天为干，在地为支，要之同运并行而无少欠缺，不相假借，卦之所至，而干亦至焉。干之所至，而支亦至焉。特其先后分限，各因其体而错综不一焉。尔非支之所在，干与卦即为避位。而干之所在，卦与支即有遗气也。而均列之为二十四，此何说也？……所谓缝针者也，谓之缝针，唯名其一缝之间尔，非与十二正向并列而均分之也。其戊、巳、坎、离、震、兑之不数于向者，偶不当十二支交禅之际与当之，而不可专各尔非不列于四方也。此二十四向之说也，实则十二向也。后之人不察其实，而徒徇其名曰二十四也，遂均分而并列之。"③从

① 许云樵:《西洋针路上的马来西亚》,《南洋商报》1965 年元旦特刊。
② （清）江永:《河洛精蕴》卷 8,清乾隆刻本。
③ （明）骆问礼:《万一楼集》卷 50,方向图说,清嘉庆活字本。

中,我们可以推断在航海活动中,罗盘乃二十四方位均分,而缝针乃于相邻方位各取一半而成。因此我们似乎可以下这样的结论,每一针位所相对的并非某一精确具体的度数,而是指一个度数范围,现在普遍将其解读成具体度数的做法似乎值得商榷。

第二,应该了解到帆船航行时多侧风使船,有的可以利用八面风向(甚至于逆风),遇到不是顺风的情况时,船工利用船舵改变帆与风向的夹角,使力的方向偏一个角度,船走"之"字形,这样也可到达目的地。如"渔民蒙全洲的口述材料"所载:"我是文昌县铺前公社七峰大队人,今年93岁,祖辈都以渔业为生。……船上五种工(即五甲)我都做过。五甲中的'火表'管罗盘……每只船有二、三个罗盘针(罗庚),装在木盒里,放在船的正中指方向,午向南、子向北。……以前开船,不象机船那样开直线,而是走之字形。"①这样,综合上一点,对于罗盘针位的理解,应该是控制船只在一定的幅度范围内波动。那如此荡舟于两者之间,是否会出现"失其航线,而寻不到目标"的情况呢? 我想是会出现的。因此,帆船时代火长一定是最有经验的船员,对航行海域非常熟悉,可以根据航行过程中的海岛、海中生物、洋流和海底地质等判断航行方位,进而确保船只的航路正确。

二、星体定向

当船在大洋时,难免会有针迷舵失之时,此时唯有依靠天星确立船只所在纬度,进而判断航行方向。因此,我国古代的航海活动中,有大量关于牵星而行的记载。东晋和尚法显所著《佛国记》中记有:"船航于海上,大海弥漫无边,不识东西,唯望日月星宿而进。"说明当时我国的航海家就已知道利用日月星辰的位置,辨别航行方位,进而指导行船航向。至宋时,虽将指南针用于航海中,但朱彧所著的《萍州可谈》记有:"舟师识地理,夜则观星,昼则观日,阴晦观指南针"。说明当时在远洋航行中,仍以观星法为主,辅以指南针牵引。

星体定向是在我国古代发达的天文观测文明基础上发展起来的。如何

---

① 韩振华:《我国南海诸岛史料汇编》,东方出版社1988年版,第403—406页。

利用日月星辰引航，因《顺风相送》经存而图亡，可以从《郑和航海图》中的"过洋牵星图"得到一个大致的答案。如图 3-1 所示，以航船为中心，到丁得把昔时有"北辰星七指平水，东边织女星七指平水"等语，到沙马姑山时有"北辰星十四指平水，西北布司星十一指平水"等说明。这和《顺风相送》中经文内容相似，即航海者通过一个工具测量船只和不同星体位置对比，从而确定自身方位。

首先，由于人的视觉假象，天上的日月星辰在一天幕中，而天幕好比一个极大的半球倒扣着，于是航行时，有些星星在航船的头顶，有些星星在航船的斜下方，有些则处于海水和天空交接的水天线附近，它们都与水天线形成了一定的仰角和出水高度，同一位置的船只，看不同星座时仰角和

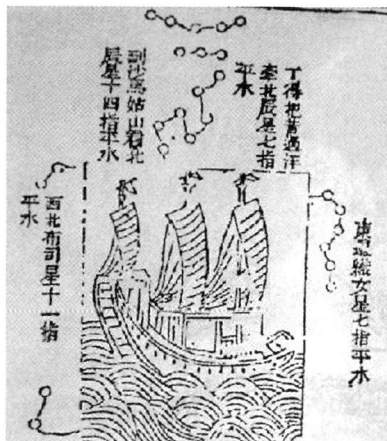

图 3-1　《郑和航海图》中"过洋牵星图"局部

出水高度各不相同。而要进行观测，有一个前提就是必须知道各个星体的形状、位置，这时候海图中的星图就显得意义重大。如上《郑和航海图》中"牵星过洋图"所示，北辰星在七指平水和十四指平水时观测的形状不相一致，这时海图就起到"按图索骥"的作用。

其次，对于观测工具和观测原理，我们可以从古代观察天体的工具和方法中得到启发。我国古代观测天体的工具为量天尺，如《戒庵老人漫笔》所记：

> 按周礼以土圭之法测日影，凡立五表，其中表在阳城，即今登封东
> 南告县旧治是也。予至其地，有二台存焉。其南一台，琢大石为之，上
> 狭下阔，高丈余，广半于高，中树一石碑，刻曰周公测影台。台北三丈所
> 复有一台，约高三丈余，垒砖为之。其北之中为缺道，深广二尺许，下列

石为道,直达于北,约五丈许。石上为二小渠,渠侧刻尺寸甚精密,最北一石为二小窍,以出水。询其土人,云故老相传为量天尺。①

清人黄宗羲所纂《明文海》亦载有:

　　按周礼以土圭之法测日景,凡立五表,其中表在阳城,即今登封东南告县旧治是也。予至其地,有二台存焉。其南一台,琢大石为之,上狭下阔,高丈余,广半于高,中树一石,碑刻曰周公测景台。台北三丈所,复有一台,约高三丈余,垒砖为之。其北之中为缺道,深广二尺许,下列石为道,直达于北,约五丈许,石上为二小渠,渠侧刻尺寸甚精密,最北一石为二小窍,以出水,询其土人,云故老相传,为量天尺。②

再次,对于量天尺的观测原理,明人刘万春《守官漫录》卷5"观象台"条有载:"台下小室有量天尺,铸铜人捧尺,北面室穴其顶,以候日中测景之长短,冬至后可得一丈七尺,夏至后可得一尺云。"③这是测量不同季节同一时间、同一地点太阳高度的变化,虽然不太明确,但其与用量天尺测量不同地点的天体高度原理大体相似性。而明时《日月星晷式》书中的量北极法则十分清楚地介绍了用量天尺观测北极的办法:

　　用平板或铜或木如矩度式,作甲乙丙丁直角方形,以甲为心,尽版大小作直角分圆形,为全圆四分之一,匀分九十度,若版式宽大,得每度更分六十分,愈佳也。角心置一量天尺,令可转旋,或用权线代之,亦得左右上角。亦如矩度,作两通光耳。于午时初四正一刻之交,令两耳日光相通,视尺或权线所值若干度。④

---

①　(明)李诩:《戒庵老人漫笔》卷3,"邵文庄公宝测影台考"条,明万历刻本,

②　(清)黄宗羲:《明文海》卷119,清涵芬楼抄本,程敏政撰之测影台考。

③　(明)刘万春:《守官漫录》卷5,"观象台"条,明万历刻本。

④　(明)佚名:《日月星晷式》,明抄本,量北极法。

依文意，作图 3-2：量北极法示意图。如图所示，甲为轴心，甲、乙、丁为矩形的三点，组成一个直角分圆形，弧丁乙为全圆的四分之一，弧上均匀的刻画九十度，每度再细分六十等份，OD 为量天尺，与直角分圆形相交于圆心甲，OD 可在直角分圆形上旋转，O 点和 D 点上各作一通光耳，C 为天体位置。这样，通过旋转量天尺（见图 3-3，"其起点即零位线不由表阴起算，距表阴还有约 6 厘米的一小段距离"①），就可以知道天体的具体度数。清时测量北极亦用此法，只是将直角分圆形变成圆盘、量天尺中间与圆心相叠而已，原理一致。如《蒿庵闲话》有载：

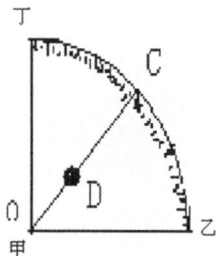

图 3-2　量北极法
示意图

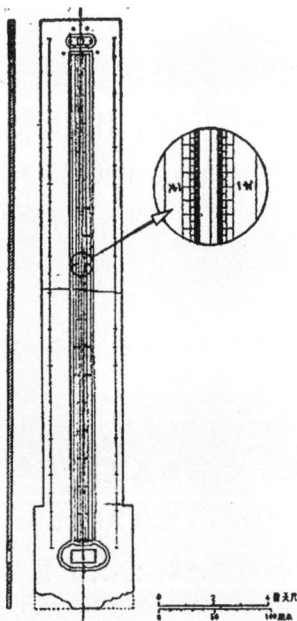

图 3-3

其测北极高下法，则指顾可辨者。其法云：用平圆板一面，或铜或木，务要平整，愈大愈佳。中挂一线，线端缀一丸子，以取其直。中心画十字线，此直线即天顶也，横线即地平也，此线以上为地上。从中心以规运一大圈，以当天之圆体，十字间均作四停，每停刻成九十度，共刻成三百六十度，用时只刻一停九十度亦足矣。如板式宽大，再每度分作六十分，更妙也。中心定一量天尺，可以旋转者，中界直线，两头刳去一半，以看度分。尺上离心各三寸，置两耳，耳中各钻一小眼，务要两眼直对，可以透望。夜对北极望之，看在地在线几十度，即知此地北极出地若干度，为此地离赤道若干度。②

---

①　伊世同：《量天尺考》，载中国社会科学院考古研究所：《考古学专刊甲种第二十一号中国古代天文文物论集》，1989 年，第 361 页。

②　（清）张尔岐：《蒿庵闲话》卷 1，清康熙徐氏真合斋磁版印本。

此法与欧洲中世纪后普遍应用于观测星体的星盘（astrolabe）一致，"据说哥伦布航海时就带了这两种东西。星盘是一个铜制圆盘，上面一小环用于悬挂。圆盘上安一活动指针，称照准规（alidade），能够绕圆盘旋转。照准规两端各有一小孔，当圆盘垂直悬挂起来时，观测者须将照准规慢慢移动，到两端小孔都能看到阳光或星光时，照准规在圆盘上所指的角度也就是星体或太阳的高度"①。

但用此法得到的是天体与赤道的夹角度数，而在现存的航海图中，形容天体位置的单位是"指"，而不是"度"，那么量天尺观测星体原理运用于航海活动时，出现了什么变化？中国宋元之际航海时使用的量天尺给了我们一个重要线索。

1973—1974 年间，福建泉州湾出土了宋元之际的一艘海船，船上遗物中有竹尺一支，"竹尺一件，出于第十三舱，残成三段，残长 20.7（厘米）、宽 2.3 厘米。尺面上有刻度五格，为 13 厘米，平均每格为 2.7 厘米。作十等分，全长约 36 厘米"②。对于此尺的构造和观测原理，韩振华先生在《我国古代航海用的量天尺》一

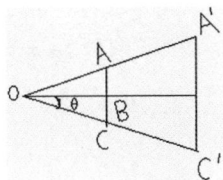

图 3-4

文中有过全面论述，其观测原理如图 3-4 所示，O 为观察者眼睛，AC 为航海量天尺，B 为其中点，OB 为眼睛至尺中点距离，相当于臂长；A′为所观恒星。AB 为恒星高度，2θ 为恒星出水高度。③ 但如只观测某一星体，是无法确定船只的具体方位的，因为如果以 A′C′为轴旋转一圈，则 O 点所在的最大圆上的每个点观测到的星体高度相等。因此在前面所引《顺风相送》的经文中在利用星体导航时都有两种定位方式，或以两颗星体的高度为准，或确定周围的岛山后只以星体来指引航行方向，保证船只在同一纬度上航行。后来荷兰等航海家使用的量天尺亦与此相似，如《海岛逸志》有记：

①　房建成、宁晓琳编著：《天文导航原理及应用》，北京航空航天大学出版社 2006 年版，第 5 页。

②　《泉州湾宋代海船发掘简报》，《文物》1978 年第 10 期。

③　韩振华：《我国古代航海用的量天尺》，载氏著《航海交通贸易研究》，香港大学亚洲研究中心 2002 年版，第 216—225 页。

西洋行舟，不专用指南车，以量天尺量之，则知舟行几许里。又能按图知海中沙礁泥汀之处，毫无差错。其形略似纸篾，能开合。有一横尺，一斜尺，尺中有分、有寸，俱书西洋字，每量必于午刻日中之际，其横者以定均平，其斜者以观道途之远近、海中之浅深，然明其尺，量而无海图，亦无益于事，故海图为体，量天尺为用，二者不可缺一。①

这样，天体位置单位就由角度单位变成了高度单位。此外，还出现了以"指"、"角"为单位的牵星板。如明代李诩著之《戒庵老人漫笔》中记：

苏州马怀德牵星板一副，十二片，乌木为之，自小渐大，大者长七寸余，标为一指、二指、以至十二指，俱有细刻，若分寸然。又有象牙一块，长二寸，四角留缺，上有半指、半角、一角、三角等字，颠倒相向，盖周髀算尺也。②

而牵星板的观测原理与上述量天尺的观测原理一致，即勾股定高，对此，前人已有诸多研究，现摘抄如下：

图 3-5

这套由柿树科黑色木材乌木（Diospyros ebenum）做成的确定船在海中方向和地理纬度的牵星板，由 12 块正方形板组成，最小的板为 2cm×2cm，每板递增 2cm。最大板为 24cm×24cm（合明尺 7 尺 6 分）；最小块为一单位，称为"一指"。因此这套板为 1—12 指不等。木板中心穿一根绳子，其长度为从眼到手执板间的距离，相当于臂伸直之长。使用时，左手持木板，右手牵绳拉直（见图 3-5）。当板上边对准北极星，板下面与水

---

① （清）魏源：《海国图志》卷 94："西洋器艺杂述"。
② （明）李诩：《戒庵老人漫笔》卷 1，明万历刻本。

平线齐平时,就可大约测出所在地北极星距水平高度。指以下的单位称为"角",以 6cm×6cm 的象牙板测定,板的四个边角切去不同长度,分别表示半角、1 角、2 角及 3 角,因此 1 指为 4 角或 1 角为 1/4 指。①

使用时,以左手执木板平伸向前,右手牵绳拉直放在眼前,眼睛沿绳前视,将所观测之星体与木板上缘取齐,遥望水平线与木板下缘取平,此时所用木板为若干指者,即得观测高度若干指。核对过洋牵星图,大致可得船位所在。"指"以下单位为"角",一角等于四分之一指。②

使用时,左手拿着牵星板一端的中心,手臂伸直,颠倒眼看天空,使牵星板板面与海平面垂直,板上引一根约长 60 厘米的绳子,用右手抓住拉直,以固定牵星板与观测者眼睛之间的距离,使板的上边缘与所测量星体相接,下边缘与海天交线相合,这样,便得出星体离海平面的高度。观测时,可随星体高度不同,将 12 块牵星板替换使用,直到选用的那块板上、下边缘达到上述要求为止。这时使用的牵星板是几指,这个星体的高度就是这个指数。"角"可以从牵星板上的刻度或用小象牙块量出。③

至此,对于牵星板的观测原理,已经很清楚了,但对于一指相当于几度,却有不同见解。严敦杰认为牵星板的"1 指约在 1°34′至 1°36′之间",并指出"按当时阿拉伯人计算为 224 指(isba)合 360°,也恰是 1 指为 1°36′,则此处用指当受阿拉伯人航海术的影响"。④

但《航海天文》调研小组在《我国古代的航海天文》一文中指出:

———————

① 潘吉星:《中国古代四大发明:源流、外传及世界影响》,中国科学技术出版社 2002 年版,第 317—318 页。

② 《水运技术词典》编辑委员会:《水运技术词典古代水运与木帆船分册》,人民交通出版社 1980 年版,第 72 页。

③ 孔令仁、仲跻荣、马汝光等:《郑和》,三秦出版社 1991 年版,第 176—177 页。

④ 严敦杰:《牵星术——我们明代航海天文知识一瞥》,《科学史集刊》1966 年第 9 期。

"指"是我国古代角度测量单位之一。我国文献中,最早的见诸于马王堆三号汉墓出土帛书《五星占》的占文。其中关于金星和月亮的相对位置写道:"月与星相遇也,月出太白南,阴国受兵□□□□□□,听黑□□□□□有张军,三指有忧城,二指有口口……"《乙巳占》和《开元占经》中更有大量用"指"作为纬向量角单位的记载。这两部书成书于唐代,然而有关内容系引自战国时代的《巫咸占》,所以用"指"作角度单位可能最早出现于战国时代。我国航海天文中所用的"指",显然是古代传统的发展。《郑和航海图》、《顺风相送》和《指南正法》中关于"指"的用法也表明明代航海天文中所用的"指"和战国、汉、唐的"指"的用法基本相同。并算出 1 指等于 1.9°。①

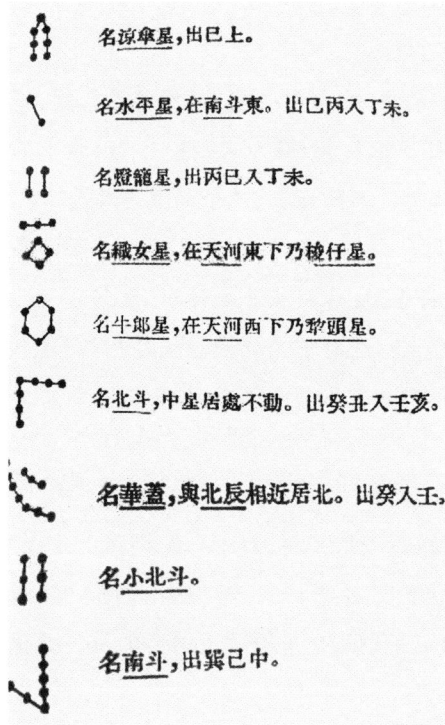

图 3-6

而韩振华则通过泉州出土量天尺(有 8 格刻度,每格一寸,即 2.5 厘米)的考察,计算出恒星出水高度数值,每寸约为 2°50′,②即每指约为 2°。

考察韩振华与严敦杰计算成果的差别,主要是对臂长估算的不同,韩振华将之估为 50 厘米,严敦杰则将之估为 72 厘米,相差很大。而《航海天文》调研小组的结果则是在观测时间、观测对象确定后,以公式

①　《航海天文》调研小组:《我国古代的航海天文》,《华南师范大学学报(自然科学版)》1978 年第 1 期,第 27—28 页。
②　韩振华:《我国古代航海用的量天尺》,载氏著《航海交通贸易研究》,第 221 页。

形式算出,较为客观。而根据"1指等于1.9°"的结果,利用韩振华先生的算法,可反推出臂长约为60厘米。

由于天体定向的发展,在《顺风相送》和《指南正法》中记载了"观星法"、"定日月出入位宫昼夜长短局"、"定太阳出没歌"、"定太阴出没歌"等歌诀,《指南正法》中更将航海常用天体绘图配文记之(见图3-6),成为天体定向的重要内容。

第二节　航海定位

最早出现的航海方法是地文航海,古籍上称为"观山屿",即根据陆岸的地形、地物,海上岛屿、礁、滩,航道深浅,海底泥沙,海底地质及海水颜色、海流、波浪、海洋生物种类来确定船舶位置,并以此调整航向,确保海船在预定航线上航行,安全到达目的地。如宋人周去非记:"舟师以海上隐隐有山,辨诸藩国,皆在空端。若曰往某国,顺风几日望某山,舟当转行某方。若遇急风,虽未足日已见某山,亦当改方"①。清时记载航海事宜的《舟师绳墨》亦有相关言论,"倘到薄暮行舟,必认一山为重,尖而高者易识。……小而平者,急却难辨,须记得此山的山嘴系何形象,左右有无小山屿,如看见小山屿则知应山,始可认定"②。《海外纪事》亦载舵工在见到岛屿后调整方向,"船上有水工阿班者,安南人,年不满二十,壮健矫捷,每挂帆即上巾顶料理缆索,往来如履平地,方在目前仰视,已据桅巅,上下跳踯,毫不芥蒂。识者谓先见山者,必是人矣。时有群燕飞绕樯上,越三日,尚渺无山影。至廿七将午,有大呼桅顶曰:'山在是矣',果阿班也。举船哄然大笑,然未尝有同见者也。注目凝神,移时而见者,百中之一矣。又移时,见者十中之一矣。于是舵工谋所向。"③

这种航海术在明初即已成熟,如《郑和航海图》上绘有沿岸的地形、地

---

① (宋)周去非:《岭外代答》卷6《木兰舟》。
② (清)林君升撰:《舟师绳墨》,"舵工事宜",《续修四库全书》(第967册)。
③ (清)释大汕:《海外纪事》卷1,清康熙刻本。

物,有山头、岛屿、寺庙、桥梁、石塔等显著物标的对景图,还载有说明文字,如"船平吴淞江"、"平招宝"、"见大小七山"等,就是要船员根据所见地形、地貌来确定船舶所处位置。当郑和船队到了西洋各国时,也尽量绘制当地陆岸上的地形、地物来导航,如郑和船队到达占城新州港,就以那里海岸上石塔为陆标来导航;当船队从苏门答腊向西航行时,则以尼科巴群岛和安达曼群岛的山峰为陆标来导航。

因此,在罗盘定向难以精准的情况下,航海过程中,地文航海就成了保证顺利航行的重要的辅助手段。其主要有以下几个步骤:首先,确定进入某一海洋区域,包括海水颜色、海水流速和海中生物三种方法;其次,搜寻这一区域中的定位岛屿,即以岛屿形态定位;再次,在看到相关岛屿后,查探水深及水底地质以确认船只是否在正确航线中。

一、观察海水颜色、流速和海中生物

在航海过程中,海水颜色、流速和海中生物是有一定区域特征的东西。总结各类航海经验,正确分辨不同水色、水速和特殊海洋生物(主要为鱼类)的海洋区域,并在海图中予以注记明白,成为确定船只进入某一海洋区域的重要参照物。

(一)海水颜色定位。关于海水颜色的记载。早在《宣和奉使高丽图经》中就有对白水洋、黄水洋和黑水洋的详细记载:

白水洋:十九日辛巳,天色阴翳,风势未定。辰刻,风微且顺,复加野狐帆,舟行甚钝。申行,风转。酉刻,云合雨作。入夜,乃止,复作南风,入白水洋。其源出靺鞨,故作白色。是夜,举火,三舟相应矣。黄水洋:黄水洋即沙尾也。其水浑浊且浅,舟人云:其沙自西南而来,横于洋中千余里。即黄河入海之处。舟行至此,则以鸡黍祀,沙盖前后行舟,过沙多有被害者,故祭其溺死之魂云。自中国适句骊,唯明州道则经此,若自登州版桥以济,则可以避之。比使者回程至此,第一舟几遇浅,第二舟,午后,三舟并折,赖宗社威灵得以生还,故舟人每以过沙尾为难,当数用铅锤,试其深浅,不可不谨也。黑水洋:黑水洋即北海洋也。

其色黯湛渊沦,正黑如墨,猝然视之,心胆俱丧,怒涛喷薄,屹如万山,遇夜则波闲熠熠,其明如火。①

而后,在海运图和古航海图中,海色问题屡被提起,如《海道指南图》②中黄混水、绿水、黑水大洋及白蓬头等注记。其中,特别是关于黑水沟记载,大量存在于古代典籍中,成为航海者必须注意的标志,如"海中洋有红水沟、黑水沟,海水皆碧,红黑二色,终古不淆。而黑水沟尤险,广百余里,邪长莫溯,其源极深,无波涛溁洄,舟至此桅蓬俱动"③、"自鹭门、金门抵澎湖有红水沟、黑水沟"④等。海水因其颜色不同成为舟子区分洋界和船舶所处洋面的依据,《重修台湾县志》记:"黑水沟有二:其在澎湖之西者,广可八十余里,为澎厦分界处,水黑如墨,名曰大洋。其在澎湖之东者,广亦八十余里,则为台、澎分界处,名曰小洋。小洋水比大洋更黑,其深无底"⑤。

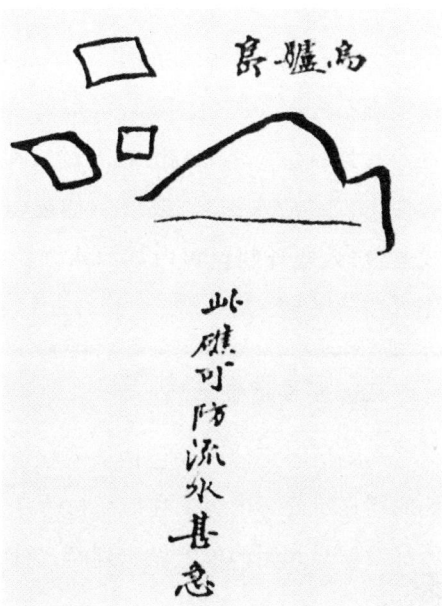

图 3-7

(二)海水流速定位。关于海水流向紧慢等的文字注记,在古航海图多有记述,主要为提醒航海者之用(见图3-7⑥)。《顺风相送》中亦有"山头

① (宋)徐兢:《宣和奉使高丽图经》卷34。
② (明)佚名撰:《海道经》(一卷,附录一卷),《四库全书存目丛书》史部第221册。
③ (清)陈盛韶:《问俗录》卷6,清道光刻本。
④ (清)郭起元:《介石堂集》古文卷9杂著,清乾隆刻本。
⑤ 王必昌:《重修台湾县志》卷1,乾隆十七年,台湾文献丛刊第113种。
⑥ 章巽:《古航海图考释》,海洋出版社1980年版,第27页。

边看是鹅角样嘴头,开有屿,流水甚急。……但欲收南山,流水甚急,俱是挨洋东南起早难抛船"①。此外,在典籍中也有相关文献记载,如光绪《增修登州府志》有"南隍城岛……东南一石壁立海中,水流深急"。②

（三）海中生物定位。其定位法主要为某一海域存在特有生物时所用,大致可知到某海域范围。《顺风相送》中"各处州府山形水势深浅泥沙地礁石之图"中"七州洋,贪东鸟多,贪西鱼多","交趾洋,贪东有飞鱼,贪西有拜风鱼"。③ 因此,在有的文献里,同时记有海水和海中生物等航行标志,如"海水深碧,或翠色如靛,红水沟色稍赤,黑水沟如墨,更进为浅蓝色,入鹿耳门色黄白如河水。泛海不见飞鸟,则渐至大洋,近岛屿则先见白鸟飞翔"④。

二、搜寻定位岛屿

岛屿形态定位主要包括从某一角度对看岛屿的截面图形和其他相关岛屿的明显特征等内容。在航海过程中,航海者即可根据视线中岛屿的相关特征对航线和船的位置做出判断,进而确定或校正航线,保证顺利到达航行目的地。

《宣和奉使高丽图经》一书,虽然已是图亡而经存,但残留的经文中有很多以岛屿形态确定船舶位置的描述,如"鄞江穷处,一山巍然出于海中,上有小浮屠,旧传海舶望是山,则知其为定海也,故以招宝名之"、"海驴焦,状如伏驴"、"东望一山如屏,即夹界山也,华夷以此为界限。初望隐然,西后逼近,前有二峰,谓之双髻山,后有小焦数十,如奔马状,雪浪喷激,遇山溅瀑尤高"、"远望三山并列,中一山如堵舟,人指以为排岛,亦曰排垛山,以其如射垛之形耳"、"月屿二,距黑山甚远,前曰大月屿,回抱如月,旧传上有养源寺;后曰小月屿,对峙如门,可以通小舟行"、"阑山岛,又曰天仙岛,其山高峻,远望壁立,前二小焦,如龟鳖之状"、"跪苫在白衣岛之东北,其山特大

---

① 向达校注:《两种海道针经·顺风相送》,中华书局2000年版,第67页。
② （清)方汝翼、贾瑚修,周悦让、慕荣干纂:《增修登州府志》卷3,清光绪七年刻本。
③ 向达校注:《两种海道针经·顺风相送》,中华书局2000年版,第33页。
④ （清)黄叔璥:《台海使槎录》卷1,文渊阁四库全书本。

于众苫,数山相连,碎焦环绕,不可胜数,夜潮冲激,雪涛奔薄,月落夜昏,而溅沫之明如火炽也"①等等。

明末的《渡海方程》、《顺风相送》和《指南正法》等航海图经中,多在描绘岛屿的图形后加以文字说明,与《宣和奉使高丽图经》有相应的传承关系。如董毂云:海中航行导航,"皆以山为标准。海中山甚多,皆有名,并图其形"②。而《顺风相送》中"各处州府山形水势深浅泥沙地礁石之图"中有"弓鞋山,似弓鞋样……北低一角,七个高山合作一个山,南边高近大山","七州山,山有七个,东上三个一个大,西下四个平大","尖笔罗,西南都是山仔,如笔罗样者甚多","羊屿,南有礁,生开不可近,中有沉礁在港口,不可近","东竹山,远看南鞍样","将军帽,远看头盔样,山边有小屿,南有帽带是火烧屿及海山"③等山形说明内容;《指南正法》中的"敕东山形水势"亦载"东甲,在万安之东,三景大小相错,断续海中,山上有大王庙","官唐,二山相连,山上多茅草,名曰半塘","披山,下有三个蒜屿","石塘钓邦,有三门,门中有屿尾,生开在西北势上"④等内容。至于对岛屿特色更直观的绘制,则可见《桴海图经》的硫磺山。

随着航行次数的增多,人们逐渐发现单一的描述岛屿形态具有一定的局限性,因为航行时可能从不同角度观察目标岛屿,会出现岛屿截面形态不相一致的状况。于是出现了以相邻或相近的两个或多个岛屿互相对印定位,或者从不同方位对同一岛屿的截面图形进行分析的记录。

首先,以两个或两个以上岛屿相对位置进行定位。在《指南正法》"敕东山形水势"中有载:"东沙,与白犬相对,上看官唐","北加,东西有罕屿,西北有媳妇娘澳,东看宫仔洋、罗源、宁安、福安等处","东澳,在东洋海外西山东对峙","盔山,在横山西北,马砌西南洋东北","芙蓉山,在间夹南,马砌北"⑤等岛屿相对位置对比。同时,书中还将记载了大量关于岛屿对坐

① （宋）徐兢:《宣和奉使高丽图经》卷34、35,中华书局1985年版。
② （明）董毂:《碧里杂存》卷下"渡海方程"。
③ 向达校注:《两种海道针经·顺风相送》,中华书局2000年版,第31—37页。
④ 向达校注:《两种海道针经·指南正法》,中华书局2000年版,第144—149页。
⑤ 向达校注:《两种海道针经·指南正法》,中华书局2000年版,第144—146页。

位置的描述：

五岛大山中尖共东南势，盐屿为乾巽对坐。盐屿共五岛头外势额头卯酉对坐。盐屿共米慎马为丑艮坤申对坐。五岛头为五岛，我为艮寅，有贪坤申对坐。美慎马共五岛外势额头为丁未丑癸有贪丑未对坐。美慎马共天堂为乙辛对坐。美慎马共天堂仔为卯酉对坐。

海招屿共尽山为乙辛对坐。海招屿共两广为丁未丑癸对坐。尽山西势澳共两广为乾亥对坐。尽山西势澳共北乌坵为子午对坐。尽山下两广上有大礁盘一座打涌，其大礁盘共两广丙巳壬亥对坐。

东涌共大金辛戌乙辰对坐。大金共黄屿巽巳干亥对坐。东涌共大西洋为乙卯辛酉对坐。东涌共黄屿为甲卯庚酉对坐。东涌共北加头为卯酉对坐。东涌共官塘为甲寅对坐。台山共下势南屿丁未丑癸对坐。牛屿共海坛大山尖巳亥对坐。牛屿共观音澳乙辰辛戌对坐。

柑桔共打狗仔为乾巽对坐。柑桔共南大屿为甲庚对坐。南大屿共打狗仔为辰戌对坐。屿坪屿大屿为艮寅坤申对坐。八罩共大屿为丑癸丁未对坐。大屿共猫屿为乾巽对坐。猫屿共花屿为子午对坐。柑桔共膀胱屿为子午对坐。猫屿共西屿头癸丁对坐。花屿共西屿头丑未对坐。查某屿共猪母落水申庚对坐。西屿头共墨屿丑癸丁未对坐。花屿共八罩西势三温尾乙辰辛戌对坐。花屿共屿坪并铁钉屿乾巽对坐。乌嘴尾共赤礁甲卯庚酉对坐。乌嘴共东碇子午兼壬丙对坐。深门共东碇丙巳壬亥对坐。

船抛东户澳内，看大坵在丁上，坵仔在丁午上。船抛东户澳内，看奴儿在庚上，奴儿陇上势一员屿仔在酉上。乌坵共奴儿为巳亥对坐。乌坵在共湄州找为乙卯辛酉对坐，有兼乙辛一条线。乌坵共大岞为甲庚对坐，有兼卯酉。乌坵共小岞为卯酉对坐，有兼甲庚。

南澳头共土表尾为乙卯辛酉对坐。外罗共硬为庚申甲寅。外罗甲庚相吞。草屿共硬为庚酉甲卯，拢有兼庚有贪甲。尖笔罗共硬为卯酉并拢，有兼甲庚。大州头共硬为壬子丙午，有贪丙壬取硬尾。大州共草屿为丑未。大州头共硬为壬亥丙巳，有贪壬丙，小半取硬中。大州头共外罗为丁未丑癸,有兼丁癸二条线。大州头拢,拢用午针十二三更取是硬尾,若用丙午,取是硬中。外罗用甲卯,八九更取是硬。尖笔罗对东去十二三更取是硬。大夷共十二门为甲庚对坐。宁丁共十二门为艮坤对坐。滔浪共尖笔罗为乾巽对坐。尖笔罗共草屿为乾巽对坐。草屿共外罗为乾巽对坐。外罗共沙岐为寅申对坐。外罗共朱窝为卯酉对坐。广南浅口共尖笔罗西青屿寅申对坐。大昆仑南势额尾共昆仑仔为卯酉对坐。①

以上对坐方位以五岛、天堂、美慎马、海招屿、尽山、东涌、大屿、西屿头、乌坵、外罗、尖笔罗、大州头等日本与中国东南沿海航线中的重要地望为中心,对这些地方的海洋岛屿状况进行描述。

其次,船只经过某一岛屿时,有很多种形式,如外过、内过、离、望等,而不同方式时岛屿在航海者眼中呈现不同的截面图形。因此,除两岛对坐位置确定航行位置外,还有从不同角度对同一岛屿截面图形的描述,从而有利于了解船舶与岛屿之间的方位关系。

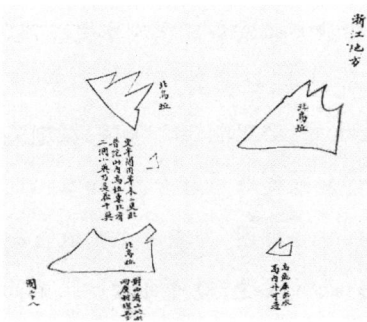

在章巽先生整理的《古航海图考释》中,在所绘制的岛屿旁边都有对岛屿形状的说明,表明船只在某方位看岛屿时的截面图形样式,如图十二有"船在北风头后,有五分,开,对壬亥看此形",图十三有"船离一更开,此山乃是马头水,对单戌看此形",图十四有"在苏山外,平身对西看此形",图十七有"船离二更开,对

图 3-8

单乾看此形"等注记;②另外,在此古航海图中,还在同一幅海图中对同一岛屿进行不同侧面的描绘说明,以利于在不同角度确认船只航行方向,如图四对铁山的说明"船在鸡鸣岛用乾亥放洋,见铁钉屿用辛戌,见铁山,有三更

---

① 向达校注:《两种海道针经·指南正法》,中华书局 2000 年版,第 128—132 页。
② 章巽:《古航海图考释》,海洋出版社 1980 年版,第 29、33、35、41 页。

船远"，其下有"在锦州三十一势"①的图形样式；图二十八对北乌坻的描绘图形有三种，见图3-8②。

三、测量水深和探测海底地质

单认岛屿，只能知道船舶大致航行方位，但如须了解船只是否在正确航线上，还须对船只所处位置有一个更加多元的了解，以便相互比对参照。为此，古航海者还积累了以绳沟探查海底地质，进而辨别航线位置的经验。朱彧所著的《萍州可谈》记有："以绳钩取海底泥，嗅之便知所至"③。徐兢亦载："舟人每以过沙尾为难，当数用铅锤，测其深浅，不可不谨也。"④此铅锤即测量海水深浅和海底地质的工具。《台海使槎录》卷1载："寄碇先用铅锤试水深浅，绳六七十丈，绳尽犹不至底，则不敢寄。铅锤之末，涂以牛油，沾起沙泥，舵师辄能辨至某处"⑤。《时务通考》所记更为确切，对铅锤之功用亦言之更透，其言：

> 昼夜用铅锤测水。船之进口、出口，或行浅水处，或水路狭窄处，则测水之铅锤必常用不息，行深海所用之铅锤亦必常备。探测水之深浅，以及海底情形，能助定方向之事。或船所到处，疑与算得者有不合，或天久不晴，不能量测日月星辰，致有可疑之处，必用测海之铅锤，探测海水之深以及海底物质之情形，不合于算得船到处所应有者，则知本船已迷路，必停止行船，与船上大小各伙熟商，细查海图，并查海水深数与海底情形，得知所行之路，或不误或已迷路，而须改途，乃可再行。此事虽耽误两三刻工夫，然可免失船之弊。⑥

① 章巽：《古航海图考释》，海洋出版社1980年版，第13页。
② 章巽：《古航海图考释》，海洋出版社1980年版，第63页。
③ （宋）朱彧：《萍州可谈》，商务印书馆1939年版。
④ （宋）徐兢：《宣和奉使高丽图经》卷34，中华书局1985年版。
⑤ （清）黄叔璥：《台海使槎录》卷1"海船"。
⑥ （清）杞庐主人：《时务通考》卷17《商务》十二，清光绪二十三年点石斋石印本。

在历史海图中,我们查到大量有关海水深度和海底地质的标注。如《古航海图考释》有"南皇城入澳打水至硬地,五托水,过身就是泥,六托水。南势泊碰,不泊近澳底,四五托水,碰地甚好,四围俱干净,只有一横柁,四托水,甚硬……要过北皇城,倚大山干净,近大五托水,泥地"、"打水二十六托,沙泥仔"、"海州出港可用艮寅,三更打水二十六托,铁屎黄泥,此黄牛屿外过"、"驶船行水九托、七八托,二边及(均)是泥"①;《顺风相送》中"灵山往爪哇山形水势法图"记有"东蜈蜞山'打水五托',杀蛇龙'四十托水',铜鼓山'正路打水十八托,一路相连,屿港罗虽山有十五托,南边十六托,正路',交兰屿山'中门过打水十八托,南好抛船,有柴木,西过二十托水,开沙麻洋',吉里闷山'开,打水五托',杜板山'内有五托',新村佛屿'港口东边正路过,浅。……洋中二三托',彭家山'东边正路七八托水,西边四托水',旧港口'东港口放开有泥浅三托水,是彭家山对开。洋中有三十托水,沉礁'"②。

从中我们知道古代用来记载海水深度的单位为"托"。关于其意,《东西洋考》中有载:"沉绳水底,打量某处水深浅几托。方言谓长如两手分开者为一托";③《金壶七墨》记:"深浅尤恃水托,范铅为锤,系以长绳,横如两臂为一托,自十托至五十托不等";④《粟香随笔》言:"水托者,以铅为坠,用绳系之,五尺为一托,所以测水深浅也"⑤;《清经世文编》注:"水托者,以铅为坠,用绳系之,探水取测也。每五尺为一托"⑥。可见,托以常人两手分开为准。

四、岛屿定位时的航海术语

在留存至今的航海指南、海道针经中,大量使用岛屿定位,但根据船只与岛屿之间的对位,有不同的航海术语,主要有:

① 章巽:《古航海图考释》,海洋出版社 1980 年版,第 15、41、49 页。
② 向达校注:《两种海道针经·顺风相送》,中华书局 2000 年版,第 41—43 页。
③ (明)张燮:《东西洋考》卷 9《舟师考》。
④ (清)黄钧宰:《金壶七墨》卷 1,清同治十二年刻本。
⑤ (清)金武祥:《粟香随笔》卷 7,清光绪刻本。
⑥ (清)贺长龄:《清经世文编》卷 48《户政》二十三,清光绪十二年思补楼重校本。

"取"，指到达某个岛屿。如"五虎门开船，用乙辰针，取官塘山"。

"平"，是一种视觉感受，因地球球面之因，在船上从某个角度望去，船只在一定距离时会与岛屿大致处于同一水平线上。如"坤申七更船平太武山"。

"外过"与"内过"，主要针对船只与岛屿和陆地之间的位置关系而言，内过指经岛屿靠近大陆的一边经过，外过则与此相反。如"艮丑针□更船取东沙外过官塘山五虎门也"，"单寅五更取野故山内过"。

"见"，指在视线范围内所见之岛屿。如"用丁未及单丁针十更，船见伽南貌"。

"坐"，指船只某一部分与岛屿持平，如"船尾坐竹屿入港正路"。

"对坐"，指海中两个岛屿的相对位置，在《指南正法》中使用甚多。

"讨"，是直面某个岛屿的意思，指船只前进方向直指岛屿所在位置，如"若是吕蓬山外过讨麻里吕"。

"离"，指船只与岛屿之间的距离关系，如"乌坵离一更开用单乍七更取西屿头起"。

"东势"与"西势"，指船只在岛屿的东边或西边，如"尽山东势安内抛，北风用单午及丙午，在两广内过"，"尽山西势，山安内要对两广国，可用单丙直取"。

"陇"，即贴近之意，行船时为避开礁石沙浅等障碍物，常对船只离岛屿的距离作出规定，如"不可太陇，陇打水三托，对中打水八托"。

"挨"，指船只靠着岛屿航行，如"西南有山是吕蓬，流水甚紧，挨开"。

第三节　航海计程

中国古代航海里程估算中，有一个从时间单位到里程单位、日渐精确的过程，从"年"、"月"逐渐发展到"昼夜"、"日"、"潮"，并发展出里程单位"更"。其中，在远洋航行中，主要以"更"为计算单位，而在沿海航行中，则仍有大量"日"、"潮"等算法。其中，"年"、"月"、"昼夜"、"日"等时间单位是陆地单位的直接延伸，我们较容易理解，但"更"、"潮"等计算单位却是中国古代海洋文明发展的产物,下面分别作一梳理。

一、更

根据《古汉语常用字字典》的解释:"更:夜里的计时单位,一夜为五更,每更约二小时",在此,"更"无疑是我国古代夜间的计时单位,每更时间约为两个小时。之后,"更"从陆地走向海洋,出现了"昼五更,夜五更"①、"更者,每一昼夜分为十更,以焚香支数为度"②的记载,在流传于世的更路簿和航海图中,"更"更成为一个重要的航海术语。因此,在航海史研究过程中,对"更"是一个什么单位、古人如何以"更"引航和每"更"几里等方面做出比较贴切解释,显得非常必要。

(一)"一昼夜为十更"

对于"一昼夜为十更",古人多有记载。如:"一日一夜定为十更,以焚香几枝为度"③,"舟人渡洋,不辨里程,一日夜以十更为准"④,"海道不可以里计,舟人分一昼夜为十更,故以'更'计道里"⑤,"盖海道不可以里计,舟人分一昼夜为十更,故以更计道里"⑥。以更计程,是我国古代航海经验的结晶,受到诸多历史学人的关注,并有过相当深入的探讨。

范中义、王振华在《郑和下西洋》⑦一书和《对〈郑和航海图〉中"更"的略析》⑧一文中认为,"更"在"一昼夜分为十更"中为计时单位,而在更路簿和航海图中则为计程单位,类似此说者尚有韩胜宝的"中国古代航海船舶航

① (明)谢杰:《虔台倭纂》上卷,《倭利》附《倭针》,《北京图书馆古籍珍本丛刊》,书目文献出版社 1968 年版,第 240 页。

② (明)胡宗宪:《筹海图编》卷 2《太仓使往日本针路》,文渊阁四库全书本,第 48 页。

③ (明)郑若曾撰:《江南经略》卷 8 上《海程论》,文渊阁四库全书本,第 444 页。

④ (清)陈寿祺:(道光)《福建痛志·海防》,华文书局 1968 年版,第 1718 页。

⑤ (清)张廷玉等:《明史》卷 323 列传第 211《鸡笼》,中华书局 1974 年版,第 8377 页。

⑥ (清)查慎行撰:《得树楼杂钞》卷 9"台湾"条,民国适园丛书本。

⑦ 范中义、王振华:《郑和下西洋》,海洋出版社 1982 年版,第 62 页。

⑧ 范中义、王振华:《对〈郑和航海图〉中"更"的略析》,《海交史研究》1983 年第 6 期。

行中是用'更'数多少作为航行距离的计时和计程单位的。从计时角度来说，每一昼夜为十更；从计程角度来说，每更约60里。因此，'更'不仅是计时单位，还包含航行的里程"①，南炳文、何孝荣认为"在航海中也用更计时，但它不仅用于夜间，而且也用于白天，一昼夜分为十更。此外，在航海中还用'更'来指称在一更的时间里船只在标准航速下航行的距离"②，等等；此外，孙光圻、王莉和郭永芳等认为"更""是时间与空间统一的计量单位"③；向达认为"中国古代航海上计里程的单位是更"④；朱鉴秋亦在《海图学概论》⑤一书和《我国古代海上计程单位"更"的长度考证》⑥一文中将"更"定为海上航行的计程单位，即船舶在一更时间内的航程；徐玉虎在《郑和时代航海术语与名词之诠释》一文中认为"更"为海舶航速的计算单元⑦。陈希育在《中国帆船与海外贸易》一书中则认为"更"有三种含义，"第一种表示时间，一昼夜等分为10更；第二种表示速度，即一更时间里船速是多少里；第三种表示里程，这是从速度引申来的"⑧。

综上，我们知道，更路簿和海图等文献记载中的"更"为计程单位得到普遍认可，而对于"一昼夜为十更"中的"更"包含什么内容却有不同说法，相当一部分人倾向于将其解读为时间单位，即2.4小时。这大概是受"一昼夜"这几个字的影响，在我们的生活当中，一昼夜24小时似乎已为常识，不须任何说明，因此，将一昼夜等分为十更之后，一更2.4小时也就显得顺情

---

① 韩胜宝：《郑和之路》，上海科学技术文献出版社2005年版，第54页。

② 南炳文、何孝荣：《明代文化研究》，人民出版社2006年版，第134页。

③ 孙光圻、王莉：《郑和与哥伦布航海技术文明比较研究》，载王天有等编：《郑和远航与世界文明——纪念郑和下西洋600周年论文集》，北京大学出版社2005年版，第396页。

④ 向达：《两种海道针经序言》，《两种海道针经》，中华书局2000年版，第6页。

⑤ 楼锡淳、朱鉴秋：《海图学概论》，测绘出版社1993年版，第79页。

⑥ 朱鉴秋：《我国古代海上计程单位"更"的长度考证》，《中华文史论丛》1980年第3期，第202页。

⑦ 徐玉虎：《郑和时代航海术语与名词之诠释》，载郑和下西洋600周年纪念活动筹备领导小组编：《郑和下西洋研究文选（一九○五——二○○五）》，海洋出版社2005年版，第540页。

⑧ 陈希育：《中国帆船与海外贸易》，厦门大学出版社1991年版，第166页。

顺理了。但这里的"一昼夜"和陆上一样仅仅是一个的时间单位吗？愚以为不然。

如前所引,这"一昼夜为十更"乃舟子所分,而舟子脑中的"昼夜"不仅是一个时间单位,还是一个计程单位。在"更"进入航海世界之前,航海书籍如《岭外代答》、《诸蕃志》、《岛夷志略》、《瀛涯胜览》、《星槎胜览》、《西洋番国志》等,都是以时间来计算航程的。《岭外代答》记:"诸蕃国之入中国,一岁可以往返,唯大食必二年"①;《诸蕃志》有"自泉州舟行顺风月余日可到"真腊国,自"单马令风帆六昼夜可到"凌牙斯国,"佛啰安国自凌牙斯加四日可到"等记载;②《岛夷志略》亦有"自泉州二昼夜可至"③澎湖的记录;《瀛涯胜览》有"福建福州长乐县五虎开舡,往西南行,好风十日可到"④占城国;《星槎胜览》有"十二月于五虎开洋,张十二帆,顺风十昼夜至占城国","自占城顺风三昼夜可至"真腊国,"自占城顺风十昼夜可至"暹罗国等;⑤《西洋番国志》有"自福建长乐县五虎门开船,往西南行,好风十日可至"占城国,"自占城开舡,向西南行,顺风七昼夜至新门台海口,入港方到"暹罗国⑥。这些用以计程的时间单位,从"年"、"岁"到"月"再到"昼夜"、"日",虽有一个从大到小的变化过程,但都是在"顺风"、"好风"、"利风"的条件下的时间单位。而"更"则为这些时间单位的升华,同时包含了时间单位"昼夜"和速度单位"利风",正所谓"如欲度道里远近多少,准一昼夜风利所至为十更"⑦,因此清时郁永河如是说:"海洋无道里可稽,惟计以'更'——分昼夜为十更。向谓厦门至台湾,水程十一更半;自大旦门七更至澎湖,自澎湖四更半至鹿耳门。风顺则然;否则,十日行一更,未易期

①　(宋)周去非撰:《岭外代答》卷3"航海外夷"条,文渊阁四库全书本,第416页。

②　(宋)赵汝适:《诸蕃志》卷上,《真腊国》、《凌牙斯国》、《佛啰安国》。

③　(元)汪大渊:《岛夷志略·澎湖》,文渊阁四库全书本,第75页。

④　(明)马欢著,万明校注:《明抄本〈瀛涯胜览〉校注》,海洋出版社2005年版,第7页。

⑤　(明)费信著,冯承钧校注:《星槎胜览校注》,《占城国》、《真腊国》、《暹罗国》,中华书局1954年版,前集第1、11页,后集第2页。

⑥　(明)巩珍著,向达校注:《西洋番国志》,中华书局2000年版,第1页。

⑦　(明)张燮:《东西洋考》卷9《舟师考》,文渊阁四库全书本,第227页。

也"①,亦因此方有"验风之迅缓,定更数之多寡"②这一定更之法。

（二）定更之法

"更"进入航海领域后,合时间和速度于一体而成为一个航程单位,即一更等于 2.4 小时乘以利风时船的速度。在这个公式中,2.4 小时可依更香、沙漏等海上计时工具而定,如能将利风时的船速固定下来,航程更数即可随之而定。为此,古人总结出了"木片测速法"③,将航速具体化,从而实现了以更计程。

对此木片测速定更法,史籍中记载颇多,兹试举如下:

"船在大洋,风潮有顺逆,行驶有迟速,水程难辨。以木片于船首投海中,人从船首速行至尾,木片与人齐至,则更数方准。若人行至船尾而木片未至,则为不上更;或木片反先人至船尾,则为过更,皆不合更也。"④

"取木片一块,在船头放入海里,人疾走至船尾,其木片亦流至船尾,此为相称。"⑤

"更者每一昼夜分为十更,以焚香枝数为度,以木片投海中,人从船面行,验风迅缓,定更多寡,可知船至某山洋界。"⑥

"凡行船先看风汛急慢,流水顺逆。可明其法,则将片柴从船头丢下与人齐到船尾,可准更数";"凡行船先看风汛顺逆。将片柴丢下水,人走船尾,此柴片齐到,为之上更,方可为准"。⑦

如上,这个方法有两个先决条件,即要懂得风汛缓急和流水顺逆,而风

① （清）郁永河:《裨海纪游》,卷上。
② 顾炎武:《天下郡国利病书》卷 119。
③ 即"定更法"中测试船速的部分,为便于叙述,特以其主要工具命名之。
④ （清）黄叔璥:《台海使槎录》卷 1《水程》,文渊阁四库全书本。
⑤ 陈良弼:《水师辑要·船洋更数说》,《续修四库全书》（第 860 册）,第 372 页。
⑥ （明）王在晋撰:《海防纂要》卷 2《太仓使往日本针路》,明万历刻本。
⑦ 向达校注:《两种海道针经》,中华书局 2000 年版,第 25、113—114 页。

汛缓急是这个测速法的目的,流水顺逆是测试时的客观条件,人必须依此采取不同的行走速度,或疾行、速行,或走。下面试分顺流和逆流两种情况对这个测速法进行解读。

船只顺流行驶时,船只与木片前进方向相同,船只航程为木片流程与人行程之和。如以人行速度为 $V_{人1}$,木片流速为 $V_{木1}$,船只航速为 $V_{船1}$,人行至船尾的时间为 t_1,据准更时"人与木片齐至船尾"之法,则准更时:

$$V_{船1} \times t_1 = V_{木1} \times t_1 + V_{人1} \times t_1 \quad ==> \quad V_{船1} = V_{人1} + V_{木1}$$

逆流行驶时,由于船只与木片方向相向,因此船只航程与木片流程之和为人之行程。如以人行速度为 $V_{人2}$,木片流速为 $V_{木2}$,船只航速为 $V_{船2}$,人行至船尾的时间为 t_2,据准更时"人与木片齐至船尾"之法,则准更时:

$$V_{人2} \times t_2 = V_{木2} \times t_2 + V_{船2} \times t_2 \quad ==> \quad V_{船2} = V_{人2} - V_{木2}$$

而更的航程数是一定的,也就是说船的航速在准更的情况下是一样的,即:

$$V_{船1} = V_{船2}, \therefore V_{人1} + V_{木1} = V_{人2} - V_{木2} \quad ==> \quad V_{人2} - V_{人1} = V_{木1} + V_{木2}$$

此外,古人在航海实践中,知道海流流速比较稳定[1],将 $V_{木1}$ 和 $V_{木2}$ 等同视之,因此,在测速时只要按经验知道流水顺逆之后采取不同的行速,顺流时以 $V_{人1}$ 速度行走,逆流时以 $V_{人2}$ 速度行走,即可对准更与否做出估算,从而判断航程。

至于判别之法,明时郑若曾有过记载:

> 船在大洋,风潮有顺逆,行使有迟速,水程难辨。以木片于船首投海中,令人从船首速行至尾,视木片至何处,以验风之大小,以定此风此潮。如何方为一更? 必须木片与人行不差,而后所谓一更者方准。譣人行至船尾矣,而木片方至船腰,则香虽焚至某处,尚是半更;或流过船腰,则断其为大半更;或舟行如飞,其风或逆,亦用此法验船退程多寡,而后复进。故行几更,船至某山地界,皆可以坐而知。[2]

① 白棪敏主编:《航海辞典》,知识出版社 1989 年版,第 296 页。
② (明)郑若曾撰:《江南经略》卷 8 上《海程论》,文渊阁四库全书本。

由于以更计程的运用,使航海者可坐而知船至某山地界,使航程更加安稳,在航海实践中得到广泛应用。

（三）更数应用

"更"由于它的相对精确性,很快运用于航海实践中,与针路等搭配而成海图和更路簿,使帆船远洋引航术走向成熟,达到"舟子各洋,皆有秘本"①。

保存在海图中的,以录于《武备志》中的《郑和航海图》最著;而以文字传袭至今的,以向达整理的《顺风相送》、《指南正法》这两种海道针经影响最大。《顺风相送》记载了闽粤与东南亚之间的航线网络,不仅有福建往交趾、柬埔寨、暹罗和广东往满剌加等国内出发的航线,还有赤坎往彭亨、柬埔寨往大泥、暹罗往大泥、磨六甲回暹罗、万丹往池汶、旧港往杜蛮、古里往忽鲁谟斯等东南亚各地之间来回针路;《指南正法》则更多记录了温州、普陀、宁波、厦门、广东、暹罗等与日本长崎之间的来回针路,是研究中国海外贸易路线及海洋社会经济史的重要史料。② 此外尚有民间存抄的各种更路簿,如韩振华等编的《我国南海诸岛史料汇编》中就有苏德柳抄本的《更路簿》、许洪福手抄的《更路簿》、郁玉清抄藏本《定罗经针位》和陈永芹抄存的《西南沙更簿》等更路记载。③ 此外,1976—1981 年间,华南师大地理系在浙、闽、粤、琼等省进行天文航海课题研究时亦收集到《王国昌本》、《李根深本》等更路簿。④

另外,在当时的文献中亦有大量关于更路的记载,在此略举几种:

> "取官塘之山,又五更取东沙之山,过东甲之屿,又五更平南澳,又四十更平独猪之山,又十更见通草之屿,取外罗之山,又七更收羊屿"⑤。

① （清）黄叔璥:《台海使槎录》卷 1《水程》,文渊阁四库全书本。

② 向达校注:《两种海道针经》,中华书局 2000 年版,第 25、49—99 页。

③ 韩振华、吴凤斌:《我国南海诸岛史料汇编》,1988 年,第 366—399 页。

④ 见曾昭璇、曾宪珊:《清〈顺风得利〉（王国昌本）更路簿研究》,《中国边疆史地研究》1996 年第 1 期,第 86—103 页。

⑤ （明）黄省曾撰:《西洋朝贡典录》卷上。

"昔年,中国由普陀趋长崎,水程四十更,风浪巨险。由厦门趋长崎,水程七十二更,商民渡海皆由之"①。

"日本,倭奴之地,与中国通贸易者惟长崎一岛。长崎与普陀东西对峙,水程四十更,厦门至长崎七十二更"②。

但是,由于更数测算法主观性较重,如上分析,不但要懂风汛缓急、水流顺逆,还需对自身的行速有很好的掌控,因而在流传过程中出现一些问题,如传承过程中失传问题、更数计算差异问题等。现以汪楫在其《使琉球杂录》中的记载为例。首先是失船问题,康熙二十二年(1683)奉使琉球的汪楫这样写道:"问何以为更之验? 曰,从船头投木秭海中,人由船面疾行至稍,人至而秭俱至,是合更也;秭后至,是不及更也;人行后于秭,是过更也。问过、不及,何以损益之,皆不能对";其次是同一航线上各种关于更数的记载有所出入,《使琉球杂录》中汪楫引述了三种过去的文献:第一种是萧承业《使琉球录》中所载的《过海图》,说是需时"四十二更";第二种乃夏子阳《过海图》,"不载东沙屿以前针路,及马齿山以后更数,亦四十三更";第三种郑若曾《日本图纂》则认为需要七十四更。③ 因此,在实际航海过程中,往往将更路和"探打水色深浅"、"观山屿"等引航技术连在一起,综合分析后方可得到较准判断,如"太仓港口开船,用单乙针,一更船平吴淞江,用单乙针及乙卯针,一更平宝山,到汇嘴,用乙辰针出港口,打水六七丈,沙泥地是正路,三更见茶山"④。

(四)　更数今读

"更"乃海上里程单位,类于今之海里,于舟子而言,"更"有如陆上的"里",而对于在陆上生活的人来说,常须将"更"换算为"里",于是出现了"更之说不一,或曰百里为一更,或曰60里为一更"⑤这一问题,如清代陈

---

① (清)陈其元撰:《庸闲斋笔记》卷10。
② (清)杜文澜撰:《古谣谚》卷31《日本五岛谚》。
③ (清)汪楫:《使琉球杂录》卷2。
④ (明)熊明遇撰:《文直行书诗文》文选卷13《日本》。
⑤ (清)汪楫:《使琉球杂录》卷2。

伦炯说："以风大小顺逆较更，每更约水程 60 里。风大而顺则倍累之，朝顶风逆则减退"①，而同时代的释大汕则记有："去大越七更路。七更，约 700 里"②。

如何解读，愚以为可从以下三方面进行考察：

第一，从古时舟子所言入手，应约为每更六十里。徐葆光的《中山传信录》中有载："海中航行里数，皆以更计。或云百里为一更，或云六十里为一更，或云分昼夜为十更，今问海舶伙长，皆云六十里之说为近"③，而后被传为"海行之法，六十里为一更"④。

第二，沿古代针路所载航线航行一遍，用如今的计程仪器计程，而后再以此航程与古代的更数比较，方具可比性。

第三，模拟古代帆船航行，或测量船只在海上以常见风力正顺风（即古人所言"利风"）航行时的船速，或测量船只在以每小时 25 华里，即古代准更时的航速下航行时风速如何，当可有所收获，大连海运学院海上远程驶风训练即是一例⑤。

总之，"更"在古代是为舟子们所熟悉的航程指标，有自己的一套计量方法，如何解读，应以舟子所言为准，士子的文献记载可为之佐证，而要较准确的定位"更"这个估量值，则须以今天的技术手段进行测量后才可证明。

二、潮

"潮"是用以表述沿海航程的重要单位，在中国古代历史海图中有大量相关记载，兹举数例如下：

> 雷州港"至白鸽半潮水"；通明埠外有澳"至碉州半潮水，至锦囊半

---

① （清）陈伦炯：《海国闻见录·南洋记》。
② （清）释大汕：《海外纪事》卷3。
③ （清）徐葆光：《中山传信录》，《续修四库全书》（第 745 册）。
④ （明）黄省曾：《西洋朝贡典录》卷上《占城国》。
⑤ 范中义、王振华：《对〈郑和航海图〉中"更"的略析》，《海交史研究》1983 年第 6 期，第 283 页。

潮水，至白鸽半潮水，至雷州半潮水"；阳江港口"至海陵半潮水"；大澳
"至亚公山一百里，至三洲一潮水"；亚公山澳"至三洲一潮水，至广海
一潮水"；铜鼓角澳"至大金一潮水，至广海一潮水，至牛角二潮水"；柳
渡澳"至乌猪洋一潮水，至七洲洋三昼夜"；牛角湾"至三灶一潮水，至
崖门一潮水"；十字门澳"至老万山二潮水，至虎头门二潮水，至鸡公头
一潮水"；屯门澳"至老万山二潮水，至九洲一潮水，至鸡公头半潮水，
至急水门五十里，至虎头门一潮水"；急水门"至佛堂门半潮水，至大潭
一潮水"；将军澳"至龙船湾半潮水，至担竿洲三潮水，至淘泞山二潮
水"；淘泞山澳"至龙岐一潮水，至大星一百里"；大星港澳"至盘员半潮
水，至长沙一百里"；长沙港澳"至大茅港一潮水，至海丰县一百里"；大
茅港"至遮浪角一潮水，至田尾澳二潮水"；遮浪角"至白沙半潮水，至
小埕一潮水，至碣石一潮水"；白沙湖"至大德港半潮水，至碣石一潮
水"；神泉巡司港"至赤澳半潮水"；赤澳"至钱澳一潮水"；前澳"至河
渡门半潮水，至潮阳半潮水"；河渡门"至南澳顺风一潮水"；莲澳"至马
耳半潮水，至黄茫一潮水，至深澳一潮水，至南澳一潮水"；马耳澳"至
柘林一潮水，至南澳一潮水"；许朝光巢外之港澳"至柘林半潮水，至黄
茫一潮水，至玄钟一潮水"；青澳"至柘林半潮水，至云盖寺二十里，至
玄钟一潮水"。①

　　溜哖牛羊"南半潮水至南澳，北一潮水至本营玄钟港口"；宫仔前
澳"外海西由内江水道一潮水至本营松柏门汛，南由外海水道一潮水
至玄钟汛，北由外海水道一潮水至本营铜山汛"；八尺门汛"南水道半
潮水至本营松柏门"；塔屿"东由外海水道半潮水至红屿、菜屿，西由内
江水道一潮水至杜浔港口、漳浦营……外海水道一潮水至本营陆游虎
头山"；铜山汛大澳"由外海水道一潮水至大柑小柑，西由内江水道一
潮水至本营八尺门汛，南由外海水道一潮水至本营宫仔前汛，北由外海
水道半潮水至本营古雷汛"；陆螯汛"东由外海水道半潮水至植屿……

---

　　①　中国边疆史地资料丛刊:《苍梧总督军门志·全广海图》，全国图书馆文献缩微
复制中心出版，第88—94页。

北由外海水道半潮水至白鸭"；烽火门斗米汛与闽安右营接壤，一潮水八十里至长表；松山塔一潮水一百里北至三沙五澳；长表一潮水八十里西至福宁府港口；烽火门一潮水八十里北至八都港口；八都港一潮水六十里西至秦屿；秦屿一潮水八十里东北至屏峰；屏峰一潮水六十里西北至沙埕南镇；沙埕南镇一潮水八十里北至南关与交界。①

"南麂凤凰山，此奥阔大，坐临深海，山外大洋，别无山岛。贼自国初以来，俱经此栖泊，实巢穴也。风顺一二潮可至飞云港"；"金齿门，岛奥甚多，便于栖泊，贼船往来必经此假息，诚南路要冲之处，与石浦关相隔二潮……朱门山，相对大佛头，系外海险要之处，如贼由南来，必至此收泊，与石浦关相隔二潮……八排门，相连南田，内多膏腴田地，下便栖泊。若倭船停栖，甚难剿灭，与石浦关相隔二潮"；"都指挥戴冲霄云，浙洋诸山，沈家门居定海之东，相去二潮，乃宁绍之外户也"。②

从上述记载中，我们可以看到各种对"潮"的不同叙述：第一，明言某地到某地几潮，如"至柘林半潮水，至黄茫一潮水，至玄钟一潮水"；第二，估计某地到某地大约几潮，并加以风力限定，如"风顺一二潮可至飞云港"；第三，不同地方因潮力不同，每潮所估计之里数不尽相同，如各地每潮航程不一，单是福建东北海域一潮水就有六十里、八十里、一百里等不同记录。相关记载在文献资料中也有存在，如："松山塔一潮水一百里北至三沙五澳；长表一潮水八十里西至福宁府港口；烽火门一潮水八十里北至八都港口；八都港一潮水六十里西至秦屿"。

据第一种情况，似乎"潮"是一个确切的航程单位，而依第二和第三种情况看，"潮"应为一个时间单位。另参考古代文字史料，一潮之里数乃是一个约值，各地潮流顺逆及潮力大小皆有差别，是在以潮计程一段时间后，凭陆地间的距离计算而成。如：

---

① （清）郝玉麟、谢道承、刘敬与：《福建通志·图》，文渊阁四库全书第 527 册，第 59—68 页。

② （明）郑若曾：《筹海图编》，中华书局 2007 年版，第 352、359、769 页。

至石马山凡两潮,约六百里。①

东至海岸三里,自海岸至鲛门山约半潮折三十七里……自界首至昌国州约一潮计二百里……潮下行舟约一潮折二百二十里……以潮下行舟约半潮至昌国州金塘乡折一百五十里。②

茶山望西行使,半潮便见崇明洲,如若顺风一潮送至刘家港口内。③

彭山与南澳相对,西至云盖寺,约四五十里,北至胜澳,约百余里,顺风一潮可到。④

外海风潮里至:温与台接壤,台之外海大陈山与温之外海邳山交界,自大陈山乘东北风一日可至邳山,自邳山长潮向西南上行,半晌可至大鹿,自大鹿半潮可至横坎二门,自横坎门半潮可至玉环山大岩头梁湾,如东北风自邳山半潮可至麦园头笔架礁,或入三盘,或洞头,或白鹿,或马耳吞,俱可泊船,自邳山下行,一潮可至东洛,东洛一潮可至南鹿,自东洛上行,一潮可至南龙,南龙半潮可至凤凰,凤凰半潮可至江口、青山与舥艚、炎亭、珠明、大吞、大小濩一带,自南鹿向上行,遇东风一潮可至南龙,南龙半潮可至凤凰,如遇东北风可往江口、舥艚、炎亭、珠明、大吞、大小濩一带,如出外洋,遇东北风,至三星南台,向上可至七溪、苏官吞、镇下门,向下即出流江、沙埕、南镇、大篑筜屿、嵛山、烽火门入闽境矣。虽然海上行船,但论风之顺逆,不论潮之涨落,风顺潮顺,瞬息千里,风逆潮顺,利钝半之。若风逆潮逆,颇难移动,故或有船在于披洋,或南龙、凤凰等洋,欲进黄华、瑞安、平阳内地,若乘顺风,其进入之势则甚便,此在任水总者,时时辨验风色,昼夜戒严,不可狃于寻常而不察也。⑤

---

① (元)袁桷撰:《(延佑)四明志》卷1《本路》,文渊阁四库全书第491册,第323页。
② (元)袁桷撰:《(延佑)四明志》卷1:定海县境土,文渊阁四库全书第491册,第326—327页。
③ (明)佚名:《海道经》,海道,清借月山房汇钞本。
④ (清)陈昌齐撰:《(道光)广东通志》卷123《海防略一》,清道光二年刻本。
⑤ (万历)《温州府志》卷6。

温州府至盘石，顺风半潮约四十里，黄华、岐头半约三十里，至黄大
岙系随征哨信地，离本府百余里，顺风一潮至黄华，一潮至黄大岙，东至
东络顺风一日约二百八十余里，南至三盘半潮约六十里，北至梁湾半潮
约九十余里，至麦园头顺风半潮约五十余里。①

四月，浙江都指挥使言，杭州绍兴等卫，每至春则发舟师出海，分行
嘉兴、澉浦、松江、金山防御倭寇，至秋乃还。后以舟难出门，乃聚泊于
绍兴钱清汇。然自钱清抵澉浦、金山，必由三江海门，俟潮开洋，凡三潮
而后至，或遇风涛，动逾旬日。②

因此，宋本《三山志》言："自迎仙至莆门，平行用退，潮十有五，海不计
里"③。元时编纂之《昌国州图志》亦记："旧志皆以潮数约其里之远近，然
海面际天，未可以里计，今姑存之。东五潮至西庄、石马山，与高丽国分界；
南五潮至隆屿，与象山县分界；西一潮至交门山，与定海县分界；北五潮至大
碛山，与平江府分界；东南三潮至韭山，与象山县分界；西南二潮至三山，与
定海县分界；东北五潮至神前壁下，与海州分界；西北三潮至滩山，与秀州
分界。"④

总而言之，"潮"是一个时间单位，一潮约合公里数因各地风力大小、潮
流顺逆而有所不同。但将"潮"应用于航海中，是在人们对海潮规律有较熟
悉掌握的基础上总结出来的，是中国古代海洋文明发展的一个重要表征。

第四节　避风补给

帆船行驶海洋之中，所借者风力，然风中飓者亦其所惧也。因此，航海

①　（明）蔡逢时：《温处海防图略》，北京大学图书馆藏明万历澄清堂刻本，四库全
书存目丛书编纂委员会编：《四库全书存目丛书》史部地理类第226册，齐鲁书社1996年
版，第718页。
②　（明）方孔炤辑：《全边略记》卷9：海略，明崇祯刻本。
③　（宋）梁克家撰：《（淳熙）三山志》卷6地里类六：海道，文渊阁四库全书本。
④　（元）冯福京等编：《昌国州图志》，文渊阁四库全书第491册，第270—271页。

行船需能预测风性并熟悉掌握各海域避风泊船港澳、柴水补给岛屿等知识，以便在飓风将临时就近选择正确港澳躲避，确保航行安全。我国古代航海活动频繁，从多种渠道预测天气变化的经验知识总结比较全面。体现在海图上，那些处于航线中拥有避风港口或柴木淡水的岛屿多有注记，在港口处标有大小、容纳船只多少和可躲避什么方向风暴等，相关岛屿则注明可以樵汲。

一、历史海图注记之避风泊船港澳

对于避风港澳的注记，是中国古代历史海图的一大内容，闽粤两省历史海图中的避风标注就有：

"龙门港，可泊北风船一百只"；"青婴池，可泊北风船一百只"；"对达池，泊南北风船一百余只"；"邵州，泊北风船七十只"；"涠州巡司，可泊南风船五十只"；"碙州，泊南风船一百只"；"罗浮峰，可泊北风船三十余只"；"了婆尾，泊南北风船七十余只"；"小获山，番船澳，可泊南风船二十只"；"捷胜所，可泊南风船七十余只"；"大湖洞，泊北风船一百余只"；"浪海港，泊南风船三十只"；"前标峰，泊北风船三十只"；"赤澳，泊北风船七十余只，外浅内深"；"东莲澳，泊南风船五十只"；"马耳澳，泊南风船一百只"。①

"文港，泊北风船一百余只"；"龙门港，泊南北风船百只"；"石墩，可寄泊"；"乌雷山外可泊北风船五十只"；"珠场巡司和干梨间可泊北风船百只"；"白沙港，泊南北风船百余只"；"永安所，可泊北风船七十只"；"涠州，有人家，可泊南风船五十只"；"流水港，可泊南北风船百余只"；东场巡司和三合尾外有一船只，注"可泊南风船五十只"；"海安所，泊南北风船百只"；"碙州，泊南北风船百只"；"了婆尾，泊南北风船七十余只"；"神电卫外，连头山旁，泊北风船三十余只"；"番船澳，可泊南风船三十只"；"柳渡湾，可泊飓风"；"三洲澳，

---

① （清）郝玉麟：《广东通志》卷3，文渊阁四库全书第562册，第121—135页。

可泊飓风"；"牛角湾，泊西南风"；"乌沙头，可泊飓风"；"浪向湾，可泊飓风"；"交塘村和鹿颈间有记可泊飓风"；"平海卫，可泊南风船七十余只"；"船员港，外浅内深，泊船五十只，出入甚难"；"黄河港，可泊北风船百只"；"后门港，可泊北风船百只"；大猫澳下长沙港外记"泊北风船二百只"；唐占潮外记"泊北风船二百只"；谢液表外记"可寄泊北风"；埭海港外有船只标记，注"泊北风船百余只"；甲子门上注"泊北风船三十只"；赤澳外记"外浅内深，泊北风船七十余只"；浅澳外标"泊北风船百只"；东莲澳左有船只并注"泊南风船五十只"；马耳澳右记"泊南风船百只"；东湖莫应敷窠外洋记"可泊北风船七十只"；陈旗山左记"泊南北风船百只"；长沙尾右有记"泊北风船百只"；许朝光窠外"可泊南风船一百只"；旧溇澳教场旁"可泊南北风船二百余只"；鸡母澳外"可泊北风船一十只"。①

宫仔前澳"北风可以寄泊"；"沙洲门北风可以泊船"；"菜屿北风可以泊船"；店仔澳"南风哨船可以湾泊"；铜山汛"南北风可以寄泊"；壶头汛"大小船只往来湾泊避风登岸处所"；金门祖庙外"北风可泊船只"；金门妈祖宫"可避飓风"；围头汛内"北风可泊船只"；南浔港外"南风可泊船只，系深澳"；水头外，金屿旁"南北风可泊船只，系深水"；崇武外"北风可泊船只，系浅水"；吉蓼"北风可泊船"；湄州"北风可泊船"；南日"西寨澳系深水，南风可泊船。鳌毂澳系深水，北风可泊船。镜仔澳系深水，北风可寄碇"；莆禧澳"潮满北风寄泊船，潮退搁浅"；平海澳"系深水，北风可泊船只"；江阴壁头汛"北风可泊船只，潮退搁浅"；夯尾汛"澳系深水，北风可泊船"；观音澳"澳系深水，北风可泊船"；"火烧港内南北风俱可避风处所"；万安汛"南北风俱可湾泊，内港避风"；娘宫汛"深水，北风可泊船"；民海"北风可泊艘"；蛎坞旁注"此处可避风"；下屿旁标"此处可避风"。②

---

① （明）郭棐：《粤大记》，书目文献出版社 1990 年版，第 907—923 页。

② （清）郝玉麟：《福建通志》卷 1《图》，文渊阁四库全书本。

从中我们可以知道,在闽粤沿海,每隔一小片海域就有关于避风港澳的记载,以便在航海过程中根据风势风向调整航行路线,最大程度上保证航行安全。

而在航行过程中,尤须注意不同港澳所避风向注记,因海中飓风虽暴,却无四面齐至之理,须对应暴风方向而选择可避该方向暴风之港澳以泊船。如《台海使槎录》言:"彭湖湾船之澳,有南风、北风之别,时当南风误湾北风澳,时当北风误湾南风澳,则舟必坏"①。同时,还根据可避风向多少分为上、中、下三等避风港澳。如《浙江通志》有载:"兵船在海遇晚,宜酌量收舶安岙,以防夜半发风。尝按沿海之中,上等安岙,可避四面飓风者,凡二十三处,曰马迹、曰两头洞、曰长涂、曰高丁港、曰沈家门、曰浔江、曰烈港、曰定海港、曰黄岐港、曰梅港、曰湖头渡、曰石浦港、曰猪头岙、曰海门港、曰松门港、曰苍山岙、曰玉环山梁岙等岙、曰楚门港、曰黄华水寨、曰江口水寨、曰大岙、曰女儿岙;中等安岙,可避两面飓风者,凡一十八处,曰马墓港、曰长白港、曰蒲门、曰观门、曰竹齐港、曰石牛港、曰乌沙门、曰桃花门、曰海闸门、曰几山、曰爵溪岙、曰牛栏矶、曰旦门、曰大陈山、曰大床头、曰凤凰山、曰南麂山、曰霓岙;其余下等安岙,可避一面飓风,如三姑山、衢山,不可悉数,必不得已寄泊一宵,若停久,恐风反别迅,不能支矣"②。

二、占风与避风港的使用

海上航行,风势易变,及早侦知风讯,对确保及时入港避风,保证航行安全,有非常重大的作用。于是,在中国古代海洋社会经济发展过程中,我国的航海者充分发挥自己的聪明智慧,积累了大量行之有效的占风知识和方法,总结了大量风讯规律。南宋《梦粱录》更将岛屿定位和风候占验合为古代航海者的重要诀窍,其言:"又论舟师观海洋中日出日入,则知阴阳。验云气则知风色逆顺,毫发无差。远见浪花则知风自彼来,见巨涛拍岸,则知次日当起南风,见电光则云夏风对闪,如此之类,略无少差。相水之清浑,便

---

① (清)黄叔璥:《台海使槎录》卷1,文渊阁四库全书本。
② (清)嵇曾筠:《(雍正)浙江通志》卷95,文渊阁四库全书本。

知山之近远。大洋之水碧黑如淀，有山之水碧而绿，傍山之水浑而白矣。有鱼所聚，必多礁石，盖石中多藻苔，则鱼所依耳。每月十四、二十八日，谓之大等日，分此两日，若风雨不当，则知一旬之内，多有风雨。凡测水之时，必视其底，知是何等沙泥，所以知近山有港"①。

综而观之，中国古代风候记录大体可以分为占风知识和风讯规律两个方面。

（一）占风知识。中国古代占风方法繁多，如《舟师绳墨·舵工事宜》所云："仰观之法如何。风云不测，变化无穷。虽古今推算之书甚多，有曰乾坤秘录，有曰雷霆都司，有曰测天赋，有曰泄天机，细究其法，都不过占风云气象而已"②。《两种海道针经》中就载有定针风云法："春夏二季必有暴风。若天色湿热，午时后或风雷声所作之处，必有暴风，宜急避之。秋冬二季虽无暴风，每日行船，先观西方天色清明，由五更至辰时天色光光无变，虽有微风，无论顺逆，行船无虞。"③不过，对于占视风候之术的记述详者，《海道经》中有较详细的记载，分别有占天、占云、占风、占月、占虹、占雾、占电、占海、占潮各门：

> 占天门：朝看东南有黑云推起，东风势急，午前必有雨；暮看西北有黑云，半夜必有风雨。
>
> 占云门：早起天顶无云，日出渐明；暮看西边无穷，明日晴明；游丝天外飞，久晴便可期；清朝起海云，风雨霎时辰；风静郁蒸热，云雷必振烈；东风云过西，雨下不移时；东南卯没云，雨下巳时辰；云起南山暗，风雨辰时见；日出卯遇云，无雨天必阴；云随风雨疾，风雨霎时息；迎云对风行，风雨转时辰，日没黑云接，风雨不可说；云布满山低，连宵雨乱飞；云从龙门起，飓风连急雨；西北黑云生，雷雨必声訇；云势若鱼鲜，来朝风不轻；云钩午后排，风色属人情；夏云钩内出，秋风钩背来；晓云东不虑，夜雨愁过西；雨阵两只煎，

---

① （宋）吴自牧：《梦粱录》卷12，江海船舰，清学津讨原本。
② （清）林君升：《舟师绳墨·舵工事宜》，《续修四库全书》（第967册）。
③ 向达校注：《两种海道针经·指南正法》，中华书局2000年版，第113页。

大飔连天恶;恶云半开闭,大飔随风至,风息始静然;乱云天顶绞,风雨来不少;风送雨倾盆,云过都暗了;红云日出生,劝君莫出行;红云日没起,晴明便可许。

占风门:秋冬东南风,雨下不相逢;春夏西北风,下来雨不从;汛头风不长,汛后风雨毒;春夏东南风,不必问天公;秋冬西北风,天光晴可喜;长夏风势轻,舟船最可行;深秋风势动,风势浪未静;夏风连夜倾,不昼便晴明;雨过东风至,晚来越添巨;风雨潮相攻,飔长难将避;初三须有飔,初四还可惧;望日二十三,飔风君可畏,七八必有风;汛头有风至,春雪百二旬,有风君须记;二月风雨多,出门还可记,初八及十三,十九二十一;三月十八雨,四月十八至,风雨带来潮,傍船人难避;端午汛头风,二九君还记,西北风大狂,回南必乱地。六月十二日,彭祖忌,连天大忌,须忌。七月上旬争秋风,稳泊河南莫开船。八月半旬潮候时,风雨随潮不可移。

占日门:乌云接日,雨即倾滴;云下日光,晴朗无妨;早间日珥,狂风即起;申后日珥,明日有雨;一珥单日,两珥双起;午前日晕,风起北方;午后日晕,风势须防;晕开门处,风色不狂;早白暮赤,飞沙走石;日没暗红,无雨必风;朝日烘天,晴风比扬;朝日烛地,细雨必至;暮光烛天,日光晴彩,久晴可待;日光早出,晴朗必久;返照黄光,明日风狂;午后云遮,夜雨滂沱。

占虹门:虹下雨垂,晴明可期;断虹晚见,不明天变;断虹早挂,有风不怕。

占雾门:晓雾即收,晴天可求。雾收不起,细雨不止。三日雾蒙,必起狂风。白虹下降,恶雾必散。

占电门:电光西南,明日炎炎;电光西北,雨下连宿。辰阙电飞,大飔可期,远来无虑,迟则有危。电光乱明,无风雨晴。夏风电下来,秋风对电起,闪烁星光,星下风狂。

占海门:蝼蛄放洋,大飔难当,两日不至,三日无妨。满海荒浪,两骤风狂,大海无虑,至近无妨。金银遍海,风雨立待。海泛沙尘,大飔难禁;若近山岸,仔细思寻。鸟鲜弄波,风雨必起;二日不来,三日难抵。

水上鹅毛，风大难抛；东风可守，回南暂傲；白虾弄波，风起便和。①

在《东西洋考》中还增加了占潮一门：

月上潮涨，月没潮涨，大汛潮光，小汛月上。水涨东北，南东旋复，西南水回，便是水落，系定且守，船走难缆，钮定必凶，直至沙岸。走花落碇，神鬼惊散，要知碇地，大洪泥硬。②

这些民间占视风候之术也逐渐得到官府水师的推崇，如："宗设犯华之罪，不可使之竟脱天诛。况此贼抢掳中国船只，不任风涛，未能返国，必且出没海陬，掩我不备，决有侵犯剽劫之虞，尤乞通敕沿海各处备倭衙门，整肃官兵，修理战舰，习占风，候时出海洋瞭捕，务俾罪人斯得，国威以伸"③。同时，还成为官员求请推行海运的佐证。如嘉靖《山东通志》载："若夫占视风候之说，见于沈氏笔谈。每日五鼓初起，视星月明洁，四际至地皆无云气，便可行舟。至于巳时即止，则不与暴风遇矣。中道忽见云起，即便易柁回舟，仍泊旧处，如此可保万全永无沉溺之患"④。其言虽有值得推敲之处，然其看重风候与航海之意已明。

（二）风讯经验。中国古代海洋活动群体，在长期的航海活动中，了解风讯有期，称之风信，认为"海上飓风时作，然岁有常期，或逾期或不及期，所爽不过三日，别有风期可考"⑤。同时，总结了大量有关各地风候规律的知识。如：《广东新语》中就有风潮相生之论，"风之起，潮辄乘之。谚曰：'潮长风起，潮平风止。风与潮生，潮与风死'。凡朔望越二三日，潮初起风必大，上下弦越二三日，潮渐退风必小"⑥。

而对风讯规律之论述最多的，当为对各月各日风讯的记录，如《东西洋考》中就有"逐月定日恶风"，定出一年十二个月中，各月的有风日期，平均

① 佚名：《海道经》，《四库全书存目丛书》史221—194，第195页。

② （明）张燮：《东西洋考》卷9《舟师考》。

③ 《名臣经济录》卷42，文渊阁四库全书本。

④ （明）陆钺：《（嘉靖）山东通志》卷13，明嘉靖刻本。

⑤ （清）郁永河：《采硫日记》卷上。

⑥ （清）屈大均：《广东新语》卷1《天语》，清康熙水天阁刻本。

每月有三、四个日期：

> 正月初十、廿一日，乃大将军降日，逢大杀，午后有风，无风则雨。二月初三、十七、廿七日，午时有大风雨。三月初九、十二、廿四日，有大风雨。四月初八、十九、廿三日，午时有大风雨。五月初十、十一、十九日，申酉时有大风雨。六月十九、廿七日，卯辰有大风雨。七月初七、初九、十五、廿七日，有大风。八月初三、初八、十七、廿七日，有大风。九月十一、十五、十七、十九日，有恶风雨。十月十五、十八、十九、廿七日，府君朝上帝，卯时有大风雨。十一月初一、初三、十九日，有大风雨。十二月初二、初三、初五、初六、十二、廿八日，有大狂风。①

在《顺风相送》和《指南正法》中亦有相关记载，《顺风相送》中称为"逐月恶风法"：

> 正月初十、廿一日，乃大将军降日，逢大杀，午时后有风，无风则大雨。二月初九、十二、廿四日，酉时有大风雨。三月初三、十七、廿七日，午时后有大风雨。四月初八、十九、廿三日，午时有大风雨。五月初五、十一、十九日，申酉时有大风雨。六月十九、二十日，卯辰时主有大风。七月初七、初九日神杀交会，十五、十七日，午时大风。八月初三、初八日童神大会，十七、廿七日，午时大风。九月十一、十五、十七、十九日，主有大风雨。十月十五、十八、十九、廿七日，得府君朝上界，卯时有大风雨。十一月初一、初三日主大风雨。十二月初二、初五、初六、初八、廿八日，主大狂风，云则无差矣。②

《指南正法》中称为"逐月恶风"：

---

① （明）张燮：《东西洋考》卷 9《舟师考》。
② 向达校注：《两种海道针经》，中华书局 2000 年版，第 26 页。

正月初十、念二,天神降,逢大杀,午时后有风,无风即雨或雨平。二月初三、十一、十四、念七,天神下降交会,酉时有大风。三月初三、十七、念七,诸神上界逢星辰,午后有大风。四月初八、十五、念三,诸神逢太白,午后有大风。五月初五、十二、十九,诸天王上界之日,申酉时风。六月十一、十九、二十,乃地合,申时主大风。七月初七、初九、十五、十七、十九,主大风。八月初五、初八、十二、念七日主风。九月十一、十五、十七、十九日主风。十月十五、十八、念九,府君朝上界,卯时大风。十一月初一、初十、十九有大风。十二月初五、初六、二十、念八日,有大风。①

古代因海风来势凶猛,航海之人称这种有风的日期为"暴日"或"飓日",常将之视为某种神灵之力,并以各种神灵之名命之,如光绪《香山县志》记载:

正月初四日接神飓,初九日玉皇飓,十五日三官飓,二十九日龙神会飓。又初一、初八、初十、十三、二十、二十一、二十六日,午时有风,无风则雨。二月初二日白须飓,初七日春期飓,二十一日观音飓,二十九日龙神飓。又初二、初九、十二、十七、二十四、三十日,酉时有风。三月三日真武飓,初七日阎王飓,十五日真君飓,二十三日天后飓。又清明日忌北风。又初二、初三、初十、十七、二十七日,午时有阴雨。四月初一日白龙飓,初八日佛子飓,二十三日太保飓,二十五日太白飓。又初八、初九、十九、二十三、二十七日,午时有阴雨。五月初五日屈原飓,十三日关帝飓,二十一日龙母飓。……六月十二日彭祖飓,十八日彭婆飓,二十日洗炊笼飓,又初九、十二、十八、十九、二十七日,卯时有大风。七月十五日鬼飓,十八日神煞飓,又初七、初九、十五、念五、念七日,卯时有大风。八月初一日灶君飓,初五日大飓旬,十四日伽蓝飓,十五日魁星飓,二十一日龙神飓。又初二、初三、初八、十五、十七、二十七日,

---

① 向达校注:《两种海道针经》,中华书局2000年版,第112页。

主大风。九月初九日重阳飓,十六日张良飓,十九日观音飓,二十七日冷风飓。又十一、十五、十七、十九,主大风雨。十月初五日风信飓,十一日水仙飓,二十日东岳飓,二十六日翁爹飓。又初十、十五、十八、十九、二十二、二十七日,卯时有大风雨。十一月十四日水仙飓,二十七日普庵飓,二十九日西岳飓。又初一、初三、十三、十九、二十六日,主大风雨,又有冬至风。十二月二十四日扫尘飓,二十九日火盆飓。又初一、初二、初五、初六、初八、十一、十八、二十二、二十六、二十八日,有大风雨(右各风信,较《岭南杂记》《香祖笔记》所载尤详,或欲存日而去名,然为稍师舶夷示趋避,虽俚何伤)。①

《指南正法》中也有"许真君传授神龙行水时候"的记载:

正月初三、初八、念一、念五日尽龙会。初十、十九、念二日午时主有大风。

二月初三、初九、十二日龙神潮上帝。初九、十二十四日酉时主有大风。

三月初三、初七、念七日龙神朝星辰。初十、十七日午时后主有大风。

四月初八、十五、十七日龙神回太白。初九、十九、念二日午时主有大风。

五月初五、十九、念八日龙王朝玉帝。十九日申时主有大风。

六月初九、念七日地神朝玉帝。十九、二十日卯辰时主有大风。

七月初九、初(十)九日神杀大会。十五、十九日午时主有大风。

八月初三、初八日龙神大会。十五、念七日主有大风雨。

九月十一、十五日龙神潮玉帝。十七、十九日主有大风雨。

十月初八、十五日府君超玉皇。十八、十九、念七日卯时主有风。

十一月初三、初八、十五、念九日府君朝玉皇。十八、十九、念七日

① (清)陈澧:《(光绪)香山县志》卷8《海防》,清光绪刻本。

卯时主有风。

　　十二月初二、初五、初六、初七、初八、念八日主有大风雨。①

　　这些风讯经验成为古代舟子航海的重要经验，并成为他们指导航海的依据之一。如《问俗录》记载："过洋以四、八、十月为稳，四月少飓，八月中秋、十月小春天气晴暖。六月飓风、九月九降风，连月不息，舟子所忌"②。同时，中国古代航海者还利用季风规律，进行远洋航行。如《琉球国志略》云："封周例以夏至后乘西南风至琉球，以冬至后乘东北风回福州"，"海船老伙长皆言，无论冬至迟早，总以十月二十后东风顺送为吉"③。而现存福建泉州九日山的祈风石刻，则是我国古代广泛利用季风远航的明证。如福建转运判官兼知泉州之林枅等风石刻记："舶司岁两祈风于通远王庙"。

　　留存至今的大量关于占风避风的记载，不但体现了我国古代海洋活动群体对海洋气象的深入观察，形成一套民间预测术，而且说明了海洋活动群体对沿海岛屿及海洋气候的熟悉，是我国古代航海文明发展的成果之一。

三、柴水补给

　　对于从事远距离航行贸易者而言，途中柴水补给极为重要。因此，在航海图和海防图中，都对航线上有淡水、柴木资源的岛屿予以特别标注。如《顺风相送》中"各处州府山形水势深浅泥沙地礁石之图"有记："尖笔罗，打水五十托，山上柴水甚多"，"钓鱼台，澳口好取柴水"，"龟山，东边好抛船，十二三托水，泥地。有澳向东南，有人存，可取柴水"；"灵山往爪哇山形水势法图"有注："交兰屿山，中门过，打水十七八托，南好抛船，有柴木"。④又如乾隆二年《福建通志》所载《福建海防图》中就有相关标注："沙洲门'可以泊船取水，系樵汲之所'，莱屿'可以泊船取水，系樵汲之所'；'苏澳系

---

① 　向达校注：《两种海道针经·指南正法》，中华书局2000年版，第122—123页。
② 　（清）陈盛韶：《问俗录》卷6，清道光刻本。
③ 　（清）周煌：《琉球国志略》卷5，风信。
④ 　向达校注：《两种海道针经·顺风相送》，中华书局2000年版，第33—43页。

临海澳口,属盐埕汛管辖。澳内系浅水,潮退搁坞,南北风俱可湾泊取水';
'屿头系内洋孤岛,周围二十里船只勘以湾泊取水之处';盐埕兼防钟门汛
'南风可湾泊取水';鼓屿系海中孤岛,'南北往来船只经由之处,停泊取水,
非避风处所'"。①

古代在航海人中广为流传的海井和定水带等宝物也说明了古代航海者
对淡水资源的渴望与重视:

嘉兴华亭市中有小常卖铺,适有一物,如桶而无底,非木,非竹,非
金,非石,既不知其名,亦不知何用。如此者凡数年,过者无一睨之。一
日,忽有海舶老商见之,骇愕有喜色,抚弄不已。叩其所直,其人亦黠
驵,意谓老商必有所用,漫索其直三百缗。商喜,偿以三之二,遂取钱付
之。驵因叩曰:"某实不识为何物,今已成买,势无悔理,幸以告我。"商
曰:"此至宝也,其名曰海井。寻常航海,必须载淡水以自随,今但以大
器满贮海水,置此井于水中,汲之皆甘泉也。平生闻其名于番贾,而未
尝遇,今幸得之。"②

京师穷市有古铁条,垂三尺许,阔二寸有奇,中虚而外锈涩,两面鼓
钉隐起,不甚可辨,欲易钱数十文,无顾问者。有高丽使旁睨良久,问价
几何,鬻者诡对五十金。如数畀之,先令一人负之,急驰去。时观者渐
众,问此何名? 使者曰:"此名定水带,昔神禹治水,得此带九,以定九
区,此特其一。我国航海,每苦水咸不可饮,一投水带,立化甘泉,可无
病汲,此至宝也。"③

因此,在中国古代航海时,为能及时获得淡水柴火补充,在大船后系有
樵汲所用之小船,如《海语》载:"凡大舶之行,用小艚船一,选熟于洋道者数
十人,驾而前,谓之头领,大舶之后系二小船,以便樵汲,且以防虞,谓之快

① (清)郝玉麟、谢道承、刘静与:《福建通志》,《图》,乾隆二年刻本。
② (宋)周密:《志雅堂杂抄》卷上,宝器条,清粤雅堂丛书本,第13页。
③ (清)张之洞:《(光绪)顺天府志》卷71《故事志》七,清光绪十二年刻十五年重
印本。

马,亦谓脚艇,是役也"①。

而在文献史料中,在介绍沿海和海外史地时,樵汲之所为其中一个重要内容。如《闽粤巡视纪略》记:"竹篙澳稍北二十里,曰丁字门,其澳迫窄,仅可容四五舟,有水源无渔寮,为寇夷樵汲所至。新图有大吼门小吼门。过此十里,为西北大洋,稍东二十里曰镇海港、员背屿,各有水源渔寮。"②又如《西洋朝贡典录》中载:"有山焉,峻岭而方,曰灵山。其俗耕田,田稻,山多黑纹藤杖,以斗锡条易之,纹疏者可一锡而三条。海舶常樵汲于此,或然水灯,以求利涉。……又有东西竺之山,东竺一案而两屿,西竺亦一案,而门内之水可三十托,外之水可三十五托,茏苁峙,人有蓬莱方丈之称焉。土不宜谷,资于淡洋,男女断发,系占城之布。其物有木绵,椰簟。卧之夏凉而冬暖,淡洋者四周皆山,有大溪焉,经带二千余里,而注于海,其流清而甘,过舶汲焉。其田膏腴,田稻,民俗亦淳厚也"③。

远航必重樵汲,这一知识也被广泛用于海防当中。如《海国闻见录》记:"乐清东峙玉环,外有三盘、凤凰、北屺、南屺、而至北关以及闽海接界之南关,实温台内外海径寄泊樵汲之区,不可忽也"④,又如《西园闻见录》载:"备倭上策,在守五屿诸海岛。盖倭越大海,淡水薪米乏竭,必资樵汲,调兵扼守,并拒诸港,可坐困也"⑤。

第五节　祭祀海神

面对突如其来的自然灾害,人类一直显得无比渺小,随时都有被吞灭的危险。古时先民在飓风、海啸等海洋灾害面前显得束手无策,加上他们没办法对这些灾害给予科学的解释,自然而然地将之幻化为某种妖异的力量,于

①　(明)黄衷:《海语》,海语卷下,铁板沙,民国景明宝颜堂秘籍本。
②　(清)杜臻:《闽粤巡视纪略》,附纪,清康熙三十八年刻本。
③　(明)黄省曾:《西洋朝贡典录》,卷上,占城国,清指海本。
④　(清)陈伦炯:《海国闻见录》,文渊阁四库全书本。
⑤　(明)张萱:《西园闻见录》卷6,兵部十一,民国哈佛燕京学社印本。

是他们将希望寄托在某种强大的可以对付海洋灾害的神灵身上,通过对神灵的膜拜来解除心中的恐惧、获得心灵的慰藉,并从心灵深处期望通过对神灵的祭拜获得对下次自然灾害的免疫。因此,在16—18世纪历史海图中,有大量关于神庙及祭祀海神的注记。如《顺风相送》中"各处州府山形水势深浅泥沙地礁石之图"记:"湄州山,系天妃娘妈出身祖庙,往来宜献纸祭祀","南亭门,对开打水四十托,广东港口,在弓鞋山,可请都公","乌猪山,洋中打水八十托,请都公①上船往回放彩船","独猪山,打水六十托,往来祭海宁伯庙";其后有歌云:"灵山大佛常挂云,打锣打鼓放彩船";同时在针路中亦有祭祀海神的记载,如太武往吕宋回针言:"壬子、单子二十五更往回取(浯屿洋,往来放)彩船祭献"。②

一、海图中关注祭祀海神的原因

在海图中标明海神信息,是为了方便航海者在航海过程中举行祭祀海洋神灵等礼仪,以求在航行过程中得到海洋神灵的庇佑。这可从信众心理、救助事迹的记载与宣扬、各地信仰习俗等方面得到说明。

民间信仰者功利性浓厚,民众祭祀各路神灵,制造繁复的数术,最终的目的是从中祈福免祸。正如费孝通先生于1944年在《眼睛望着上帝》中说的:"我们对鬼神也很实际,供奉他们为的是风调雨顺,为的是免灾逃祸。我们的祭祀有点像请客、疏通、贿赂。我们的祈祷是许愿、哀求。鬼神在我们是权力,不是理想;是财源,不是公道"。③ 民众对神灵的信奉往往是以神灵的应验为基础的,当其灵验时,信徒众多,香火旺盛,而失去灵验,则变得冷冷清清,信众转而投向其他神灵的怀抱,以致门可罗雀。人们对海洋神灵的信仰也逃避不了这一群体性标签。相当一部分的海神,特别是由人成神者,均因其行过救助神迹而被众人拥戴祭拜,奉为保佑一方之神灵。

---

① 《东西洋考》卷9"西洋针路乌猪山"条云,上有都公庙,舶过海中,具仪邀拜,请其神祀之。回用彩船送神。

② 向达校注:《两种海道针经·顺风相送》,中华书局2000年版,第32—33、47、89页。

③ 费孝通:《美国与美国人》,三联书店1985年版,第110—111页。

宗教心理学家保罗·普鲁伊塞(Paul Pruyser)指出，"从心理学的观点来看，宗教就像一种营救工作……宗教是在有人喊'救命'这样的情况下产生的"。① 中国海洋神灵的被创造也是有基于此，是人们在感受到海洋灾害的巨大危害后，或对大自然力量的崇拜，或对海洋灾害的恐惧，希望避免受到大自然惩罚和获得神秘力量帮助的情况下创造的。如关于福建"甘棠港"开通传说，就是一个显著的例子。据《八闽通志》记载：

> 甘棠港，在县南三十四都，旧名黄崎港。先有巨石为舟楫之患，唐观察使王审知祷于海灵，一夕震雷，暴雨达旦，则移其艰险，别注平流。闽人以审知德政所致，表请赐今名，封其港之神为显应侯。②

《闽书》录入于兢之《忠懿王庙碑》亦载有：

> 闽越之境，江通海津，帆樯荡漾以随波，篙楫崩腾而激水，途径巨浸，山号黄崎，怪石惊涛，覆舟害物。公乃具馨香黍稷，荐祀神祇。有感必通，其应如响。祭罢，一夕震雷暴雨，若有冥助，达旦则移其艰险，别注平流，虽画鹢争驰，而长鲸弥浪。远近闻而异之，优诏奖饰，仍以公之德化所及，赐名其水为甘棠港，神曰显灵侯。③

但有一个显而易见的事实是，不同地区、不同阶段甚至同一时空不同群体的人们在面对海洋灾害时，对海神的期望值也是大相径庭的。对海神的信仰可分为主观信仰和客观信仰，如詹姆斯·B.普拉特(James B.Praat)将基督徒的祈祷分为客观祈祷和主观祈祷一样④，客观信仰时人们将注意力

---

① [美]玛丽·乔·梅多等：《宗教心理学》，陈麟书等译，四川人民出版社1990年版，第5页。

② (明)黄忠昭：《八闽通志》(上)卷12《地理》，福建人民出版社1990年版，第232页。

③ (明)何乔远：《闽书》卷32，建置志，福建人民出版社1994年版，第793页。

④ [美]玛丽·乔·梅多等：《宗教心理学》，陈麟书等译，四川人民出版社1990年版，第172页。

集中到某一或某些海神身上,是一种对海神的谄媚;主观信仰则不但有对海神的祭拜,还连带祭拜后从海神那里得到某种特定需要的期望。表现在海洋灾害过程中,就是人们通过自我暗示之祈祷来获得神灵的恩惠而达到心灵的慰藉。威廉·詹姆斯(William James)在其《宗教经验之种种》的第四、第五两讲中提到一个宗教在健全心态方面的作用,称之为"医心运动"(Mind-cure Movement),认为人的心灵中存在一种兽性标记——"恐怖",而信仰神灵的目的就是为了消除这种"恐怖"。而人们在海洋灾害中对海洋神灵的信仰就有这样的一种心理暗示功能,使人们走出对海洋灾害的恐惧。

对此记载最详者当属明时册封琉球之册封使留传的各种记载。下面,以陈侃所记之《使琉球录》为例进行说明。

十三日,风少助顺,即抵其国,奈何又转而北,逆不可行。欲泊于山麓,险石乱伏于下,谨避之。远不敢近,舟荡不宁。长年执舵甚坚,与风为敌,不能进,不能退,上下于此山之侧。然风不甚厉,浪亦未及于舟,人尚未惧。相持至十四日夕,舟剌剌有声,若有分崩之势。大桅原非一木,以五小木撑之,束以铁环,孤高冲风摇,撼不可当,环断其一,众恐其遂折也。惊骇叫嚣,亟以钉钳之声少息,原舟用钉不足,捻麻不密,板联不固,罅缝皆开。以数十人辘轳引水,水不能止。众曰,不可支矣,齐呼天妃而号,剪发以设誓。予等不能禁,彻夜不寐,坐以待旦。忽一家人匍匐入舱,抱予足,口噤不能言,良久方云,速求神佑,船已坏矣。①

这里说明在初遇船遭风坏之难时,众多来自福建等地的水手均求救于天妃,陈侃等人虽想驾驭场面,却只能叹曰"予等不能禁",最后风大船坏,连其家人亦惊慌失措,"口噤不能言,良久方云",魂丢了一半,并将希望寄托于神佑。

二十一日夜,飓风陡作,舟荡不息,大桅原以五木撑者,竟折去。须

---

① (明)陈侃撰:《使琉球录》,《续修四库全书》(第742册),第506页。

叟，舵叶亦坏。幸以铁梨木为柄得独存，舟之所恃以为命者，桅与舵也，当此时，舟人哭声震天。予辈亦自知决无生理，相顾叹曰，天命果如此，以计免者得之矣。狐死尚正首丘鸣，呼狐之不能若也。舟人无所庸力，但大呼天妃求救。予等为军民请命，亦叩首。无已，果有红光烛舟，舟人相报曰，天妃至矣，吾辈可以生矣。①

约过一周，风转为飓，舟人皆认为已濒临灭亡之境，"但大呼天妃求救"，陈侃等人虽归之为天命，但最后亦叩首求助于天妃。不久，"有红光烛舟"，使水手等人有绝境逢春之喜，互相传报天妃已到，并有了生还的信念。

二十三日，黑云蔽天，风又将作，有欲易舵者曰，舵无尾不能运舟，风弱犹可以持，烈则不可救。有不欲易者曰，当此风涛，去其旧而不得安其新，将奈何。众不能决，请命于予等。予等曰，风涛中易舵，静则可以生，动则可以死，中心惶惑，亦不能决。令其请珓于天妃，乃得吉兆。众遂跃然起舵，舵柄甚重，约有二千余斤。平时百人举之而不足，是时数十人举之而有余，兼之风恬浪止，倏忽而定。定后风浪复厉，神明之助不可诬也。舵既易，众始有喜色。②

得到天妃来到之信号后，舟人继续前行，陈侃等人亦对天妃产生了一定的依赖心理，在决定是否易舵时，请珓于天妃，得吉兆乃定，而舟人更是信心满满，跃然起舵，并似有神助，数十人轻松举起二千余斤之舵柄，终于在风平浪静之时换舵成功，陈侃诸人也开始相信海神天妃的灵验。

二十六日，忽有一蝶飞绕于舟，佥曰山将近矣。有疑者曰，蝶质甚在樊圃中飞，不过百步，安能远涉沧溟，此殆非蝶也，神也，或将有变，速令舟人备之。复有一黄雀立于桅上，雀亦蝶之类也，令以米饲之，驯驯

---

① （明）陈侃撰：《使琉球录》，《续修四库全书》（第742册），第512页。
② （明）陈侃撰：《使琉球录》，《续修四库全书》（第742册），第512页。

啄尽而去。是夕,果疾风迅发,白浪拍天,巨舰如山,漂荡仅如一苇。稍后距水不下数丈,而水竟过之。长年持舵者,衣尽湿,则舱中受水又可知也。风声如雷,而水声助之,真不忍闻。舟一斜侧流汗如雨,予等惧甚。衣服冠而坐,欲求速溺,以纾其惧。又相与叹曰圣天子威德被海内外,百神皆为之效职,天妃独不救我辈乎。当此风涛中,而能保我数百民命,真为奇功矣,当为之立碑,当为之奏闻于上。言讫,风若少缓,舟行如飞,彻晓已见闽之山矣。舟人皆踊跃鼓舞,以为再生,稽首于天妃之前者,若崩厥角也。①

有了之前的经验后,在遇到蝶雀等现身船上时,陈侃等已信其为神灵的某种暗示,认为风涛将变。于是在果遇疾风巨浪后,虽欲求速溺,仍对天妃许愿到“当此风涛中,而能保我数百民命,真为奇功矣,当为之立碑,当为之奏闻于上”,便将之后风缓视为祷告之结果,与舟人均将万一生还之幸归功于天妃的援救。

从上述记载分析可知,天妃不仅为水手之辈面对灾难时的信念源泉,而且逐步成为陈侃等初涉瀛海之人的决策依靠。类似记载在其他史料中亦大量存在:

至嘉靖四十年夏五月二十八日,始得开洋。行至闰五月初三日,涉琉球境界,地名赤屿,无风平浪,大鱼出跃,船阻不行,颠顿播荡,蓬扇损坏,舟人惊讶若有水怪。如此三日,军民慌甚,呼祝海神天妃求救,臣亦以归时当如例乞祭,以报神功。中夜,红光烛舟。次日,遇风而行。

行至二十日,忽有雀来舟,飓风大作,阴云四塞,白浪滔天,舵干折去,舟颠危甚,举舟痛号,担愿祈保,风未止。至第三日,臣等仅存残喘,乃为文以檄天妃,再以归乞圣皇赐祭申请,风遂稍止。因得换舵整缆,完舟而回。臣等到思念神功显著,各发愿心修醮修庙,以抒报答。但思臣等危急之时,非不以此祈神,而神之向应者,率以乞祭而然。于此见

① (明)陈侃撰:《使琉球录》,《续修四库全书》(第742册),第512—513页。

臣等五百生灵蚁命，莫非荷藉圣德，遐孚百灵效顺而神之歆享者盖有在也。臣闻圣王之制，社稷山川之神有功于民，则祀之。今海神天妃，当风涛危急之中，而能垂红光飞雀报御灾捍患异迹昭著，俾五百人命不填巨壑，其有功于民甚大。①

康熙甲子，同官汪君曾为册立使，封琉球中山，驰波倾樯，几于不免，乃祷天妃，再而舟竟以渡，其神如此，因于其缋祀而续为之歌。②

从中可知天妃已成为航海之人面对风潮灾害时的心灵寄托。因此，在《顺风相送》还记有请娘妈（妈祖）的敕令与图，敕令为："五更起来鸡报晓，请卜娘妈来梳妆。梳了真妆缚了髻，梳了到鬓成琉璃。身穿罗裙十八幅，幅幅□□香麝香。举起凉伞盖娘妈，娘妈骑马出游香。东去行香香人请，北去行香人来迎。去时金钗插鬓边，到来银花插殿前。愿降临来真显赫，弟子一心专拜请，湄州娘妈降临来。急急如律令"。③

由于这些对妈祖灵应事迹的记载，使人们逐渐幻想出妈祖的救难法器，如郁永河所记：

海神惟马祖最灵，即古天妃神也。凡海舶危难，有祷必应；多有目睹神兵维持，或神亲至救援者。灵异之迹，不可枚举。洋中风雨晦暝，夜黑如墨，每于樯端现神灯示佑。又有船中忽出爝火，如灯光，升樯而灭者；舟师谓是马祖火，去必遭覆败，无不奇验。船中例设马祖棍，凡值大鱼水怪欲近船，则以马祖棍连击船舷，即遁去。④

当然，除妈祖信仰外，其他海神在被创造后都同样给予海洋活动群体

① （明）郭汝霖撰：《石泉山房文集》卷7，明万历二十五年郭氏家刻本，《四库全书存目丛书·集部一二九》，第484页。

② （清）许奉恩：《兰苕馆外史》，黄山书社1998年版，第311页。

③ 向达校注：《两种海道针经·顺风相送》，中华书局2000年版，第47—48页。

④ 郁永河：《海上纪略·天妃神》，刘福铸、王连弟主编：《历代妈祖诗咏辑注》，中国文史出版社2005年版，第190页。

以心灵上的慰藉,具有相应的信仰救助功能。如清人姚元之《竹叶亭杂记》载:"海船敬奉天妃外,有尚书、拿公二神……亦海舟所最敬者"①。而厦门大学王荣国教授更是对《历代宝案》中遇难漂流船只的记载进行整理,发现除天妃外,尚有观音菩萨、千里眼将、顺风耳将、关帝、水官大帝等神灵受到航海者的奉祀。其中,又以妈祖与顺风耳千里眼或顺风耳千里眼总管爷的组合奉祀最为常见,因为这样妈祖可以眼观四方、耳听八方,及时有效地获取渔商船遇难的信息,以便迅速救护,保护海上航行安全。②

二、信仰与心灵寄托

信仰的救助功能,使海洋社会群体在面对海洋灾害可能来临时有一个心灵寄托,使他们有勇气、有信心去与海洋打交道。于是,在灾难之后,他们建庙祀神,举行各种祈祷仪式,或感谢神灵救助之恩,或祈求下次出海时继续得到神灵的庇佑,从而得到心灵的慰藉。下面分渔民、海商和官府三方进行论述。

(一)渔民。我国古代沿海渔民,驾驶风帆,驰骋波涛之中,最怕遭风飘溺,因此在往返海上时都有一定的祭祀祈福活动。如渔业之乡霞浦竹江,此地一直流传着有趣的神会,即当地著名十景之一的——"渔村神会":

村于水中央,舍渔无以业也。然终岁业于渔,则神其堕巫矣!神于江即神于村,渔民能不欢欣鼓舞,安保无石尤冯夷之我戏者,酿金为会,以神我江神耶!惟其序际三春,人人焚香荐鳍。村分两澳,夜夜击鼓吹竽,景足乐也。乃歌以情神听,歌曰:"峥唯哑哑水生涯,漂漂泊泊船为家。赫赫洋洋如在上,风风雨雨休叹磋!举网得雨归媚妇,今年鱼利果

---

① (清)姚元之:《竹叶亭杂记》卷3《海舟敬奉天妃》,中华书局1982年版,第87页。

② 王荣国:《海洋神灵——中国海洋信仰与社会经济》,江西高校出版社2003年版,第220—242页。

无差。三月廿三神有诞,家家报赛纷喧哗。脱蓑卸笠鞠香神,神其同我饱鱼虾"①。

清代霞浦县的张曲楼在《官井捕鱼说》中也记载,当地的渔民常往官井洋捕马蛟鱼,夜出早归,称为"下洋",下洋前"先以香烛往天后宫接香火,祀于瞻之中仓,后备薪米及一切用物",到黄昏时,"各瞻驶至天后宫前,焚烧褚帛,鸣金放爆,庙祝亦鸣鼓以送之"②。清代闽县的谢道承曾记录渔人出海祈求天后保佑的情景:"天后新宫散福还,划船遥指虎头山,神灯点点桅头动,水势连天月一弯"③。崇武大岞村渔船离港前通常还从妈祖宫中请出一些神物,如塑料花、妈祖小神像等(回航后买新的以还愿)。厦门渔民在准备出海时,要到港口的"朝宗宫"、"风神庙"、"斗母楼"祈祷,据说这里除供奉四海龙王、风雨雷电和太上老君等神祇,还有一尊"金王爷",渔家称之为"海口宫"。渔民必须先向"金王爷"抽签,求得获准并在一张神符上盖大印后,才能扬帆举棹,这样的渔船可以从闽南直至台湾、澎湖沿海各地通行无阻。有些渔家在出海前要备好祭礼在海滩上设位祭神,由船主点香跪拜,祷告神灵。渔船归航后需备礼酬神。而这个任务未必由船老大完成,可由家中妇女完成。在渔船平安到达当天,船老大的妻子便会备三牲、香烛、纸钱、鞭炮等供品,去妈祖庙或关帝庙酬谢神明,俗称"送福礼"。④

(二)海商。相对渔民而言,海商远渡重洋,更易遭遇风汛变化带来之灾难。因此,明清时期,海商离港和航行途中都要献祭海神。《漳州府志》有载:"海澄县天妃宫在港口,凡海上发舶者皆祷于此"⑤。《两种海道针

---

① 徐友梧等纂:《(民国)霞浦县志》卷8《名胜志》,《中国地方志集成·福建府县志辑》(13),上海书店出版社2000年版,第86页。

② 徐友梧等纂:《(民国)霞浦县志》卷18《实业志》,《中国地方志集成·福建府县志辑》(13),上海书店出版社2000年版,第170页。

③ (清)谢道承:《南台竹枝词》,载潘超主编:《中华竹枝词全编(七)》,北京出版社2007年版,第483页。

④ 陈复授:《渔港沧桑话古今》,《闽南文化研究》2004年第3期。

⑤ 刘庭蕙等编纂:《(万历)漳州府志》卷31《古迹·坛庙》,明万历四十一年刻本。

经》也记有："独猪山……往回献祭"①，"往来祭海宁伯庙"②。有的商人还要请道士做"安船科仪"③。明清漳州龙海道士的《安船酧钱科》中记述了从海澄经厦门路，其中不少地名附有妈祖、"北上"、"南下"、"往东洋"、"往西洋"的四个旱土地、龙王爷、观音、关帝、三官、水仙王、靖海、五帝、大使爷、阮夫人等诸多神灵名字，这些"有标明神灵名号者，大都是海洋商舶在海上行使途中登岸，或在船上焚香遥拜，乃至招神上船的地点"④。更有甚者，将海上航行的安全与否和有没有祭祀神灵相挂钩，有则安全，无则遇险难救，海神俨然成为他们航行海上的精神支柱。据记载，福建莆田"显应侯"在五代时就十分灵验，"游商海贾，冒风涛，历险阻，以谋利于他郡外番者，未尝至祠下，往往不幸，有覆舟于风波，遇贼于蒲苇者"。而出海前祭祀神灵则可确保平安。泉州海商朱纺往三佛齐国从事海洋贸易，因临行前祭祀"显应侯"并请得香火，于是"舟行迅速，无有艰阻，往返曾不期年，获利百倍"。另有兴华军海商"周尾商于两浙，告神以行。舟次鬼子门，风涛作恶，顷刻万变，舟人失色，泣涕相视。尾曰：'吾仗神之灵，不应有此。'遂呼号以求助。虚空之中，若有应声。俄顷风恬浪息，舟卒无虞"⑤。

因此，"海上诸舶，祠之（天妃）甚虔。"⑥"天后圣母……灵显最著，海洋舟中，必虔奉之。遇风涛不测，呼之立应。"⑦同时还出现了航海下针文式，罗列各路神灵，以确保海上航行安全平安，为更好理解海神在航海者心中的地位，今将《两种海道针经》两段祈语摘录如下：

---

① 向达校注：《海道针经（乙）指南正法》，《两种海道针经》，中华书局 2000 年版，第 117 页。

② 向达校注：《海道针经（甲）顺风相送》，《两种海道针经》，中华书局 2000 年版，第 33 页。

③ 杨国桢：《闽在海中——追寻福建海洋发展史》，江西高校出版社 1998 年版，第 81 页。

④ 王荣国：《海洋神灵——中国海洋信仰与社会经济》，江西高校出版社 2003 年版，第 131—141 页。

⑤ （宋）方略：《有宋兴化军祥应庙记》，见郑振满、丁荷生：《福建宗教碑铭汇编》（兴化府分册），福建人民出版社 1995 年版，第 13 页。

⑥ （明）谢肇淛：《五杂俎》卷 15《事部三》，辽宁教育出版社 2001 年版，第 315 页。

⑦ （清）袁枚：《子不语全集》，河北人民出版社 1987 年版，第 454 页。

"伏以神烟燎绕，谨启诚心拜请，某年某月今日今时四值功曹使者，有功传此炉内心香，奉请历代御制指南祖师，轩辕黄帝，周公圣人，前代神通阴阳仙师，青鸦白鹤仙师，杨救贫仙师，王子乔圣仙师，李淳风仙师，陈抟仙师，郭朴仙师，历代过洋知山知沙知浅知深知屿知礁精通海道寻山认澳望斗牵星古往今来前传教流派祖师，祖本罗经二十四向位尊神大将军，向子午酉卯寅申己亥辰戌丑未乾坤艮巽甲庚壬丙乙辛丁癸二十四位尊神大将军，定针童子，转针童子，水盏神者，换水神君，下针力士，走针神兵，罗经坐向守护尊神，建槽班师父，部下仙师神兵将使，一炉灵神，本船奉七记香火有感明神救封护国庇民妙灵昭应明著天妃，暨二位侯王茅竹仙师，五位尊王杨奋将军，最旧舍人，白水都公，林使总管，千里眼顺风耳部下神兵，擎波喝浪一炉神兵，海洋屿澳山神土地里社正神，今日下降天神纠察使者，虚空过往神仙，当年太岁尊神，某地方守土之神，普降香筵，祈求圣杯。或游天边戏驾祥云，降临香座以蒙列坐，谨具清蹲。伏以奉献仙师酒一蹲，乞求保护船只财物，今日良辰下针，青龙下海永无灾，谦恭虔奉酒味初伏献再献酌香醒。第二处下针酒礼奉先真，伏望圣恩常拥护，东西南北自然通。弟子诚心虔奉酒陈亚献，伏以三杯美酒满金往，扯起风帆遇顺风。海道平安往回大吉。"①

"伏以坛前弟子，谨秉诚心，俯伏躬射，焚香拜诸位请历代御前指南祖师，轩辕黄帝，周公圣人，前代神通阴阳先师，鬼谷、孙膑先师，袁天罡、李淳风、杨救贫仙师，王子乔、陈希夷仙师，主惘郭仙师，历代过洋、知山形水势、知浅深、知礁屿、识湾澳、精通海岛、望斗牵星、往古来今前传后受流派祖师，奉祀罗经二十四位尊神，神针大将，夹石大神，定针童子，换水童郎，水盏圣者，起针神兵，位向守护尊神，鲁班先师，部下神兵，三界伏魔关圣帝君，茅竹水仙，五位尊王部下，喝浪神兵，白水都公，林使总管海洋澳屿里位正神，本船随带奉祝香火一切尊神，乞赐降临。伏念大清国某省某府某县某保某船主某人，兴贩某港，涓于某月某日开驾下针，虔备礼物，祈保平安。今日上针，东南西北无偏差，往来过洋已

---

① 向达校注：《两种海道针经·顺风相送》，中华书局 2000 年版，第 23—24 页。

行正路。人船清吉,海岛安宁。暴风疾雨不相遇,暗礁沉石莫相逢。求谋遂意,财实自兴,来则流星,去则降神。稽首皈依,无极珍重。"①

此等经文将航海所需具备的针位、山形水势、浅深、礁屿、湾澳、望斗牵星等知识神化,分别属于不同的神灵监管。可见,航海人员虽然具备一定的航海知识,但仍对即将到来的航程有种莫名的恐惧,因而希望通过祭祀各路海神,获得庇佑,求得航行平安。

(三)官府。对于官府而言,求助海神则更多是为了沿海风平浪静、地方安宁稳定。我国地处太平洋西岸,坐拥一万八千余里的海岸线。唐宋以后,沿海经济发展,逐渐成为朝廷重镇。然濒海地区常有海溢、潮灾、海啸等海洋自然灾害,海外交流中亦多患风暴之灾。地方官府在治灾救难的同时,亦非常注重海神祭祀活动,以求地方安宁,海不扬波。如:

秋八月甲辰,振山东、浙江水灾。闰九月己未,浙江潮溢,漂民居、盐场,遣工部侍郎李颙往祭海神,修筑堤岸。②

海运遭风,遣山东抚臣及蓟辽等处道臣,致祭海神。③

礼部议复册封琉球使臣侍讲全魁等奏:在洋遭风,虔祷天后,俱获安全,请加封号。应如所请加封,定为诚感咸孚天后。并请于册封之年,别颁谕祭文二道,与海神并举。似未分晰。应定谕祭天后,祈报文二道,于怡山天后宫举行。另颁祭南海龙神祈报文二道,于江岸望祭举行。从之。④

此外,朝廷还将航海顺利当作海神庇佑之功。如《清宣宗实录》道光二

① 向达校注:《海道针经(乙)指南正法》,《两种海道针经》,中华书局 2000 年版,第 109 页。

② (清)张廷玉等撰:《明史》卷 13,中华书局 1974 年版,第 167 页。

③ 《明实录·熹宗实录》(六六)卷 6,"中研院"历史语言研究所校印,上海古籍书店影印,第 311 页。

④ 《清实录·高宗纯皇帝实录》(七)卷 538,中华书局 1986 年版,第 807 页。

十八年六月辛亥日记载：

> 上年商米捐米，本年苏松太等属漕白二米，俱由海运。该抚陆建瀛于督办之初，叩祷天后风神海神各庙，虔求佑助。嗣沙船先后放洋，顺速抵津，并无一船松舱伐桅之事。利漕安澜，览奏实深钦感。着发去大藏香十炷，交陆建瀛祗领，遣员分诣各处神庙，敬谨祀谢。天后叠彰灵应，曾屡加封号，兹两载恬澜，显应益著，着礼部察例拟加封号，候朕酌定。并发去御书扁额，交该督等敬谨悬挂，以答神麻。其风神海神，并着礼部一体拟加封号，以昭灵贶。寻加天后封号曰恬波宣惠，风神封号曰宣德赞化，海神封号曰灵昭镇静。①

综上，在我国古代海洋灾害救助中，海神"神力无边"，成为航海水手、商人、渔民和官府等的精神支柱，使他们在遇难时有所依靠，发挥人体潜力，在讨海中无畏海涛，敢于拓取，成为海上讨生者的心灵良药。

---

① 《清实录·宣宗成皇帝实录》（七）卷 456，中华书局 1986 年版，第 755 页。

第四章 历史海图中的海洋贸易信息

从帆船航海要素中我们了解到,我国古代的航海者在利用海图指导航海过程中,针位、更数、避风港口、柴水补给、潮流水势和祭祀活动等要素都可以用文字表达,唯一比较需要图形表示的就是海中岛屿的截面图形,但这亦可用文字描述替代,加上舆图绘制需要一定的美术功底,否则有画虎类犬的可能,于是在传承历史海图时,民间航海者对图中经文部分的重视远超图形,甚至仅抄经文内容,对图形则在理解消化后用易于理解的词句表达出来,导致现在民间航海指导手册大多仅为针经、更路簿等文字内容,造成中国古代航海图缺失这么一个假象,不利于对中国古代航海文明的研究和宣传。[①] 因此,恢复航路图本身就是海洋史研究的一个重要内容,本章以《顺风相送》中两条针路为例进行剖析。

同时,了解海图中航海要素的一个重要目的就是为了解读航海图中蕴藏着的航海贸易信息,为研究中国古代航海贸易提供一些线索、角度和资料。在传统的航海文明研究中,大多将郑和下西洋看成中国航海史的分水岭,原因无他,郑和下西洋无论在船队规模、船舶吨位,还是在远航人数、航行时间等方面,都独领时代风骚,是我国悠久海洋文明的一次华丽展现,时至今日,观之仍可动人心魄,散发璀璨光芒。然而,从海洋发展历史角度出发,郑和下西洋停止后,其航海技术得到传承,航海路线继续拓展,各通航港

---

① 在宣传推广方面,图形具有直观易懂的优势,这点毋庸深入解说。在航海文明研究方面,将针经复原成航海路线图,有利于将不同针经中关于某一海域的记载集中解读,利用今天所掌握的以经纬度计算岛屿间距离等知识,考究一定海域中航向偏离幅度和更数误差额度,进而通过针经记载内容,估算未考实岛屿、港口的大致位置。

口依旧活跃着中国海商的影子。因此，本章拟在比对《顺风相送》与《郑和航海图》、《指南正法》与《顺风相送》的基础上，剖析16、17世纪航海贸易发展史，希望对更客观地评价此一时期的中国海洋发展史有一定补充作用。

第一节　海道针经与航海图

基于是将针路转为图形这一目的考虑，往琉球、日本等东洋方向的航线亦有相关针路图和日本国舆图可以参考，中国下柬埔寨、暹罗、马六甲等西南洋航线与《郑和航海图》相类似，故均暂不涉及；在此先重点论述往鸡唱门的福建往交趾针路以及东南洋方向往吕宋麻里吕的浯屿往麻里吕针路这两条路线。

在将海道针经复原为航路图时，须把握航海贸易这个中心，分贸易港口和航海路线两步骤进行：首先将针路中的起讫点找出，考证其今日地理位置；其次，将各航线所经过的岛屿复原。如果可以将起讫港口和线路中的岛屿找出来，就可以将之复原成一张路线图。

一、福建往交趾针路

《顺风相送》中福建往交趾针路为：

> 五虎门开船，用乙辰针，取官塘山。船行，有三礁在东边，用丙午针取东沙山西边过，打水六七托，用单乙针三更船取浯（牛）屿，用丁午针一更坤未针取乌坵山，坤申七更船平太武山，用坤申及单申七更船平南澳山，用坤申针十五更船平大星尖，用坤未针七更平东姜山，坤未针五更平乌猪山，用单坤针十三更平七州山，单申针七更平海南黎母山，即是青南头，用庚申针十五更取海宝山，正路用单亥及乾亥针五更取鸡唱门，即是安南国云屯州海门也。

回针为：

鸡唱门外开船,用辰巽针五更船取宝山过洋。十五更船取黎母山,用单艮针二十更船取平独猪山,单艮针五更、艮寅针三更船平大小柑山,过外,单寅四更船平太武山。单艮针七更船平乌坵山,内过。艮寅针四更船平牛屿。艮丑针□更船取东沙,外过官塘山,五虎门也。①

此针路的起讫港口为福州五虎门和交趾鸡唱门,去时中间所经海中岛屿有官塘山、东沙山、牛屿、乌坵山、太武山、南澳山、大星尖、东姜山、乌猪山、七州山、黎母山、海宝山、鸡唱门,回时在黎母山与太武山之间为独猪山、大小柑山。其中,福州五虎门、东沙山、牛屿、乌坵山、太武山、大小柑山、南澳山、大星尖、东姜山、乌猪山、七州山、独猪山等地在《顺风相送》"各处州府山形水势深浅泥沙地礁石之图"中有所描述,并在《新编郑和航海图图集》②中有过考证,下面将描述和考证内容制成表4-1:福建与交趾航路所经岛屿山形水势及今日地望。

表4-1　福建与交趾航路所经岛屿山形水势及今日地望

地　　名	图形描述	今日地理位置
福州五虎门	打水一丈八尺,过浅区,官塘行船。	在福建闽江口川石岛西北4链处有虎桐岛(虎栅),其东北方附近有五虎岛,又叫五指屿,五个呈三角形岩岛南北列成一行,从东方望去为五屿,从南北方看去则重叠像一个较大的岛屿。(26°13′N　120°00′E)
官塘山	三礁外正路。	即今闽江口外东北约15海里的马祖列岛。共有三个岛屿,其中马祖岛(南竿塘)最大,高246米,长屿山(北竿塘)最高为293米,北端则为高登岛(北沙岛),各岛海岸均陡峭、曲折、多湾。岛之湾澳是良好的避风锚地。

① 　向达校注:《两种海道针经·顺风相送》,中华书局2000年版,第49页。
② 　海军海洋测绘研究所、大连海运学院航海史研究室:《新编郑和航海图集》,人民交通出版社1988年版,第34、35、38、39、42、43页。

续表

地　　名	图形描述	今日地理位置
东沙山	西边近山打水六七托,好抛船最妙地。	即今闽江口以东约 12 海里的白犬列岛。北距马祖岛约 9 海里,包括东犬岛,西犬岛等岛屿。西犬岛最高,为 194 米,岛之西南坡有一沙地,俗称东沙山。（25°58′N　119°56′E）
牛屿	内过打水二十五托,外过打水二十五托。	当即《郑和航海图》中的牛渚,今名牛山岛,在海坛岛东南方海中。山高 70 米,上有灯塔,为重要导航标志。岛周围有险礁,西侧有急流,附近有巨浪。（25°26′N　119°56′E）
乌坵山	门内过打水二十托,洋中打水三十五托。	今南日岛南约 11 海里的乌丘屿。扼兴化湾与湄州港口,面积约 1 平方公里,高 76 米,顶部呈圆形,有黑色岩石,其上建有灯塔。（25°00′N　119°27′E）
太武山内浯屿	系漳州港外,二十托水。	即今太武山,又称南太武山,位于厦门湾南的镇海角,高 562 米,从南方望去为一显著高峰。山上有延寿塔,海中归舶,望以为标。（24°20′N　118°03′E）
大小柑山	内过打水十五托,外过打水二十五托。	即今古雷头角东南约 12 海里的兄弟屿。包括高 62 米的大柑山及其西北 1.5 海里处高 44 米的小柑山。（23°32′N　119°41′E）
南澳大山	有屿仔。	今广东省东北部柘林湾南面海中的南澳岛。西距汕头港 13 海里,北距大陆最近处 4.2 海里,此岛东西长约 21 公里,南北最宽处 10 公里,最窄处 1.5 公里,全岛山峦连绵,西部主峰 587 米,东部主峰 516 米,岛岸弯曲,有许多良好锚地。（23°26′N　117°05′E）
大星尖	洋中有大星尖,内过打水二十五托,外过打水四十五托。	即今南澎岛西南方约 130 海里处红海湾南方的针岩头。又名大星簪岩,为一黑色孤岩,高 41 米。（22°19′N　115°07′E）
东姜山	对开打水四十五托。广东前船澳港口有南亭门,打水十九托,沙泥地。	今蒲台岛南约 6 海里的担杆岛,是担杆列岛最东端的主要岛屿。列岛自东北向西南排成一列,长达 12.5 海里,包括担杆、二洲、直湾（一洲）、细担等岛,山高岸陡,除细担岛外,均高约 300 米以上。担杆岛高 322 米,显著易识。（22°03′N　114°16′E）

续表

地　　名	图形描述	今日地理位置
乌猪山	洋中打水八十托,请都公上船往回放彩船送者,上川、下川在内,交景、交兰在外。	即今上川东南约 3 海里之乌猪洲。(21°36′N　112°53′E)
七州山	山有七箇,东上三箇一箇大,西下四箇平大。	今海南岛东北端抱虎角灯塔以东 19 海里的七洲列岛。列岛由北士、丁士、南士等七个小岛组成。其中北士较高,达 175 米。(19°58′N　111°15′E)
独猪山	打水六十托。往来祭海宁伯庙。系海南万州山地方,头长,若见庚山,船身低了。	今海南岛万宁县东南海中的大洲岛,距岸约 3.5 公里。又名独珠山、独州山、榜山。峰势高峻,为航行重要目标,附近海域称独珠洋。此岛为两个断裂的山头组成,南部山高 289 米,今设有灯标;北部山头高 150 米。(18°40′N　110°30′E)

除表中已知今日地理位置的岛屿外,此航路中还有黎母山、鸡唱门和海宝山三地有待进一步考证。

第一,黎母山,也作青南头。黎母山高且易识,为航海者岛屿定位之显著目标,明人有记在"琼州定安县南有五指山,即黎母山,琼崖之望也。丘文庄公少时咏诗曰:'五峰如指翠相连,撑起炎州半壁天;夜盥银河摘星斗,朝探碧落弄云烟。雨余玉笋空中见,月出明珠掌上悬;岂是巨灵伸一臂,遥从海外数中原。'"①宋人亦云:"海风飘荡水云飞,黎母山高月上迟。"②直到现在的《黎族创世歌》中仍有记载:"黎母山势似天坛,群峰雄峙通天堂。人间自古赞不绝,宝山美景胜江南。"③关于其地理位置,古籍中多有记载,如:

琼州在黎母山之东北,昌化在黎母山之西北,吉阳军在黎母山之西南,完安军在黎母山之东南。④

①　(明)蒋一葵:《尧山堂外纪》卷 86 国朝,明刻本。

②　(宋)王象之撰:《舆地纪胜》卷 127,清影宋抄本。

③　王月圣:《黎族创世歌》,海南出版社 1994 年版,第 488 页。

④　(宋)赵汝适撰:《诸蕃志》卷下,清学津讨原本。

　　海南四州军中有黎母山，其山水分流四郡，熟黎所居半险半易，生黎之处则已阻深，皆环黎母山居耳。若黎母山顶数百里常在云雾之上，虽黎人亦不可至也。①

　　琼州志五指山，一名黎母山。名胜志，山在琼州府定安县南。②

　　黎母山在定安县南四百里，山有五峰，又名五指山，极高，屹立琼崖儋万之间，为四州之望。③

可见，此黎母山即今海南岛琼中县西南的五指山，高 1867 米。但黎母山乃在海南岛中，海舟不可能到此，故针路中云"平海南黎母山"，即在山外过也，以黎母山为航行指标，并没靠近。

第二，鸡唱门，也称安南国云屯州海门。此地为今何处，仍有不同意见。有人认为在今天拜子龙湾东面的云海岛，如：

　　云屯"属海东，黎改为云屯州，今广安尧封县云海总是其地也"。云屯州改为云海总，属尧封县，时在绍治三年（公元 1843 年）。今在拜子龙湾之东有云海岛，也称野猪岛，即云海总，李、陈时期的云屯海港就在这里。这个岛可能是古云屯县的中心。④

　　自李英宗大定十年（1149）于东海岸云屯（今云海岛）开港后，海商均在此贸易，不得至其国都。⑤

也有学者认为在今天越南海防市附近的海口，如：

　　安南云屯州十五世纪后属海东府，十九世纪初属安广镇，云屯州海

　　①　（宋）周去非：《岭外代答》卷1，黎母山条，文渊阁四库全书本。

　　②　（清）查慎行补注：《补注东坡编年诗》卷42 今古体诗五十一首，文渊阁四库全书本。

　　③　（明）《明一统志》卷82，文渊阁四库全书本。

　　④　［越］陶维英著，钟民岩译：《越南历代疆域：越南历史地理研究》，商务印书馆1973 年版，第 185 页。

　　⑤　［日］达郎：《安南之贸易港云屯》，《东方学报》第九册，第 286—294 页。

门当即在今越南海防一带。①

安南国云屯州海门（今越南海防市南海口）。②

在《古代南海地名汇释》中则同时收进这两种推断：

云屯。《交趾总志》卷二，"廨舍：……交趾云屯市舶提举司见新安府云屯县。云屯抽分场见新安府"。云屯州，县，镇在越南的东北岸外，或谓指今拜子龙（Bai Tu Long）湾东面的云海（Van Hai）岛及其附近地区。一说指海防（Hai Phong）东面的吉婆（Cat Ba）岛。

《安南图志》，"（海堂山）用单亥针及乾亥针十五更，船取鸡唱门，即是云屯州海门也"。鸡唱门或云屯州海门在越南东北岸外，指海防（Hai Phong）市东部的塗山（Do Son）和吉婆（Cat Ba）岛之间的海口，或吉婆岛与吉海（Cat Hai）之间的海道。一说指拜子龙（Bai Tu Long）湾一带。③

黄盛璋先生在《明代后期船引之东南亚贸易港及其相关的中国商船、商侨诸研究》一文中对"鸡唱门，即是安南国云屯州海门也"这句话也有所解读，然不知何原因，其论证重点为海门港非今海防，而非直接论证云屯在何处。④ 目前，据笔者所见，论证最详者当属张礼千先生，他在《安南商港云屯》一文中有过严密论述：文章首先追溯云屯的行政沿革，推出应"求云屯于广安"；并从地名来历，论证云屯必在今广安省内；而后"追寻明代红河三角洲之港口及由各国赴交趾之针路"，得出云屯"介安阳、塗山二海口间，核之今图，适在鸿基（Hon-gay）之南，塗山（Do-son）之北，别言之，必在广安省之亚龙湾内"，"其中最大之岛屿有一，名曰吉婆（Cat-ba 或 Pho-cat-ba），而

① 向达校注：《两种海道针经》，中华书局 2000 年版，第 259 页。
② 杨国桢：《闽在海中：追寻福建海洋发展史》，江西高校出版社 1998 年版，第 54 页。
③ 陈佳荣、谢方、陆峻岭：《古代南海地名汇释》，中华书局 1986 年版，第 178、467—468 页。
④ 黄盛璋：《明代后期船引之东南亚贸易港及其相关的中国商船、商侨诸研究》，《中国历史地理论丛》1993 年第 3 期，第 54 页。

此岛形成之一大湾，华侨呼曰婆湾，在吉婆之左邻，适位禁江之口（即安阳海口），比吉婆差小者，名曰吉海（Cat-hai）"，于是推断"此二岛即云屯县之所在，而云屯山则在大岛中"，并根据针路推出鸡唱门"应为塗山、安阳二海

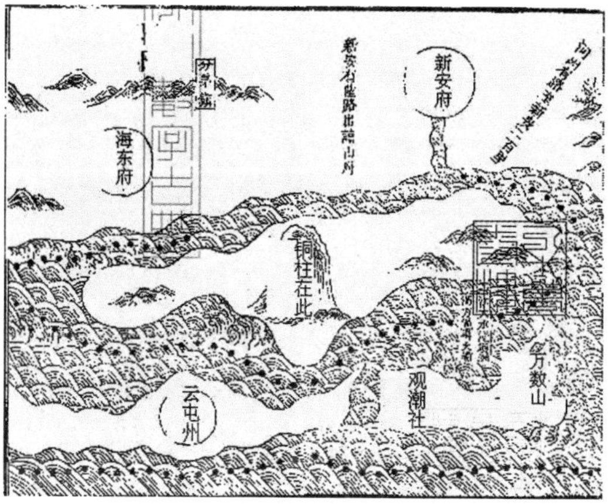

图 4-1　《交黎水陆道路图》

口与吉海、吉婆二岛相对之门户"①。此论证严谨，可信度更高。另据"云屯山在新安府云屯县大海中，两山对峙，一水中通，李、陈时番国商舶，多聚于此"②，结合俞大猷所绘之《交黎水陆道路图》（见图 4-1），笔者亦认为鸡唱门（云屯州海口）为吉海与吉婆二岛间航道，船舶停靠处为今天的吉海岛

（Cat-hai Island，见图 4-2）。

第三，海宝山。笔者所见之古籍中记有海宝山的多为云南滇池附近，如："海宝山，在州（晋宁州）西北十里，下有一窍，泄滇池水入澄江西浦龙潭。……海宝山在县（呈贡县）东南五十里，孤峰特起，下临滇池，中有大石，圆洁光润，故名海宝"③，"海宝山在城（呈贡县城）东南五十里，孤峰特起，俯临滇池，有石光明润泽，故名海宝"④，"（晋宁）州西三里有海宝山，相传山下有窍，滇池之水由此泄入澄江府之龙泉

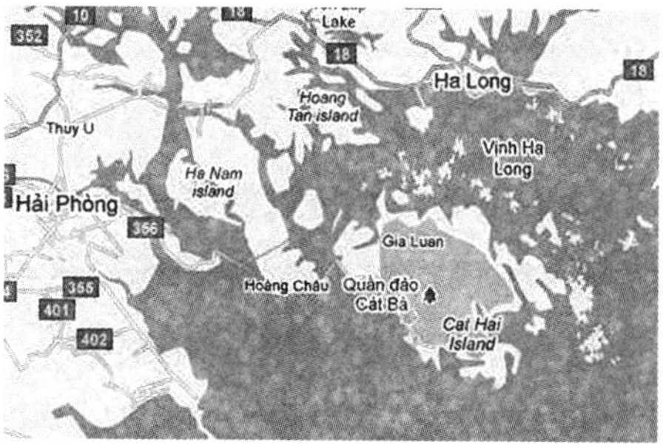

图 4-2　海防外吉海岛

①　张礼千：《安南商港云屯》，《东方杂志》第四十四卷第六号，1948 年第 6 期。
②　《寰宇通志》卷 118，"安南"条。
③　（清）谢俨：《（康熙）云南府志》卷 1，清康熙刊本。
④　（清）鄂尔泰：《（雍正）云南通志》卷 3，文渊阁四库全书本。

溪"①,显然并非针路中的海宝山。而在向达的"两种海道针经地名索引"中亦无考释,仅将针路摘出,云:"海宝山与越南云屯州海门,一作鸡唱门或鸡叫门,相距只五更"②。

在此,笔者希望通过针路,将已知岛屿标注一图中,再据针路说明画出航行路线,而后根据路线图求取海宝山的今日地理位置。由针路"七州山单申针七更平海南黎母山"和"黎母山用单艮针二十更船取平独猪山",可知此来回时走不

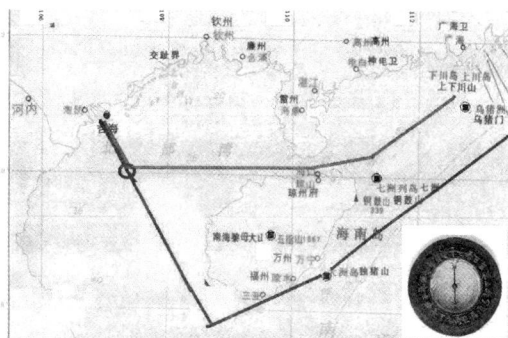

图4-3　福建往交趾路线图局部

同的路线,如图4-3所示,红色是福建往交趾时所走路线,蓝色是回针路线。

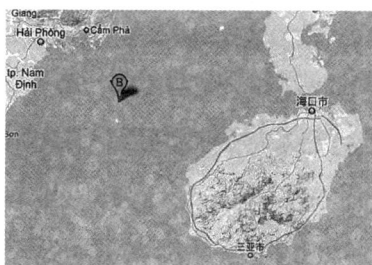

图4-4　海宝山位置图

由图4-3可知,海宝山处于吉海岛东南偏南方海中,使用谷歌地图查看后,笔者发现在20°13′N、107°42′E地方有一岛屿(即图4-4的B处),参考乌猪山(21°36′N、112°53′E)、七州山(19°58′N、111°15′E)和独猪山(18°40′N、110°30′E)的经纬度,与针路中海宝山的经纬度相符,应即此岛,今名白龙尾岛。据李德潮研究,我国20世纪50年代以前发行的地图上标名为夜莺岛,而在广西、广东、海南的渔民和沿海居民均称该岛为浮水洲岛。千百年来,中国渔民在以该岛为中心的北部湾渔场劳动、生息,风雨云雾,日月晦明,该岛总在中国渔人的视野里,浮水洲因此得名。广西、广东、海南渔民有时也称该岛为海

① (清)顾祖禹:《读史方舆纪要》卷114,清稿本。
② 向达校注:《两种海道针经》,中华书局2000年版,第244页。

宝岛,为海鲍音转而成。该岛近岸浅海宽阔,且为岩礁海底,盛产鲍鱼,被称为海鲍岛。①

综上,我们大致就可以将福建往返交趾针路复原出来。

二、浯屿往麻里吕针路

《顺风相送》中"浯屿往麻里吕"针路为:

> 太武开船,单巳廿五更取浯屿洋,往来放彩船祭献。丙巳取射昆美山。沿山使三更取白士山并万安旦港口及玳瑁港讨苏安。单丙四更取麻里荖断屿,过表是里银并陈公大山,尾见里安大山。看见八个安山开洋,中是吕蓬山,平沿山使取吕宋港口,有鸡屿,下是居民港,看见猪来尾山。猫荖英开山是吕里山,上有白处是麻里吕也。

回针为:

> 猫里吕开船,丑癸单丑四十更取里银山并麻里荖表平平长。壬子、壬癸廿五更取浯屿洋中,用壬子廿五更取浯屿入太武也。②

此针路来回起讫港口不一,去时起于太武和泊于麻里吕,回时起航港口为猫里吕,麻里吕和猫里吕是否同指一地? 这是复原此针路最关键的地方。

首先,我们将《顺风相送》中有关麻里吕的更路记载全部摘出,主要有:

> "丙午七更取射坤美山。丙午及单巳十更取月投门。单丙三更、坤未三更取麻里荖表山,平长,过夜不可贪睡,可防。丙午及单午五更取里银大山,二港相连开势沙表,表生在海中可防,表尾记之极仔细。巳丙五更取头巾礁,单午五更取吕宋港口,鸡屿内外俱可过船,无沉礁

---

① 李德潮:《白龙尾岛正名》,载吕一燃:《中国海疆历史与现状研究》,黑龙江教育出版社 1995 年版,第 138—139 页。
② 向达校注:《两种海道针经·顺风相送》,中华书局 2000 年版,第 93—94 页.

有流水。其船从东北山边入为妙";

"丙巳取射昆美山。沿山使三更取白士山并万安旦港口及玳瑁港讨苏安。单丙四更取麻里荖断屿过表是里银并陈公大山,尾见里安大山。看见八个安山开洋,中是吕蓬山,平沿山使取吕宋港口,有鸡屿,下是居民港,看见猪来尾山。猫荖英开山是吕里山,上有白处是麻里吕也";

"猫里吕开船,丑癸单丑四十更取里银山并麻里荖表平平长";

"丙巳见里银大山。辰巽入吕宋。单巽取芒烟大山,沿山使用巽巳,取平屿过洋";

"鸡屿开船,用巳丙及乙辰十更沙塘石开船,到吕蓬港口。若是吕蓬山外过,讨麻里吕。坤未五更取芒烟山";

"赤叶……打水六十托。丑艮十更取吕蓬山外过,是吕宋港口中一鸡屿,北边是覆鼎安大山。南边猪黎尾入妙"等。①

　　结合上引东西洋考之"吕宋(鸡屿)'用丙巳及乙辰针十更取沙塘浅,开是猫里雾'"和"从吕宋(取猪未山,入磨荖央港)"这两条材料,我们可看到与麻里吕位置相关的地名主要有:里银大山、吕宋(鸡屿)、猪来尾山(猪黎尾山、猪未山)、猫荖英(磨荖央港)、吕里山、吕蓬山、芒烟山等。其中,有的只记方位,如吕蓬山外、吕里山上等,有的还有详细的更路、针位记载,如麻里吕坤未五更为芒烟山等。而猫里吕亦有针位之记载,即"猫里吕丑癸单丑四十更取里银山并麻里荖表平平长"。

　　其次,我们必须确定在这些更路记载中,船只航行时使用的是哪种定位法。下面以"吕宋往文莱"的更路为例进行推断,其更路为:

　　鸡屿开船,用巳丙及乙辰十更沙塘石开船,到吕蓬港口。若是吕蓬山外过,讨麻里吕。坤未五更取芒烟山。丁未及午丁十更取麻干洋了

---

① 向达校注:《两种海道针经·顺风相送》,中华书局 2000 年版,第 88—89、93—95、89—90 页。

讨酆山，无风摇橹二日三夜。单午及丁未取小烟山前密。丁未五更取三牙七峰山。单丁五更取芭荖员。丁未五更取萝葡山文滴古幛山头，高大有云，犀角山。单未、单丁见圣山。单未、坤未取昆仑山外有老古少过门去。坤未、坤申使见长腰屿。丁未讨鲤塘屿，丁未便是文莱渤泥港也。

根据今天马尼拉与文莱的位置，即文莱在马尼拉的西南方向，我们知道更路中的丁未、坤未、坤申等针位指向即为船只的实际航向。

图4-6　民都洛岛形势图

再次，我们先推断麻里吕的相对位置。在这些与麻里吕相关的地名中，有几个是已经被人们所共认的，如吕宋为今马尼拉港；吕蓬指今之卢邦。从位于吕宋港口的鸡屿可"看见猪来尾山"、"吕宋港口中一鸡屿，北边是覆鼎安大山。南边猪黎尾入妙"和从吕宋"取猪未山"这几条记录来看，猪来尾当为"民都洛岛形势图"（见图4-6）中标注的1处，即鸡屿的南偏东向。而从"取猪未山，入磨荖央港"这条材料看，磨荖央港当为猪未山和八打雁中间的一个港口，据中山大学东南亚历史研究所编的《中国古籍中有关菲律宾资料汇编》载，磨荖央港为八打雁省西南部的巴拉央港（Balayan）[1]，与"民都洛岛形势图"中2处大致相符。再据"猫荖英开山是吕里山，上有白处是麻里吕也"，可推定吕里山为"民都洛岛形势图"中3处附近，上有白处之麻里吕初步定为民都洛岛的北部。另结合"吕蓬山外过，讨麻里吕"，讨即直面之意，而吕蓬山为卢邦，麻里吕当即在民都洛岛北部地区。

但麻里吕和猫里吕究竟是同一个地方吗？根据针路记载，我们发现二者显然不同。猫里吕开船，丑癸单丑四十更取里银山并麻里荖表平平长，此

---

　　①　中山大学东南亚历史研究所：《中国古籍中有关菲律宾资料汇编》，中华书局1980年版，第259页。

中可见猫里吕为里银山南偏西二十度左右的地方,距离麻里荖表约为四十更。再据"坤未三更取麻里荖表山,平长,遇夜不可贪睡,可防。丙午及单午五更取里银大山"、里银山"巳丙五更取头巾礁,单午五更取吕宋港口"和"鸡屿开船,用巳丙及乙辰十更沙塘石开船,到吕蓬港口。若是吕蓬山外过,讨麻里吕",可推知鸡屿在麻里荖表的南偏东方向,距离约为十五更;吕蓬港在鸡屿南偏东三十度左右方向,距离约为十更;因此位于吕蓬山附近的麻里吕在麻里荖表南偏东的地方,距离约为二十更。如此,猫里吕和麻里吕一个在西,一个在东,乃两个不同港口。据前推断,麻里吕为民都洛岛北部,较之民都洛岛长 144 公里、宽 96 公里的地理信息,我们推断猫里吕为民都洛岛南部东面。

　　综上,麻里吕和猫里吕互不统属,一个在北部,一个在南部东面,为什么记载于同一针路呢? 这可从《东西洋考》中一条有关"猫里雾"的针路中得到启发。《东西洋考》记:吕宋(鸡屿)"用丙巳及乙辰针十更取沙塘浅,开是猫里雾"[1];与《顺风相送》中"吕宋往文莱"条针路相似,"鸡屿开船,用巳丙及乙辰十更沙塘石开船,到吕蓬港口。若是吕蓬山外过,讨麻里吕"[2]。从更路记载来看,二者均为"丙巳及乙辰针十更"取沙塘石或沙塘浅,可见沙塘石即沙塘浅。但《顺风相送》条记载,沙塘浅前有一吕蓬山,内过(靠陆一边)到吕蓬港口,外过(靠洋一边)前行即是麻里吕,而《东西洋考》里只是一个"开"字,可以肯定,中间绝对有缺漏之处。回头对照"浯屿往麻里吕"条针路:"吕宋港口,有鸡屿,下是居民港,看见猪来尾山。猫荖英开山是吕里山,上有白处是麻里吕也",《东西洋考》卷 9 亦有"又从吕宋(取猪未山,入磨荖央港)"[3]之说,可见,其中猪来尾即猪未山,而猫荖英即为磨荖央。因此,《东西洋考》中的"开"当为这里的"猫荖英开山"。再据《东西洋考》记,猫里雾为国名,我们可推断麻里吕和猫里吕均属于猫里雾,而猫里雾应即今天之民都洛岛一带。而民谚"要想富,须往猫里雾"之语,说明其地是海商追波逐利最重之区,谚语中的"猫里雾"似可理

---

①　(明)张燮著,谢方点校:《东西洋考》,中华书局 1981 年版,第 183 页。

②　向达校注:《两种海道针经》,中华书局 2000 年版,"吕宋往文莱",第 89 页。

③　(明)张燮著,谢方点校:《东西洋考》,中华书局 1981 年版,第 183 页。

解为今之菲律宾群岛一带。

除猫里吕和麻里吕外，吕蓬山、吕宋港、鸡屿、猪来尾山、猫荖英、吕里山等地亦于上文得知，而太武，在浯屿内，当为镇海角的南太武；浯屿洋当即浯屿岛外大洋，照回针更数航行参照点位浯屿和麻里荖表间海域中部；针路中须另考证的剩射昆美山、白士山、万安旦港、玳瑁港、苏安、麻里荖表、里银山、陈公大山、里安大山等地。章巽先生在《中国航海科技史》中有相关考证：

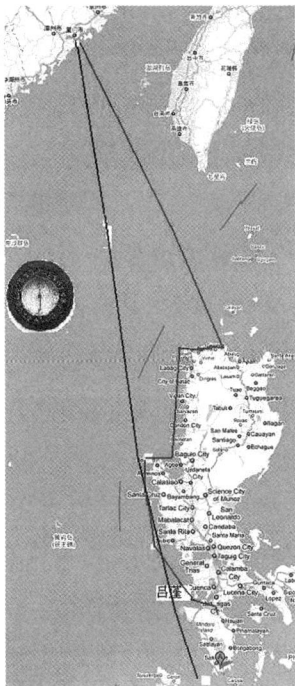

图4-7 浯屿往麻里吕及猫吕回浯屿针路图（图例同图4-5）

> 自太武山至吕宋港：太武山（在福建省厦门对岸的镇海角上，明代从泉州或漳州出洋，以此为航运始点）——彭湖屿——虎头山（今台湾西南岸高雄港）——沙马头澳（今台湾省最南端的猫鼻角）——笔架山（阿帕里港北面的巴布延【Babuyan】群岛中之加拉鄢【Calayan】岛）——……——麻里荖屿（今菲律宾吕宋岛仁牙因【Lingayan】港）——表山（今菲律宾吕宋岛西岸的博利瑙角）——里银中邦（在今菲律宾吕宋岛的三描礼士【Zambales】省沿海的马辛洛克【Masinloc】或其附近）——头巾礁（菲律宾三描礼士省南端的航道转航角，即Coehinos角）——吕宋港。

太武山——沙马岐头（即沙码头澳）——……——射昆美山（阿帕里港西面的桑切斯米拉【Sanchez Mira】——月头门（菲律宾吕宋岛西北岸的圣费尔南多港）——麻里荖表山（即表山）——里银大山（即里银中邦）——头巾礁——吕宋港。[①] 以此推论比对针路"射昆美山沿山使三更取白士山并万安旦港及玳瑁港讨苏安。单丙四更取麻里荖表"，可知白士山、万安旦

[①] 章巽：《中国航海科技史》，海洋出版社1991年版，第171—172页。

港、玳瑁港和苏安当为菲律宾本岛北部一带,由此可得浯屿往麻里吕及回针之路线图(见图4-7)。

第二节 《顺风相送》与16世纪航海贸易

《顺风相送》是16世纪漳州人使用的针经抄本,为更好把握针经中所反映的16世纪中国海洋贸易发展状况,特将《顺风相送》和《郑和航海图》进行对比,冀望在二者的比较中,了解16世纪时中国海商海外贸易港口和航海线路的变化情况。在比较过程中,以航线为基,航线相同者比较航路差异,航线不同者说明港口变迁之原因。为方面叙述,依照《东西洋考》中以文莱为东西洋分界这一标准,分西洋和东洋两方面进行比较。

一、西洋区域

(一)在苏门答腊以西区域,《顺风相送》的活动范围较《郑和航海图》为窄,详见表4-2(《顺风相送》与《郑和航海图》中苏门答腊以西港口表)和表4-3(《顺风相送》与《郑和航海图》中苏门答腊以西航线表)。

表4-2 《顺风相送》与《郑和航海图》中苏门答腊以西港口表

《郑和航海图》	《顺风相送》	《郑和航海图》	《顺风相送》
苏门答剌	苏文答剌	溜山国	
榜葛剌(撒地港)	傍加剌	官屿	
别罗里	罗里	柯枝	
古里	古里	木骨都束	
忽鲁莫斯	忽鲁莫斯	卜剌哇	
佐法儿	祖法儿	麻林地	

《郑和航海图》	《顺风相送》	《郑和航海图》	《顺风相送》
阿丹	阿丹	缠打兀儿	

表 4-3　《顺风相送》与《郑和航海图》中苏门答腊以西航线表

《郑和航海图》	《顺风相送》	备　　注
苏门答剌——榜葛剌(今孟加拉国及印度西孟加拉邦地区)	阿齐⇌傍伽剌(所停靠港口——撒地港,为今孟加拉国东南部的吉大港,在戈尔诺普利河(Karnafuli R.)下游北岸,距河口 18 公里,是一天然良港。)	二者针路一致。苏门答剌,《岛夷志略》作须文答剌,《明史》作须文达那,《郑和航海图》作苏门答剌。在急水湾西五更处,即今苏门答腊岛北端东岸的萨马朗加河口内 1 海里处的萨马朗加。河口处有锚地,水深 22—27 米,当东北风季节,有时不适于锚泊。苏门答剌梵语为 Samudra,意为"海"。明代时,苏门答剌国当在其地,15 世纪时,为亚齐所灭,即《顺风相送》中的阿齐。
苏门答腊——古里	阿齐⇌古里	从苏门答腊——锡兰山(阿齐——色兰山)针路不同,后半部分相同。
别罗里——溜山国	阿齐⇌罗里	溜山国即今马尔代夫群岛。罗里,即别罗里,为今斯里兰卡首都科伦坡南 30 海里的贝鲁沃勒,为科伦坡以南最安全的泊地。西南季风时,贝鲁沃勒角为一天然屏障,但锚地较浅,一般须涉水登陆。故《瀛涯胜览》有载:"岛锡兰国码头名别罗里,自此泊船,登岸陆行"。
此两条针路,宝船船队有通航。①	古里⇌祖法儿 古里⇌阿丹(阿丹,今亚丁,濒临亚丁湾,为自古为贸易中心,也是世界各地船舶东西往来必经的著名大港。)	古里,今印度西南部喀拉拉邦北岸的卡利卡特。为印度马拉巴尔海岸古港之一,港口位于卡拉叶河(Kallayi R.)北岸,今仍为印度西南海岸重要的贸易港口。祖法儿,今阿拉伯半岛阿曼南部的佐法尔地区,《西洋朝贡典录》记其"西北倚山,东南临海,以石为城为屋,层起如浮屠"。

---

① 　向达校注:《郑和航海图》,中华书局 2000 年版,《附图》。

《郑和航海图》	《顺风相送》	备　注
古里——忽鲁莫斯	古里⇌忽鲁莫斯	忽鲁莫斯为古国名,是古代波斯湾主要海港,即今米纳布(Minab),原港在大陆上,后受外族所侵,迁于《郑和航海图》中的岛屿之上,似为今格什姆岛。
缠打兀儿——古里		缠打兀儿即今果阿。
官屿——木骨都束		官屿今马累岛,马尔代夫首都所在地,是从东非、红海、波斯湾至太平洋的重要中途停泊港。木骨都束为今非洲东海岸索马里首都摩加迪沙,是索马里的主要贸易港口。
溜山国——印度西南各地		
印度西岸往阿拉伯各地		
东非——阿拉伯沿岸		

通过表 4-2 和表 4-3,我们很清楚地看到以下几点变化:

第一,在《顺风相送》中,没有溜山国、官屿、柯枝、木骨都束、卜剌哇、麻林地、缠打兀儿等港口,且逾苏门答腊以西后主要活动地点集中在阿齐和古里两地,其他港口的活动都围绕这两个地方在转,活动范围明显缩小,体现了中国海商在此区域贸易活动从全面开展到局部维持的转变。这种转变与葡萄牙殖民者东来有密切关联,"1501 年,葡萄牙人的小船队开入印度洋,炮击卡利库特。1502 年,达·迦马以'印度提督'的殖民统治者身份,率领 20 艘舰船,配有大炮和步兵队,再往印度。途中在莫桑比克等城建立了商站。沿途烧杀抢掠,无恶不作。达·迦马还在印度西南海岸构筑要塞,以巩固葡萄牙的占领。他在返葡前,特意在印度洋上留下一支固定的小船队,对来往于印度和埃及之间的船只进行劫掠。葡萄牙不久又于 1505 年和 1508 年占领了亚丁湾入口处的索科特拉岛和波斯湾入口处的霍尔木兹岛,以及印度西北岸的第乌港,从而完全控制了连接红海和亚洲南部的海路,开始垄断东方的贸易"①。

至于为什么选择古里和苏门答剌,与其经济地理位置相关。古里,《星槎胜览》称之"当巨海之要屿,与僧迦密近,亦西洋诸国之马头也"②,明朝廷亦视其使者为外国使臣之首,郑和下西洋七次皆访;而苏门答剌,坐拥马六甲海峡西部,地理位置十分险要。

第二,在航路方面,《顺风相送》在继承《郑和航海图》的基础上又有所发展,如在"古里往忽鲁莫斯"条中,《顺风相送》多了几处描述,现摘抄出来(新增描述记于括弧内):龟山门中过船,水十一托(是老古地)。单亥及乾亥四更讨亚剌食机山南边(看山平成三个)。乾亥廿五更取沙喇嘛山(看东西二处都是山)。③ 而继承方面则主要体现在过洋牵星技术上面,如"古里往阿丹"条有:"开洋乾亥离石栏外十五托,看北斗星四指、看灯笼星十一指半。单亥五更取白礁外过。乾戌五更平希星屿。用乾亥二十更,看北斗辰五指三角,看灯笼星正十指三角,平荠角双儿。过礁开洋,用辛酉一百二十五更平直蕉塔纳山,看北辰五指、灯笼星十指取塔巴里付山。沿山一更取小赤塔密儿,取水。巡山使单坤二十更取阿丹马头。看北斗五指、灯笼星十指半,水六七托,沙泥地,是阿丹港矣。"④

第三,二者对苏门答腊的称呼有所不同。《顺风相送》中提及苏门哒喇时在针路标题上均用"阿齐"之名,如"磨六甲往阿齐"为急水湾头辛酉五更"取苏门哒喇","古里回阿齐"为伽南貌"沿山使落,用辰巽五更取素闻哒喇也","罗里回阿齐"针路为伽南貌"辰巽十二更沿山使,单午取阿齐","傍伽喇回阿齐"为"平九屿各门速过船。单午二十更取阿齐、苏文哒喇是也"。此阿齐即 16 世纪初期取代苏门答剌的亚齐国,"是马来群岛一带的贸易中心。十七世纪初期,达于鼎盛。势力所及,包括苏门答腊西海岸全部,并征

---

① 许海山主编:《欧洲历史》,线装书局 2006 年版,第 103 页。

② (明)费信:《星槎胜览》卷 3。

③ 海军海洋测绘研究所、大连海运学院航海史研究室:《新编郑和航海图集》,人民交通出版社 1988 年版,第 98 页;向达校注:《两种海道针经》,中华书局 2000 年版,第 79 页。

④ 向达校注:《两种海道针经》,中华书局 2000 年版,第 80 页。

服马来半岛许多地方"①。而 16 世纪时,在"葡萄牙占领马六甲后,穆斯林商人转向亚齐,绕道苏门答剌西海岸,经巽他海峡进入太平洋。亚齐由于海上贸易改道和盛产胡椒,对外贸易迅速发展"②,中国海商亦活跃于亚齐一带,据史料记载"自从英国商人约翰·德维士(John Davis)奉女王之命进行第二次环球航行,并死里逃生后,便做了荷兰商船的领港(航)人,随荷兰商队驶向东方。1598 年,这只船一直驶到离中国不远的亚齐(Achin)。在那里,德维士遇到许多中国商人,与他们进行了大量的交易。返航后,他把这一情况向女王作了汇报"③。一直到 17、18 世纪,亚齐均是前往印度洋以西地方的重要站点。如《海国闻见录》中载:"麻喇甲南隔海对峙大山为亚齐,系红毛人分驻,凡红毛呷板往小西洋等处埠头贸易,必由亚齐经过,添备水米。自亚齐大山,生绕过东南,为万古屡尽处,与噶喇巴隔洋对峙"④。

(二)苏门答剌以东、文莱以西区域(在此以"小西洋"概称),海洋贸易港口和航行路线变化情况详见表 4-4(《顺风相送》与《郑和航海图》小西洋区域港口表)和表 4-5(《顺风相送》与《郑和航海图》小西洋区域航线表)。

表 4-4 《顺风相送》与《郑和航海图》中小西洋港口表

《郑和航海图》	《顺风相送》	《郑和航海图》	《顺风相送》	《顺风相送》
占城(新州)	云屯州	满剌加	满剌加	顺塔
真腊(佛山)	柬埔寨	苎麻山	苎盘	丁机宜
暹罗	暹罗港	揽邦港	猫律	万丹
吉兰丹	吉兰丹		诸葛擔篮	大泥

① 中科院地理研究所等编:《世界地名词典》,上海辞书出版社 1981 年版,第 449 页。

② 东南亚历史词典编辑委员会:《东南亚历史词典》,上海辞书出版社 1995 年版,第 144 页。

③ 刘鉴唐、张力:《中英关系系年要录(13 世纪——1760 年)》第一卷,四川省社会科学院出版社 1989 年版,第 72 页。

④ (清)陈伦炯:《海国闻见录》,"南洋记"条。

续表

《郑和航海图》	《顺风相送》	《郑和航海图》	《顺风相送》	《顺风相送》
吉利闷	遮里问		马神	乌丁礁林
爪哇	爪哇		池汶	高兜令银
赤坎	赤坎		杜蛮饶潼	加里仔蛮
彭坑港	彭坊（亨）		淡目港	六甲（六坤）
旧港	旧港		茗维	

表4-5　《顺风相送》和《郑和航海图》中小西洋区域航线表

《郑和航海图》航行路线	《顺风相送》航行路线	《顺风相送》航行路线	《顺风相送》航行路线
太仓⇌五虎山	福建（五虎门）⇌交趾	万丹——→池汶	太武⇌彭坊
五虎山⇌占城（新州港）	福建（浯屿）⇌柬埔寨	马神——→高兜令银	苎盘⇌旧港⇌顺塔
占城⇌满剌加	罗湾头⇌六甲（六坤）	旧港⇌杜蛮	苎盘⇌丁机宜
赤坎——→真腊	赤坎——→柬埔寨	浯屿⇌杜蛮、饶潼	赤坎⇌彭亨
昆仑山——→暹罗	福建（五虎门）⇌暹罗	浯屿⇌诸葛担篮	赤坎⇌旧港⇌顺塔
暹罗——→满剌加	暹罗⇌大泥⇌彭亨⇌磨六甲⇌阿齐	浯屿——→茗维	苎盘⇌文莱
旧港——→满剌加	广东（南亭门）⇌磨六甲	柬埔寨南港⇌笔架——→彭坊西	旧港⇌满剌加
占城——→爪哇	（浯屿）⇌爪哇	柬埔寨⇌乌丁礁林	灵山大佛——→柬埔寨
爪哇——→旧港	柬埔寨⇌大泥	柬埔寨⇌暹罗	顺塔⇌遮里问⇌淡目
	浯屿⇌大泥——→池汶	万丹⇌马神	

从表4-4和表4-5中，我们可以看到：

第一，《顺风相送》中记载的港口明显增多。至于揽邦港（今称万榜，位于巽他海峡），虽然没有成为航路的起讫港口，针路中却有提及，如"赤坎往旧港顺塔"条记："用单丙及丙午十更见高大，览邦港口外有二个小屿，名曰奴沙牙"①。如表4-4所示,《顺风相送》较《郑和航海图》多出的港口有:云屯州、大泥、猫律、诸葛担兰、马神、池汶、苎盘、杜蛮、饶潼、淡目港、顺塔、丁机宜、万丹、乌丁礁林、马军、高兜令银、加里仔蛮、茗维等,这些港口除少数在马来半岛外,大多数都在爪哇岛和加里曼丹岛,即在苏门答剌岛东面。这些港口的增加与当时东南沿海商人贸易外番息息相关,可以说是民间海洋贸易发展的产物。

云屯州海门,今日地理位置上节已有考证,是当时一个重要的贸易港口,也是华人在安南国的一个聚居地,"1428年黎超建立后,亦指定云屯、万宁、芹海、会镜、会潮、葱岭、富良、三哥竹华等地为华商居地,严禁入内镇"②。据记载,中国商人经常到云屯州经商:

> "凡唐船,必以春天东北风乘顺而来,夏天南风亦乘顺而返。若秋风久泊,过秋到冬,谓之留冬,亦曰押冬"③,"明代中叶,中、越贸易繁盛,粤、闽两省商人至越经商的颇多。商贾来往,驾巨型帆船,名大眼鸡,又名艚船,意即运粮的船,依季候风来往,秋冬乘北风南来,翌年春夏之交,乘南风北返。当时,越王特辟广安镇海外的云屯州为各国商贾集中之处。……华商携中国产品交换越南的米谷,因越南盛产稻谷,而闽、粤两省则为缺粮之乡。"④

大泥,《海语》作佛打泥,《海录》作太呢。故地在今泰国南部马来半岛北大年一带。明时记载多与故地在今加里曼丹岛北部的勃泥国混同。北临暹罗湾,港口优良,当古代东西交通横越半岛路线的要冲,中国商船常到之贸易。⑤《东西洋考》言其地"华人流寓甚多,趾相踵也"⑥。

---

① 向达校注:《两种海道针经》,中华书局2000年版,第64页。
② 陈荆和:《承天明乡社与清河庸》,《新亚学报》第四卷十期。
③ 郑怀德:《嘉定城通志》卷2《山川志》;戴可来、杨保筠校注:《岭南摭怪等史料三种》,中州古籍出版社1996年版,第65页。
④ 陈烈甫:《东南亚洲的华侨、华人与华裔》,正中书局1979年版,第320页。
⑤ 朱杰勤、黄邦和主编:《中外关系史辞典》,湖北人民出版社1992年版,第4页。
⑥ (明)张燮:《东西洋考》卷3,西洋列国考大泥。

丁机宜，《世界历史地名词典》云："今印度尼西亚苏门答腊岛英得腊其力一带，公元 16—17 世纪与中国有贸易往来"①。

乌丁礁林，"在彭亨南，为马来半岛山地尽处一内港。西北望麻喇甲，乃南洋小西洋之冲，西南洋诸国船及闽越商人皆萃"②。《明史》有《柔佛传》，其云："柔佛（Johore），近彭亨（Pahang），一名乌丁礁林（源自马来语 Ujong Tanah，意为大地的尽头）。永乐中（1403—1424）郑和遍历西洋，无柔佛名，或言为曾经东西竺山，今此山正在其地，疑即东西竺。万历间，其酋好构兵，邻国丁机宜（Trenganu）、彭亨屡被其患，华人贩他国者，多就之，贸易时，或邀至其国"③。《东西洋考》亦有："我舟至止，都有常输，贸易只在舟中，无复铺舍"。④

顺塔，当即 Sunda 对音，为今印度尼西亚的雅加达。⑤《明史》"爪哇"条有记："其国一名莆家龙，又曰下港，曰顺塔。万历时，红毛番筑土库于大涧东，佛郎机筑于大涧西，岁岁互市。中国商旅亦往来不绝。其国有新村，最号饶富。中华及诸番商舶，辐辏其地，宝货填溢"⑥。根据顺塔位置，红毛所筑土库为咬留吧，佛郎机所筑土库为满剌加，这里的大涧应即巽他海峡。

猫律和加里仔蛮系阿齐回万丹途中二港。《顺风相送》中"阿齐回万丹"被分成三段航路，先收入猫律港，再由猫律经加里仔蛮而至万丹。猫律和加里仔蛮今日位置尚无人确定，根据"加里仔蛮回万丹"中"加里仔蛮开船，丙午四更到浮吕，有小屿四个"和"顺塔外峡"言"浮吕开船，壬子六更，又用单辰取奴沙剌山，中有一条大沙线"、"赤坎往旧港顺塔"载"览邦港口外有二个小屿，名曰奴沙牙。若近屿外打水八九托，离屿用乙辰、丁午三更见奴沙剌在帆铺边近，打水十四托"、"顺塔回赤坎"记"顺塔港口前去西北边使六更取石旦港

---

① 孙文范编著：《世界历史地名辞典》，吉林文史出版社 1990 年版，第 2 页。
② 郑鹤声、郑一钧：《郑和下西洋资料汇编：增编本（中册）》，海洋出版社 2005 年版，第 1164 页。
③ （清）张廷玉等：《明史》卷 325《柔佛传》。
④ （明）张燮：《东西洋考》卷 4。
⑤ 向达校注：《两种海道针经》，中华书局 2000 年版，第 259 页。
⑥ 《明史》卷 324，列传第二百十二《外国五》。

口。用甲寅针取奴沙刺山"等针路描述,二港应在苏门答剌岛西部和西南部。① 当时应为葡萄牙占领马六甲,阿拉伯商人经阿齐外过苏门答剌岛,再从揽邦、顺塔等进入太平洋,而后在爪哇一带贸易,故《顺风相送》中有大量关于爪哇附近港口的针路。据《东西洋考》记载:"古称旁劳海人畏龟龙(鳄鱼)。龟龙高四尺,四足,身负鳞甲,露长牙,遇人则啮,无不立死。山有黑虎,虎差小,或变人形,白昼入市,觉者擒杀之。今合佛朗机,足称三害云",过去马六甲"市道稍平,既为佛朗机所据,残破之,后售货渐少。而佛朗机遇华人酬酢,屡肆辀张,故贾船希往者。直谒苏门答剌必道经彼国。佛朗机见华人不肯驻,辄迎击于海门,掠其货以归。数年以来,波路断绝"。②

杜蛮,《西洋朝贡典录》中作杜板,《瀛涯胜览》中作赌斑,《东西洋考》中作猪蛮,《顺风相送》中有"杜蛮"、"猪蛮"两种写法③,反映了不同时代的不同写法,应为 Tuban、Toeban 对音,为今印度尼西亚爪哇岛之厨闽。④ 饶潼为杜蛮近邻,亦作饶洞,《皇明象胥录》苏吉丹条有记"国在山中,贾舶仅经其水溜,华人泊饶洞贸易。饶洞旷衍,以石为城,酋出入乘车御马,亦御黄犊,卤薄皆备,风俗大类下港"⑤。《东西洋考》亦载"彼民出诣饶洞,与华人贸易。华人所泊者,饶洞也。饶洞,原野平衍,以石为城","我舟到时,诸属国鳞次饶洞,以与华人贸易,虽在复邈,亦蕃盛之乡也。向就水中为市,比来贩者渐伙,乃渐筑铺舍"⑥。

池汶,又作迟闷,即吉里地闷,今帝汶,乃产檀香之地,"满山茂林,皆檀香树,无别产"⑦,"货用金银、铁器、瓷碗之属"⑧。《东西洋考》记:"市去城稍远,每贾舶至,王自出城外临之,妻子及姬侍皆从,防卫甚盛。日有输税,然税

---

① 向达校注:《两种海道针经》,中华书局 2000 年版,第 75、65、64 页。

② (明)张燮:《东西洋考》卷 4,"马六甲"条。

③ 向达校注:《两种海道针经·顺风相送》,中华书局 2000 年版,第 69—71 页。

④ 郑鹤声、郑一钧编:《郑和下西洋资料汇编:增补本(上册)》,海洋出版社 2005 年版,第 196 页。

⑤ (明)茅瑞徵:《皇明象胥录》,"苏吉丹"条,明崇祯刻本。

⑥ (明)张燮:《东西洋考》卷 4,"思吉港"条。

⑦ (明)杨一葵:《裔乘》,西南夷卷 7,"吉里地闷"条。

⑧ (清)查慎行:《罪惟录》,传三十六;慎懋赏:《海国广记》,"吉里地闷"条。

却不多。夷人砍伐檀香树，络绎而至，与商贸易。"①《皇明象胥录》亦言："商舶所聚，去城稍远。每舶至，王必出临之，侍卫颇盛。日输税，亦不柯索也。"②

诸葛擔篮，"一作朱葛达喇、朱葛礁喇（闻见录），即今印度尼西亚加里曼丹西坤甸（Pontianak）南之 Soekadana（苏加丹那）"③。另见于中国古籍者，还有"苏吉丹、斯吉丹、思吉港"等名。"为胡椒产地，且其蕴藏之矿产钻石，自昔即特富美。故十六世纪末叶，葡萄牙人古定诃提伊利地亚（Manael Godiuho de Ercdia）所作黄金半岛题本，其婆罗洲条亦云：'苏加丹那及罗淮者，乃婆罗洲南境之二沃流，产宝石甚富'"，"自赵宋以迄清初，皆与闽广有直接交通也"。④

淡目，"16 世纪初期，淡目是爪哇北岸最重要的伊斯兰教素丹国。……当时它拥有良好港口，……通过贸易致富……在拉登·特林卡纳统治时期（1521—1546），淡目素丹国的势力登峰造极，其势力西达万丹、井里汶，东至杜板、茉莉芬、泗水、帕苏鲁安（即岩望）、谏义甲、玛琅等地"⑤。

马神，又作文郎马神国，故地在今印度尼西亚加里曼丹岛南部马辰一带，16 世纪起中国商舶常到其地贸易。⑥《明史》有文郎马神国传，云："及通中国，渐用磁器，好市华人磁瓷画龙……地饶沙金，番人携货往市，击小铜鼓为号，货列地上，却立山中。人前视货，当意者置金货侧持去。"⑦《东西洋考》则更详细记录华人在当地贸易的情况："华人与夷女通，辄削其发，以女妻之，不听归也。女人蓄发，发苦短，见华人发许长，心慕之，问何以致此。或绐之曰，我生长中华，用华水沐之耳。夷女竞市船中水，欲以沐发，华人故靳之以为笑端焉"。⑧

① （明）张燮：《东西洋考》，中华书局 1981 年版，第 81 页。
② （明）茅瑞微：《皇明象胥录》卷 4，"吉里地闷"条。
③ 向达校注：《两种海道针经》，中华书局 2000 年版，第 267—268 页。
④ 大陆杂志社编辑委员会：《近代外国史研究论集》，大陆杂志社 1970 年版，第 336 页。
⑤ 《华侨华人百科全书·教育科技卷》编辑委员会：《华侨华人百科全书 社区民俗卷》，中国华侨出版社 2000 年版，第 70 页。
⑥ 朱杰勤、黄邦和：《中外关系史辞典》，湖北人民出版社 1992 年版，第 9 页。
⑦ （清）万斯同：《明史》卷 414，外番传，清抄本。
⑧ （明）张燮：《东西洋考》卷 4，"文郎马神"条。

高兜令银,亦作高堤里邻①,《天下郡国利病书》卷 93 中"堤"字作"提",即今加里曼丹岛南岸的哥打瓦林因(Kotawaringin)②。黄盛璋先生推断,"明代马辰往此地既有专门的针路,足证为中国商船经常往来贸易之地"③。

万丹,位于爪哇西端,16 世纪建立伊斯兰王国。1511 年,葡萄牙占领马六甲后,受排挤的印度、阿拉伯、波斯等国商人开始涌入该国经商,成为 16 世纪爪哇商业最发达的地区,成为当时华商云集之所。"据 1596 年 6 月到达万达的荷兰人侯德孟说:每到胡椒收获季节,在当地侨居的中国商人纷纷向农民收购,他们个个手提天枰前往各地农村腹地,先把胡椒的分量称好,而后经过考虑,付出农民应得的银钱,这样做好交易后,他们购得的胡椒两袋可按十万缗钱等于一个卡迪(Cathy)的价格卖出。在万丹,可以售出胡椒八袋或八袋以上,这些装去胡椒的中国船每年正月间,有八艘或十艘来航,每艘只能装载约五十吨。"④1614年到过万丹的英国舰队司令约翰·卡尔典认为,装运胡椒的中国船有 300 吨,他在日记中写道:"每年二月底,有中国帆船三、四、五只或六只来到万丹,带来了前述各种商品,这些帆船直到五月或六月底都停泊在万丹,这些船有三百吨位,可以装载万丹胡椒六、七、八千袋以上的巨量"⑤。

第二,在相同的港口,如柬埔寨、赤坎、暹罗港、吉兰丹、彭坊(亨)、满剌加、苎盘、遮里问、爪哇、旧港等,多了浯屿和广东出发的航路,体现当时漳州海口洋船贸易的繁荣的同时,也说明这些港口随着海外贸易的发展仍吸引着华商前往商贸。泰国暹罗湾海底挖掘的古沉船及船货就是其中一个例子,

　　自 1974 年起,泰国暹罗湾海底考古发现遗址 25 处,其中十四至十九世纪沉船有九艘。1.格达到 Ko Kradat 沉船遗址。船沉在深约五至八英尺的珊瑚礁上,已看不到船骸,仅余下船样,造船用木为东南亚及

---

①　黄盛璋:《中外交通与交流史研究》,安徽教育出版社 2002 年版,第 482 页。

②　姚楠、陈嘉荣、丘进:《七海扬帆》,中华书局(香港)有限公司 1990 年版,第 205 页。

③　黄盛璋:《明代后期船引之东南亚贸易港及其相关的中国商船、商侨诸研究》,《复印报刊资料　经济史》1993 年第 12 期。

④　林仁川:《明末清初私人海上贸易》,华东师范大学出版社 1987 年版,第 250 页。

⑤　[日]岩生成一:《下港(万丹)唐人街盛衰变迁考》,《南洋资料译丛》1957 年第 2 期。

非洲所有。所见多为本地瓷，亦见明代万历（1573—1611）年间瓷器。大概沉没于十六世纪。……5.搁世浅一号。沉于搁世浅岛西约三公里，深约 100 英尺，内有明万历年间的景德镇瓷，大量铅等，沉于十六世纪……7.搁世浅三号。此船沉于岛西北约 7 公里，深约 80 英尺，内载本地耐河窑瓷，船沉于十七世纪。8.海湾内沉船 Klang Ao Shipwreck 沉船地点为东经 100 度 59 分，北纬 11 度 37 分，南离色桃邑南面庄岛 Ko Chuang 约 55 海里，东距巴蜀府 70 海里。共得古物 10,760 件，百分之九十七是瓷器，其中 10,480 件是本地瓷，276 件越南瓷，4 件中国瓷。船长四十米，大概在十四世纪末沉于 220 英尺深海。9.苏梅沉船。船沉在苏梅岛与其南 Ko Taen 岛之间，深约 60—65 英尺处，有一沉船，内有中国瓷和本地瓷，船沉于十六世纪后半叶。①

　　第三，《顺风相送》在继承已有航路的基础上，新增了多条前往小西洋的针路，特别是增加了福建浯屿和广东出发的航线，如浯屿⇌诸葛擔篮、浯屿⇌杜蛮、饶潼、太武⇌彭坊、浯屿——→菩维、浯屿⇌大泥——→池汶、（浯屿）⇌爪哇、福建（浯屿）⇌柬埔寨、广东（南亭门）⇌磨六甲等，一定程度上反映了 16 世纪漳州海口的洋船贸易线路和规模。同时，中国商人还在小西洋各国间往返贩卖，多方兜售，如罗湾头⇌六甲、赤坎⇌旧港⇌顺塔、赤坎⇌彭亨、灵山大佛——→柬埔寨、赤坎——→柬埔寨、柬埔寨⇌大泥、柬埔寨⇌乌丁礁林、柬埔寨南港⇌笔架

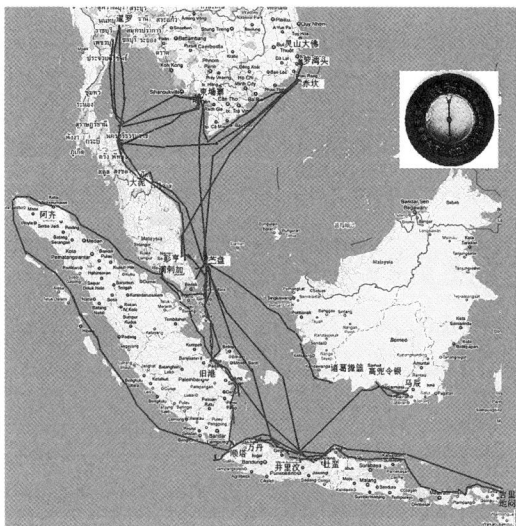

图 4-8

---

① ［泰］黎道纲：《泰国古代史地丛考》，中华书局 2000 年版，第 268—270 页。

——→彭坊西、柬埔寨⇌暹罗、暹罗⇌大泥⇌彭亨⇌磨六甲⇌阿齐、旧港⇌满刺加、旧港⇌杜蛮、苧盘⇌文莱、苧盘⇌丁机宜、苧盘⇌旧港——→顺塔、顺塔⇌遮里问⇌淡目、万丹——→池汶、万丹⇌马神、马神——→高兜令银等。因此，厦门大学杨国桢教授指出："闽船固定往来于今东南亚越南、柬埔寨、泰国、马来西亚、印尼港口，并以占城（罗弯头、赤坎）、柬埔寨、暹罗、彭亨（苧盘）、大泥、旧港、顺塔、万丹、马神为中转港，形成交叉的东南亚海域航路网络"①（见图4-8）。

第四，对于相同航线，在航路方面也出现了一些变化，下面以当时下南洋的交通要道"洋屿至昆仑山针路"为例进行说明。《郑和航海图》中此段针路为："洋屿用丙午针，五更，是灵山大佛，放彩船。丙午针，三更，取伽南貌。用丁午针，五更，船取罗湾头。用坤未针，五更，船取赤坎山。用坤未，十五更，船取昆仑山，外过。"②与此相关的航路在《顺风相送》多有提到，但却不尽相同，分别如下：

　　羊屿。用丙午针五更是灵山大佛，放彩船。丙午针三更取伽南貌。用丁午针五更取罗湾头。用坤未针五更船取赤坎山。船身开，恐犯玳瑁州；笼，恐犯玳瑁礁。用坤未十五更船取昆仑山外过。

　　羊屿。用丙午针七更船取灵山大佛。用单午针三更船取伽南貌。用丁午针五更取罗湾头。用坤未针五更船取赤坎。身开，恐犯玳瑁州；笼，恐犯玳瑁礁及玳瑁鸭。在山兜用单未十五更船取昆仑山。

　　羊屿。用丙午针五更船取灵山大佛。用单午针三更船取伽南貌山。用丁午针五更取罗湾头。用单坤及坤未针五更船取赤坎。用坤未针十五更船取昆仑山外过。

　　羊屿外过。用丁午针五更，船取灵山大佛，往回放彩船。用坤未针三更，船取伽南貌。用坤未五更，船取罗湾头。用坤未五更，船取赤坎山及鹤顶山。洋中有玳瑁州，大山边有老古石，名曰林郎浅。用坤未及

① 杨国桢：《闽在海中》，江西高校出版社1998年版，第57页。
② 海军海洋测绘研究所、大连海运学院航海史研究室编：《新编郑和航海图集》，人民交通出版社1988年版，第88页。

单未针十五更取昆仑。高大，在帆铺边来内过，打水十七八托，烂泥地，外过硬沙地。①

从中，我们即可以很明显看到《顺风相送》和《郑和航海图》间的继承关系，又发现在继承原有针路的基础，随着航海贸易活动的开展，在针位、山形水势注记等方面也有所改变、有所丰富。

（三）和《郑和航海图》相比，《顺风相送》中最大的变化就是增加了文莱以东的东洋航路，主要有太武⇌吕宋、吕宋⇌文莱、吕宋⇌松浦、浯屿⇌麻里吕、泉州——文莱、泉州——彭家施兰、泉州——杉木——浯屿、福建（太武）——琉球（那霸）——定海千户所、琉球（那霸）⇌日本（兵库港）等，形成了以太武和泉州为出发港，以吕宋和琉球为中转站，到达文莱、彭家施兰、杉木、麻里吕、琉球那霸和日本松浦、兵库港等东洋港口的航海贸易网络。

第一，《顺风相送》中，太武所出发航路遍及东西洋，但泉州出洋航路仅限东洋，自泉州所到港口有彭家施兰、杉木和文莱三地。

泉州出洋船只从长枝头出发。据中山大学东南亚历史研究所编之《中国古籍中有关菲律宾资料汇编》："长枝，亦作长枝头，是泉州港旧名"②。对此，李国宏先生有所考据，他认为此长枝即今石狮市祥芝港，其论据为：

> 祥芝古称"长箕"、"苌箕"，与闽南方言同音之故或称"长枝"，故《顺风相送》"长枝头"即"长箕头"（祥芝）。
>
> 《温陵刘氏宗谱》之《温陵东南名山及我刘坟墓经略》："祥芝山之北有湾曰长箕头，其形如箕，即《郡志》所称产铁者，今俱名曰祥芝澳……又按晋江先是石菌、庐湾至牛头屿，直抵于长箕头多有铁砂出铁，岁额钱五十五贯七十文，解送建宁府曰铁税钱。宋理宗宝庆三年（1227）立法禁具贩下海，迨我明悉罢坑冶钱，故祥芝铁炉之名至今传也。"

---

① 向达校注：《两种海道针经·顺风相送》，中华书局 2000 年版，第 55、54、53、51 页。
② 中山大学东南亚历史研究所编：《中国古籍中有关菲律宾资料汇编》，第 234 页注释五。

据元代延祐三年(1316)邱葵《芝山慈济宫记》称:"晋江之南有山曰祥芝,计《清源志》所谓芟箕是也。"①

结合现今祥芝为泉州湾口南岸凸出位置,这一推断似乎更为可信,即当时泉州湾一带海外贸易出洋港口。

彭家施兰即吕宋岛北部之 Pangasinan;杉木在今苏禄群岛一带,或即和乐(Jolo)岛的和乐港;文莱,又称渤泥,在加里曼丹岛北部,不但有泉州船直往,太武船只到吕宋后,亦有转贩其地者,是当时中国海商的一个贸易要地。"唐代,泉州与渤泥已有通贸。宋元两代,文莱到中国的朝贡船多泊泉州,贡使亦多取道泉州回国。在明代经台湾南下往菲律宾的航线开辟之前,文莱为泉舶往东、西洋航线的分界线和中途站,且成为泉州和东南亚贸易的集散区。南宋景定五年(1264),有泉州人蒲宗闵卒葬文莱,其长子蒲应继续侨居文莱。"②《东西洋考》对文莱有较详记载,言其为"东洋尽处,西洋所自起也",16 世纪初曾被佛朗机(西班牙)侵扰,但在奋起反抗后迫使佛朗机人转赴吕宋,"万历时,其王为闽人"③。其地贸易,"有大库、二库、大判、二判、称官等,酋主其事。船既难出港,宜密行,有时贸易未完,必先驾在港外"。④ 文莱地产龙脑等物,为华商交易之货,"脑树,出东洋文莱国,生深山中,老而中空,乃有脑,有脑则树无风自摇。入夜,脑行而上,瑟瑟有声,出枝叶间承露,日则藏根柢间,了不可得,盖神物也。夷人俟夜,静持革索就树底,巩束震撼自落"⑤,"贸易以布代银"⑥。

第二,自今漳州港口(太武、浯屿)出发的船只,主要到吕宋、麻里吕、琉球那霸港和日本松浦、兵库港等地进行贸易。

---

① 李国宏:《祥芝港在明代泉州海交史上的地位——兼释〈顺风相送〉"长枝"的地望》,《海交史研究》2001 年第 1 期,第 127—128 页。
② 泉州市地方志编纂委员会编:《泉州市志》,中国社会科学出版社 2000 年版,第 3282 页。
③ (清)阮元:《(道光)广东通志》卷 330,列传六十三,清道光二年刻本。
④ (明)张燮:《东西洋考》卷 5 东洋列国考,文莱。
⑤ (明)周嘉胄:《香乘》卷 25,文渊阁四库全书本。
⑥ 《清通典》卷 98《边防》,"文莱条",文渊阁四库全书本。

吕宋和麻里吕，均为今菲律宾群岛一带，乃 16、17 世纪华商海外贸易最重之处。1. 前往当地的中国商船数量多。按照明万历二十一年（1593）许孚远在《海禁条约行分守漳南道》中的记载，当时经由官府准许，颁给船引前往菲律宾一带的中国漳州商船为 44 艘，具体如下："吕宋，一六只；臣月、沙瑶、玳瑁、宿雾、文莱、南旺、大港、内毕华，各二只；磨荖英、笔架山、密雁、中邦、以宁、麻里吕、米六合、高药、武运、福河仑、岸塘、吕蓬，各一只"①。而据学者统计，"在十六世纪末至十七世纪中叶（1579—1643）的贸易鼎盛期内，中国商船每年入马尼拉港的数量多在 25 艘上下波动，计算结果表明每年平均有 27.5 艘商船赴马尼拉贸易"，而自 1570—1760 年进入马尼拉港的中国商船数至少达到 3097 艘，其中从中国大陆方向来的商船数为 2896 艘。② 2. 自吕宋运回的白银数目多。对大三角贸易中流入中国的美洲白银数，前贤多有估算。如：彭信威根据《菲岛史料》中西班牙官吏写给西班牙国王的信件，认为自隆庆五年（1571）马尼拉开港以来，到明末为止那七八十年间，经由菲律宾而流入中国的美洲白银，可能在六千万比索以上，约合四千多万库平两；③梁方仲认为，自明万历元年（1573）起至崇祯十七年（1644）止的七十一年间，应有二千一百三十万比索流入中国；④王士鹤根据《菲岛史料》的十三条史料，从船只数量和贸易额入手，将每艘船的平均贸易额定为 3 万比索左右，并估计白银运载量占贸易额的 80%，认为 1571—1644 年的 74 年间，共约 5300 万比索的白银流入中国。⑤ 但上述诸说均有偏低之嫌，彭信威、梁方仲所据以推测的史料太少，王士鹤所据史料不完整，钱江先生认为 1570—1760 年流入中国的美洲白银数量共约二亿四千三百三十七万

---

① 傅衣凌：《明清时代的商人与商业资本》，中华书局 2007 年版。

② 钱江：《1570—1760 中国和吕宋的贸易》，厦门大学 1985 年硕士学位论文，第 17—33 页。

③ 彭信威：《中国货币史》，上海人民出版社 1965 年修订版，第 710 页。

④ 梁方仲：《明代国际贸易与银的输出入》，《中国近代经济史研究集刊》1939 年第 2 期，第 316—317 页。

⑤ 王士鹤：《明代后期中国——马尼拉——墨西哥贸易的发展》，载黄盛璋、王士鹤、钮仲勋：《地理集刊第 7 号 历史地理学》，科学出版社 1964 年版，第 35—38 页。

二千比索,折合为一亿七千五百二十二万七千八百四十库平两,年平均流入九十一万七千四百二十三库平两。① 3.移居吕宋的华人人口多。明时,福建巡抚许孚远称"在吕宋者,尤多漳人,以彼为市,父兄久住,子弟往返,见留吕宋者,盖不下数千人"。② 对于移居吕宋的华人人数,可以从被西班牙殖民者屠杀的华人中得到大概数目。1603 年,西班牙殖民者第一次对华商举起屠刀,对于受害人人数,《明史》说是两万五千人,福建巡抚致阿库那的信件说是三万多人。当时某些西班牙强盗估计为两万三千人,但亦有些西班牙人认为被杀的华侨人数不止此数,因为此数目是西班牙官员惧怕他们违反皇家禁令、允许如此多华侨入境之事暴露的情况下得出的。因此,当时被害华侨总数决不在三万以下。③ 然至 1622 年,马尼拉华侨又达 22000 人,连同分散群岛各地居住的,菲律宾华侨总数达到了30000 多人。④

琉球,为明清属国。明朝实行朝贡贸易之时,琉球向以受明廷册封为荣,琉球国王平均每两年至三年向中国朝廷进贡一次。于是在明朝廷实行海禁政策时,"琉球因在朝贡体制下,受到明廷的优遇,而又与寄生于此体制基底的海外华人的交易网络衔接,利用其地理位置,成为东海与南海的桥梁纽带,作为明帝国与藩国的中间者,中国、东南亚间,中国、日本、朝鲜间的国际商品流通之需给关系获得平衡。于是琉球—中国福建、琉球—东南亚诸国、琉球—博多—对马—朝鲜、琉球—堺等许多交易路线,以那霸为环节连接,琉球于十五世纪成为东亚海域交易圈的主角……"⑤

当时日本属明朝廷禁贸之国,因此,《顺风相送》中所记前往日本之航

① 钱江:《1570—1760 中国和吕宋的贸易》,厦门大学 1985 年硕士学位论文,第92 页。

② (明)许孚远:《疏通海禁疏》,《明经世文编》卷 400,明崇祯平露堂刻本。

③ 冯克诚、田晓娜主编:《世界通史全编》(上、中、下册),青海人民出版社 1998 年版,第 849—851 页。

④ 金应熙:《金应熙史学论文集世界史卷》,广东人民出版社 2006 年版,第145 页。

⑤ 曹永和:《琉球的朝贡贸易与东亚海域交易圈》,载《第五届中琉历史关系学术会议论文集》,福建教育出版社 1996 年版,第 872 页。

路均为转口航行,一为琉球那霸至日本兵库,一为吕宋至松浦。松浦,"即平户津,土名鱼鳞岛。港内水急,中有一小员屿,须当水平进"①,自古以来就是日本遣使出发地和对中国贸易的港口,"1550 年为日本向葡萄牙、荷兰和英国开放的第一个贸易港口,1636 年其地位被长崎取代"②。众多中国海商寓居的松浦,不仅是明嘉靖年间王直在日本的根据地,也是李旦在海外活动的重要基地。李旦,泉州人,在 16 世纪末到 17 世纪初的时候曾是马尼拉华人社区的首领③,属于远东水域与西班牙人贸易的众多亦商亦盗的华人海商。其后因与西班牙人在贸易方面发生严重争执,被迫离开马尼拉,定居于当时国际贸易的重要据点平户,并开始成为一伙海上冒险者的首领。④ 当第一批英国人于 1613 年到达平户岛时,李旦已是当地华人社区的领袖,与当地权势松浦大名有互相关照得益的私人友情,与长崎的奉行(bugyo)长谷川权六郎守直有很深的交情。同时,平户还是郑芝龙的发迹地,郑成功的出生地。

综上,在《郑和航海图》的基础上,到 16 世纪左右,随着葡萄牙等西方殖民者的东来,我国海商缩小了在苏门答剌以西的活动范围,仅以古里等几个重要贸易大港为中心,进行转口贸易。但同时,由于隆庆开放贩贸东西洋,中国海商开辟了众多由浯屿等地前往东西洋的航路:第一,继续在占城、柬埔寨、暹罗、大泥、彭亨、满剌加、阿齐、顺塔等传统小西洋贸易区域进行商贸活动;第二,随着葡萄牙对满剌加的占领,开发了自苏门答剌南面经巽他海峡进入万丹、新村、吉利地闷、马辰、马军等地的新航线和贸易区域;第三,在西班牙占领吕宋后,在美洲白银的吸引下,闽粤商人或从泉州直接南下寻找吕蓬山泊文莱,或从浯屿洋取吕宋岛北部,而后沿山而下进入马尼拉,活跃在以吕宋为中转站的菲律宾群岛周围,并经吕宋到达日本平户津等地,形成一个崭新的海洋贸易网络。

---

① 向达校注:《两种海道针经·顺风相送》,中华书局 2000 年版,第 92 页。
② 孙文范编著:《世界历史地名词典》,吉林文史出版社 1990 年版,第 94 页。
③ E.H.Blair,J.A.Robertson,*The Philippine Islands*,1493—1898,55 卷本,p.197.
④ ［日］呼子重义:《海贼松浦党》,东京,1965 年,第 229—232 页。

第三节　《指南正法》与17世纪航海贸易

《指南正法》主要反映了17世纪时中国海商的活动范围,为更好了解17世纪中国航海贸易的变化情况,将《指南正法》和《顺风相送》进行比较,剖析二者在港口、航路不同的背后所体现的海洋贸易变迁内容。总体而言,《指南正法》中没有满剌加以西的港口和航路记录,却增加了大量对中国沿海港澳和东洋山形水势的描绘,形成连接柬埔寨、暹罗等传统贸易区域,往来咬留吧、双口和长岐的东南洋贸易网络。

一、《指南正法》与《顺风相送》比较

(一)在山形水势描述方面,《指南正法》中增加了大量中国沿海和东洋区域山形水势的内容。

第一,对比《顺风相送》中"各处州府山形水势深浅泥沙地礁石之图"[1]和《指南正法》中"大明唐山并东西二洋山屿水势"[2],有以下几个变化:1."大明唐山并东西二洋山屿水势"增加了自太仓刘家澳至定海千户所部分,凡经宝山、茶山、滩山五屿、碟碗山、庙洲门、崎头山、孝顺洋、乱礁洋、九山、坛头山、东箕山、贵谷山、披山、东福山、东落山、南纪山、金乡大澳、东桑山、呼应山等岛屿。2.减少了新加坡附近岛屿,如苧盘山、东西竹等,及马六甲海峡以西部分的山形水势内容。3.自福州五虎门至暹罗部分,在"大明唐山并东西二洋山屿水势"中增加了对惠州山门和柬埔寨附近岛屿的描述,分别为"表山"、"甲子所"、"田尾"和"鹤顶山"、"假任山"、"外任山"、"毛蟹州"、"玳瑁州"、"玳瑁鸭"等。

第二,对比《顺风相送》和《指南正法》中其他有关山形水势的描述,《顺风相送》中除各处州府山形水势描述外,还有"灵山往爪哇山形水势法图"、

---

①　向达校注:《两种海道针经·顺风相送》,中华书局2000年版,第31—40页。

②　向达校注:《两种海道针经·指南正法》,中华书局2000年版,第114—121页。

"爪哇回灵山来路"、"新村爪哇至满剌加山形水势之图"、"彭坑山形水势之图"等小西洋区域海洋岛屿地理的记录，而《指南正法》中则增加了大担经台湾至马尼拉的"东洋山形水势"、"泉州往邦仔系兰山形水势"、红面大山至绍舞的"（吕宋）往纲巾礁荖膏"、吕帆红面山至渤黎的"（吕宋）往文莱山形水势"、磁头至尽山的"敲东山形水势"、料罗至北寮海的"北太武往广东山形水势"、赤安庙至白鸽门的"广东宁登洋往高州山形水势"等中国沿海和菲律宾群岛的岛屿地理内容。

（二）在针路方面，《指南正法》在继承数条小西洋航路的基础上，主要介绍往来咬留吧、双口（马尼拉）和长崎三地的航路。

第一，在小西洋海域。《指南正法》保留了太武（浯屿）至大泥、彭亨、麻六甲等地的针路，如"太武往大泥针路"、"大泥回浯屿"、"浯屿往麻六甲针路"、"麻六甲回浯屿针路"、"太武往彭亨"、"彭亨回太武针"。但在继承的同时又有所变化，如太武往返大泥针路，《指南正法》在"太武往大泥针路"中多了"或见糙可用庚申针来见大泥。大泥身西内马交大山是屈头陇，陇上去西北是宋居唠，宋居唠是是六坤"的记录，在"大泥回浯屿"时，简化了外罗至太武间的航路，《顺风相送》本为外罗山"用单丑六更船、二十更船，取独猪山。用单艮针五更船取铜鼓山。用丑艮及丑癸针二十更船取东姜山及南亭门。用艮寅针七更船到大星尖。用艮寅针十五更船到南澳。七更船见浯屿。外罗开船，或直使用单丑针十更，用丑艮针三十二更取南亭门。或照古使用丑癸针二十更船平独猪山。用丑艮二十更船平弓鞋屿。用艮寅针二十二更船平南澳外坪山。用艮寅七更船平太武为妙"，《指南正法》本为"（外罗）用丑少艮（单丑及丑艮）四十六更取南亭门。用艮寅二十更取南澳。用艮寅七更取太武收入厦门为妙"。[1]同时，在贸易中心方面，随着荷兰殖民者的东来，形成了以咬留吧为中心的转口贸易网络，如"浯屿往咬留吧"、"咬留吧往暹罗针"、"咬留吧回长崎日清"、"长崎往咬留吧日清"、"咬留吧往台湾日清"、"太武往咬留吧针"、"咬留吧回太武针路"、"咬留吧回唐"。

---

[1]　向达校注：《两种海道针经》，中华书局 2000 年版，第 191、54 页。

第二,在吕宋方向。《指南正法》补充了《顺风相送》中往来菲律宾群岛周围针路的山形水势图,并增加了与纲巾礁莙膏之间的描述,贸易范围有所扩大,形成了以双口为中心的转口贸易网络。不但有"大担往双口"、"双口往返恶党"、"双口往返宿雾"、"往纲巾礁莙万老膏"山形水势、"往文莱山形水势"、"浯屿往双返口"、"双口往返长崎"等针路,而且贯通东西洋,开创了双口往返柬埔寨的航路:

> "二月初七双口开船,东南风,用单辛三更。北风,用单酉及单辛六更。又东风,用单酉四更。北风,单酉五更。初十上午用单庚七更。十二日,用单坤七更。夜,单庚七更。取外任进港";"五月十四日,出浅,用单卯四更。十五日,见东洞、西洞及到毛中央过,单乙五更。十六日,用单卯五更,又用单卯五更。十七日,甲卯五更,夜用甲卯五更。十八日,甲卯二更,夜无风。十九日,念(廿)三日东北风,至(廿)四日南风,用乙卯四更,夜东北风。至三十日,俱无风,到文武楼收入港为妙。"①

第三,在日本方向,出现了大量往返长崎的针路,形成以长崎为中心的海洋贸易网络。不仅有"宁波往返日本"、"温州往日本针路"、"日本回宁波针路"、"凤尾往长歧"、"普陀往长歧"、"沙埕往长歧"、"尽山往长歧"、"九山往长歧"、"广东往长歧"、"厦门往长歧"等针路,还连接东西洋,出现了暹罗与日本间的直航路线:

> 暹罗"出浅,用单庚取望高西,打水七八托。用单巳三更取乌头浅,外过。单巳五更取陈公屿。丙午五更取笔架。巽巳及单巳二十五更取小横门,中有沉礁,南边过。用辰巽及乙辰十五更取真糍外过,远看三个门,南边有一小屿,东北尾低西边高,有树木,即是假糍,远看成三个门。开,用甲寅,陇,用甲卯。十一更取大昆仑。西有弓鞋石礁赤

色。用癸丑十五更取赤坎。丑癸五更取罗湾头，丑癸五更取伽南貌。单子三更取灵山大佛。壬子五更取羊角屿及交杯。壬子七更取外罗。用单丑五更、丑艮十六更取独猪。丑艮五更取铜鼓山。丑艮二十更取弓鞋。艮寅二十二更取南澳坪外。艮寅七更取太武。艮寅七更取乌坵。艮寅十更取圭笼。单□二十五更见流界，用艮寅二十一更取天堂外过。壬子十更收入竹篱屿，妙也"。①

二、《指南正法》与 17 世纪航海贸易

通过与《顺风相送》的比较，我们知道，17 世纪时，中国海商在传统海洋贸易区域（小西洋）的基础上，在国内往返浙闽粤，在国外驰骋东西洋，国内逐渐形成了大厦门湾贸易中心，国外形成咬留吧、双口、长崎等三个贸易基地。

（一）大厦门湾贸易中心

《指南正法》中国内沿海航路主要为"敲东山形水势"、"北太武往广东山形水势"、"广东宁登洋往高州山形水势"和福建沿海往澎湖并台湾的航路，其中除"广东宁登洋往高州山形水势"没有直接关联外，皆有大厦门湾的影子。

第一，敲东山形水势。此山形水势图以磁头为起点，历经深沪、永宁、獭窟、崇武、大柞牛内、湄州蚝壳埕、浮禧所、平海所、青山泥沪、野马门、东门屿门扇后、万安所、海陈山、若屿门、南日、东甲、牛屿、白犬、东沙、官唐、下塘、朱澳、镇海所、黄崎、北加、大西洋、小西洋、东澳、盉山、芙蓉山、罗湖、霜山、三沙五澳、沙埕台山、北关澳、金乡大澳、南杞、北杞、三盘、大鹿小鹿、披山、石塘钓邦、东西基、凤尾山、海洋、伏头山、南田、临门坎头山、九山积榖、南窖、北窖、舟山、普陀、北乌丘、蝴光、羊山而至尽山，所经洋面越浙闽二省而到江苏界。其中，磁头即围头，为郑氏经营海上力量据点之一，而其中所过沙埕、凤尾、普陀及终点尽山，都有直接贩贸的航线。

---

① 向达校注：《两种海道针经·指南正法》，中华书局 2000 年版，第 175 页。

磁头即围头,属大厦门湾东海域安海界,为南安县东南部、晋江县西南部石井江流域的出海口,其周边岛屿有金门、大嶝、小嶝等岛屿(见图4-9)。厦门大学杨国桢教授曾明确指出:"围头湾周边的岛屿是同安县的浯州岛(金门)和大嶝、小嶝,南安县的圭屿,晋江县的白洋等。石井江内的安平在宋元时代是泉州湾港区的附属港口。隆庆元年(1567),明朝确立局部开放商民从事海外贸易的东西洋贸易制度,漳州海澄成为海商赴东西洋贸易合法口岸后,安平又成了漳州港区的附属港口。围头湾的泉州洋船、海商享受与九龙江口漳州洋船、海商同等的申领船引出海贸易权利。"[1]

围头湾向有贩贸外番的传统。宋人真德秀在《真西山文集》有记:"围头去永宁五十里,视诸湾澳为大。往来舟船可以久泊。访之土人,贼船到此多与居民交通,因而为盗。况自南洋海盗入州界,烈屿首为控扼之所,围头次之。"[2]明时黄堪《海患呈》亦云:嘉靖二十六年

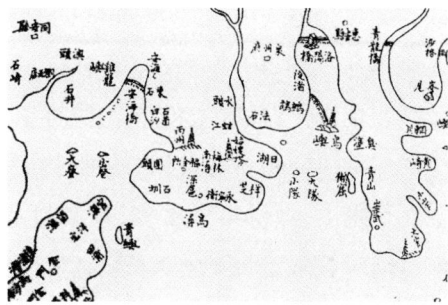

图 4-9　围头附近海域

(1547)"三月内,有日本夷船十数只……直来围头、白沙等澳湾泊……各处逐利商民,云集于市……络绎海沙,逐成市肆"。明末御倭名将胡宗宪于福洋要害论中称:"围头峻上乃番船停留避风之门户也。"[3]17世纪时郑芝龙沿海活动基地也在围头安海一带,崇祯元年(1628),"郑芝龙受抚后,在安海桥西铺营建豪华府第,并开凿西河沟,小船直通府第。安海即成为郑芝龙拥兵自守的军事据点和海上贸易基地"[4]。郑成功也在此屯兵抗清,顺治十三年

①　杨国桢:《籍贯分群还是海域分群——虚构的明末泉州三邑帮海商》,《闽南文化研究》上册,海峡文艺出版社2004年版。

②　(宋)真德秀:《西山文集》,《西山先生真文忠公文集》卷8,四部丛刊景旧明正德刊本。

③　(明)胡宗宪:《福洋要害论》,载(明)陈子龙:《明经世文编》卷267,明崇祯平露堂刻本。

④　陈健倩、蔡长安主编:《晋江市志(简本)》,方志出版社2001年版,第402页。

(1656)四月,清军由泉州港出发,郑成功将主力部署于围头附近迎战。①

沙埕,为闽浙洋面分界之处。如《闽粤巡视纪略》云:"福宁州城至于浙江交界之沙埕止为福宁州边","沙埕,北邻浙省之蒲门所,澳内可泊南北风船三百余。浙省商贾于此鳞集互易"。②《海防纂要》亦载,"照闽船不入浙,浙船不入闽,俱限温福分界沙埕地方换船","凡福建浙江海船装运货物往来俱着沙埕地方更换,如有违者,船货尽行入官"。③《指南正法》有载沙埕往长歧针路:"开船南风,用甲寅四更离山、单寅七更、艮寅二十二更、单寅八更,见里甚马南过,艮寅七更收入妙也"。④ 此地曾是郑成功与内地私商交通接济的重要基地,有一批牙人进行专门经营。《严禁通海敕谕》有载:"近闻海逆郑成功下洪姓贼徒身附逆贼,于福建沙城等处滨海地方,立有贸易生理,内地商民作奸射利,与常互市"。⑤

普陀,向与日本往来密切,明时日本贡路即过普陀由宁波上陆。清康熙二十三年(1684)弛海禁后,鼓励对外贸易,其中凡往日本之商船,大都先停泊在普陀山,做佛事求平安,候顺风通长崎。日本元禄元年(康熙二十七年,1687)曾限定每年驶入长崎商船为70艘,其中春船20艘,分别为南京5艘、宁波7艘、普陀山2艘、福州6艘。⑥ 凤尾,在定海南,急水门东,也有往日本之航路。据《指南正法》载,普陀往长崎针路为:"放洋南风,用甲寅十更、单寅十更、单寅三更,见里甚马,艮寅七更收入妙也",凤尾往长崎针路为:"出港西南风,用甲寅五更、单寅六更、艮寅二更、艮寅十八更、单寅八更见里甚马,甲寅七更收入港甚妙"。⑦

尽山,就是今天嵊泗列岛东端的陈钱山,⑧乃与日本往来之一重要岛

① 《中国军事史》编写组编:《中国军事史第五卷兵家》,解放军出版社1990年版,第707页。
② (清)杜臻:《闽粤巡视纪略》卷下,清康熙三十八年刻本。
③ (明)王在晋:《海防纂要》卷8、卷12,明万历刻本。
④ 向达校注:《两种海道针经·指南正法》,中华书局2000年版,第176页。
⑤ 《严禁通海敕谕》,载《明清史料》丁编,第3本。
⑥ 王连胜:《普陀洛迦山志》,上海古籍出版社1999年版,第293页。
⑦ 向达校注:《两种海道针经·指南正法》,中华书局2000年版,第175页。
⑧ 章巽:《古航海图考释》,海洋出版社1980年版,第54页。

屿。《全浙兵制》有记:"浙直外洋有陈钱山者,与日本正对,只用单艮针,不数日可达彼地"①,《登坛必究》亦曰:"倭寇之来,每自彼国开洋,必经抵陈钱山歇潮、候风、集艘、分犯"②。《指南正法》中,尽山往长崎针路为:"开船北风,用单寅十五更,艮寅九更,取五岛,单寅五更收入港可也"③。

第二,北太武往广东山形水势。此形势图起于料罗,经角屿门、金山澳、金门、烈屿、大担小担、曾家澳、浯屿、镇海、大景、陆鳌、洲门、杏里、古雷、苏尖、铜山、宫仔前、玄钟、鸡母坻、南澳、表头、赤澳、神前澳、甲子、田尾、白沙湖、遮浪头、龟龙莱屿、大星、登梁大山、福建头、樑头门、赤安庙、虎跳门而至北寮海。其中,赤安庙,为"广东宁登洋往高州山形水势"始发港。

料罗,自金门镇西南角海岸"曲折向东北偏东五里而成料罗澳",④与角屿门、金山澳、金门、烈屿、大担、小担、曾家澳、浯屿及镇海等同属大厦门湾西海域(见

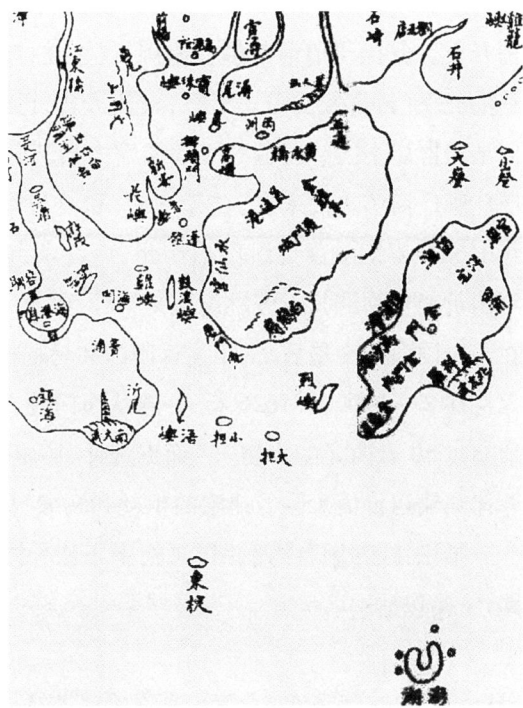

图 4-10　大厦门湾西海域

图 4-10),向为海上航行重地。《清白堂稿》载:"料罗为浯洲(金门)外海,而贼所维舟登岸之所"⑤。1661 年,郑成功就是率军从金门料罗出发,横渡

---

① (明)侯继高:《全浙兵制》第一卷,全浙海图总说,旧抄本。
② (明)王鸣鹤:《登坛必究》卷 10,论会哨,清刻本。
③ 向达校注:《两种海道针经·指南正法》,中华书局 2000 年版,第 176 页。
④ (清)杞庐主人:《时务通考》卷 2 地舆二,清光绪二十三年点石斋石印本。
⑤ (明)蔡献臣:《清白堂稿》卷 10,明崇祯刻本。

台湾海峡,于鹿耳门登陆,击败荷兰侵略者。据《靖海志》记载:"三月初一日,祭江……游击洪暄引港各船,俱驾到料罗湾听令开驾。二十二日午时,成功自料罗放洋。二十四日各船齐到澎湖,分各屿驻扎,成功扎营内屿。"①

北寮海,据虎跳门位置,应在香山县濠镜澳内广州外海。虎跳门,在香山县南,自葡萄牙租借澳门后,成为中西方交易中心。光绪《香山县志》有记:"(万历)二十六年(1598)八月初五,吕宋(西班牙)径抵濠镜澳住舶,索请开贡。督抚司道谓其越境违例,议逐之,澳蕃亦谨守,澳门不得入。九月移泊虎跳门,言候丈量。十月,又使人言,已至甲子门,舟破趋还,遂就虎跳门结屋群居不去。海道副使章邦翰饬兵焚其聚落,次年九月始还东洋。或曰此闽广商诱之使来也","崇祯中,和兰与香山佛郎机通好,私贸外洋。十年(1637)驾四舶由虎跳门泊广州,声言求市"。②康熙二十三年,曾议"暹罗国贡船货物准其于虎跳门贸易"③。而至17世纪二三十年代,葡萄牙人在与中国商人交易后,常年往返澳门和马尼拉之间,每年开往马尼拉的商船保持在2—6艘。④1626年,一艘从澳门驶向马尼拉的葡萄牙商船,运载价值超过50万西元的货物。⑤而据统计,1619年至1631年,葡萄牙人每年向菲律宾输送价值150万比索的生丝和绸缎。⑥

第三,往澎湖台湾航路。《指南正法》中记载大量前往澎湖、台湾的针路,主要包括:

> 乌坵离一更开,用单午七更取西屿头(属澎湖列岛,在澎湖西)起。
>
> 船在南乌坵外过,离有半更,船远丑癸风,用单午取西屿头。
>
> 湄州用单丙取西屿头。或用单丙及丙午亦可。或见猫屿西南并丁

---

① (清)彭孙贻:《靖海志》卷3,清抄本。

② (清)陈澧:《(光绪)香山县志》卷22,清光绪刻本。

③ 《清文献通考》卷33,市籴考,文渊阁四库全书本。

④ 全汉昇:《明季中国与菲律宾的贸易》,《中国经济史论丛》,稻禾出版社1996年版,第430页。

⑤ 全汉昇:《自明季至清中叶西属美洲的中国丝货贸易》,《中国经济史论丛》,稻禾出版社1996年版,第460—461页。

⑥ 沙丁、杨典求:《中国和拉丁美洲的早期贸易》,《历史研究》1984年第4期。

未凤用辰巽及单辰取台湾港口。

坩里(在澎湖)取台湾港口。若流水退全可用单巽取大港。若是一退二涨,可用单巽,取柑桔内过。若水涨可用巽巳丙转变取港口。若看王城在甲寅上杠缭无防。若见王城在甲上,可用单甲驶陇收港口。若见王城在卯上,不可杠缭,恐犯线。

南澳看在辛戌位南方并西南风,用单乙十一更,用乙卯四更半,甲半更取茄茗线抛碇。若见南澳坪开,南风用乙辰四更、单卯五更,见猫屿一点。又南澳坪开,南风用乙卯七更、单卯三更、单甲半更取猪屿南过。离一大更开,或大星枕外过近,南风并西南风,用甲卯二十更半,用单卯五更,取茄茗湾线北。

乌坵陇用单午及丙转变,八更取澎湖。

平海(湄洲岛北)开船,用单丙二更、丙午六更取澎湖。

湄州开驾,用单丙三更、丙午五更取澎湖。

祥之开船,用丙午七更取澎湖。

大担开船,用单乙七更取西屿头,北风及东北用此针。

崇武用单午三更半、丙午二更、丙巳一更半取澎湖,水一涨一退。

乌坵用单午七更、单丁一更,水二涨一退,船在澎湖北过。

寮罗东北风用单乙及乙辰七更取西屿头,大船用此针。

澎湖坩里北风用单巽取台湾港口。

乌坵往彭湖:放船,单午八更取澎湖,如高山系是桔根屿(在澎湖北),有大鸟仔红脚蓑大叶多见,或系多见海圭母白头蓑是虎尾,此行正路。用单午取西屿头,防水涨可贪丁。崇武往澎湖七更,驶丙午取西屿头。或水涨可贪午。

料罗往彭湖:放船,单辰七更取西屿头,收入妈宫。单巽五更取筊茗湾线外入港是东都(郑成功驱逐荷兰人后所建,今台南市)。菜屿南风用乙辰、单乙八更取西屿头。南澳南风用乙辰十五更取西屿头。[1]

---

[1]　向达校注:《两种海道针经》,中华书局 2000 年版,第 133—134、177 页。

此等针路虽有重复之处，但主要说明了乌坵、湄州、祥之、崇武、料罗和南澳等地前往澎湖、台湾的情况，针路之多、范围之广也反映了当时台海贸易的发达。在大厦门湾区域更是当时贸易的中心。

早在荷兰人东来，侵入澎湖、退占台湾时，就持续有大厦门湾内海商与其往来交易。

此一时期的闽台贸易，多见荷兰人所记的档案资料，同安人许心素与荷兰人贸易就是其中一个案例。

许心素，据曹履泰记载："许心素……目下招兵自卫，窟穴甚固，激之仍还本来面目耳"；今素与杨禄等，俱在充龙地方同室而居，"顷于十五日设酒在家，款待我珍等百余人，先将家属搬下我珍之船，一龙领贼数百，从陆至沈宅地方，攻打石兜土堡，有八十余贼随龙逾堡直入矣"，沈宅在充龙村旁，可推知其为充龙人氏。① 充龙，一直有贸易台湾等地的传统，曾跟随沈有容将军于 1602 年到过台湾的陈第在他的《东番记》中就指出："充龙、烈屿诸澳，往往译其语，与贸易；以玛瑙、磁器、布、盐、铜簪环之类，易其鹿脯皮角"②。

许心素乃久经海涛之人，与当时海上巨商李旦有兄弟般的情谊，因此，在官府希望李旦劝退倭人时，扣押许心素的儿子，让许心素给李旦传话。"泉州人李旦，久在倭用事。旦所亲许心素今在系，诚质心素子，使心素往谕旦立功赎罪，旦为我用，夷势孤，可图也。臣初不敢信，因进巡海道参政孙国祯再四商确，不宜执书生之见，掣阃外之肘，遂听其所为。而倭船果稍稍引去，寇盗皆鸟散，夷子立寡援。及大兵甫临，弃城遁矣"③。

1624 年，荷兰人退到台湾后，许心素取得了荷兰人的信任，在荷兰人急需中国生丝等物品的情况下，获得荷兰人预付购买资金的待遇。荷兰人在 1624 年时曾写道：我们"冒险预付给一名中国商贾约 40,000 里耳，但我们

---

① （明）曹履泰：《靖海纪略》卷 3；另见杨国桢：《郑成功与明末海洋社会权利的整合》，《中国近代文化的解构与重建[郑成功、刘铭传]——第五届中国近代文化问题学术研讨会论文集》，政治大学文学院，2003 年 4 月。

② 沈有容辑：《闽海赠言》，台湾文献丛刊第 56 种，台湾银行经济研究室 1959 年版，第 26—27 页。

③ 《明熹宗实录》卷 50。

信得过他,因为该人在此之前已为我们购到 250 担丝(当时也是预付给他)。如果我们没有这样做,恐怕不会获得这么多的丝货,因为普通商人运送到大员的货物仍无明显增长"。这里为荷兰人所信任的中国商人指的就是许心素,这在其后许心素与荷兰人的贸易中也得到引证。1625 年初,荷兰人写道:"因风暴而迟迟未到,致使许心素的帆船被迫在漳州湾滞留 3 个月,此时我们已将资金预付给他"。到 1625 年 2 月,许心素用一艘帆船给荷兰人运去生丝 200 担。而后又在得到荷兰人预付资金后,一次性给荷兰人运去 250 担生丝。作为报酬,他又得到荷兰人 40000 两的定金。并且,许心素与荷兰人的贸易也得到地方官府的准许。据许心素对荷兰人所说:"中国官府还没有正式传达消息允许荷兰人在大员自由贸易,所以商人没有许可证前往大员,时常受到中国官人的敲诈",而他自己"已为其部署办妥都督的许可证,故而能与我们通商,不然岂敢贸然行事"。①

1626 年,许心素当上了水师把总,统领刚招抚的杨禄等海盗及其手下,"日所禀许心素,今已见用于俞总兵矣"。② 几乎以承包形式包揽了荷兰东印度公司与中国的全部生意,垄断了中国与荷兰人的贸易,这在荷兰人的书信报告中多有述及:

> "中国人许心素独揽中国与公司的贸易,似乎别人无法获得许可,结果他一人几乎以承包形式包揽全部与公司的生意。但为返荷船只订货极慢,有时甚至比商定的一个月或 6 个礼拜要拖后三个月,结果使我们的人无法估计资金支付后何时能够得到供货。这种拖延已经对我们造成不利影响,往日本运送的丝绸也只能比原计划减少 200—300 担"。

> "中国人对与我们的贸易管制极严,除许心素和其他获特许的人之外,不许任何人与我们贸易。结果使我们被迫出高价购入丝绸,而且不易得到给养。如往常一样,我们的预付给许心素用于购买 200—300

① 程绍刚译注:《荷兰人在福尔摩莎》,台北联经出版公司 2000 年版,第 51、59、60、61 页。

② (明)曹履泰:《靖海纪略》,台湾文献丛刊第 33 种,卷之一,上周际五道尊,台湾银行经济研究室 1959 年版。

担生丝的资金。他所提供的丝绸均定价为 142 两一担"。

"德·韦特巳出发前往中国,在那里为丝绸供货付给许心素 50000 里耳现金,但 50000 里耳转到许心素的帐上之后,却(因海口挡道)未得到任何货物"。

"许心素所欠债务预计 10986.5 里耳。纳茨先生称,其中 31783.5 里耳由其他私商提供丝绸补偿,而今他们则要求付款,目的是鼓励他们将来运去更多的丝;如果公司寓意制服,那么许心素所欠公司款项达 50870 里耳……该 31783.5 里耳,每里耳按 51 斯多弗计算,合 f.81047. 10.8"。

"我们在合计帐目时又发现,我们的人为购买 300 担生丝而预付给一名叫许心素的中国人约 60000 里耳"。

"许心素的 5 条帆船自漳州到达大员,我们预付给他的资金已全部用于购入丝绸运往大员。此外,上述帆船还运至 200 担丝,连同先前购入的部分共计 368 担可供应日本"。①

而荷兰人在接到许心素等提供的生丝后,将其运往日本等地销售,获取差额利润,"海船 Vreede,Woerden 和 Heusden 自大员与巴城运往平户中国生丝 898 担 62.25 斤,多数以每担 295 和 300 两的价格售出。……仍得利 80%"②。

1628 年后,随着郑芝龙的崛起,许心素的海商命运终结,或言为郑芝龙部下所杀。③ 许心素之后,除郑芝龙外,17 世纪 30 年代又出现一位海峡两

---

① 程绍刚译注:《荷兰人在福尔摩莎》,台北联经出版公司 2000 年版,第 65、77、101、91、68、72 页。

② 程绍刚译注:《荷兰人在福尔摩莎》,台北联经出版公司 2000 年版,第 75 页。

③ 对于许心素的具体死亡时间,目前没有发现明确的资料,连当时的人也不大清楚。不过,当时与许心素有密切联系的荷兰人曾写道,"有人传言,许心素被他(郑芝龙)斩首,其住宅也被毁掉",并说这种可能性很大,具体可参见程绍刚译注的《荷兰人在福尔摩莎》(台北联经出版公司 2000 年版,第 91 页)。另外,在郑芝龙攻打许心素之前,当时的同安知县曹履泰在其"上陆筠修司尊(讳之祺)"中亦言:"许心素为郑牟所杀,向传以为真也",详见《靖海纪略》卷 3。

岸贸易的大商人,其中文名字迄今不详,台湾学者翁佳音曾考订他即同安士绅林亨万,但已为杨国桢教授纠正,只留下荷兰人所称的 Hambuan。他与许心素家族关系颇深,许心素父亲的兄弟 Jocksin 后来成为他长期的合作伙伴。有关他的贸易情况,详见《17 世纪海峡两岸贸易的大商人——商人 Hambuan 文书试探》一文。①

崇祯十三年(1640),郑芝龙署漳潮总兵,十六年(1643)升任福建总兵,代表明朝廷恢复对闽海的军事控制和商业航运控制。《东南纪事》言其"独有南海之利,商舶出入诸国者,得芝龙符令乃行"②。《明季遗闻》亦载:"海舶不得郑氏令旗不能往来"③,以至"通贩洋货,内客夷商皆用飞黄旗号"④。自此,厦门、安海成为漳州港区的主港,垄断了东南沿海的海外贸易,形成了以大厦门湾为中心的海洋贸易网络。《广阳杂记》有载:"海澄公黄梧既据海澄以降,即条陈平海五策。……郑氏有五大商,在京、师、苏、杭、山东等处,经营财货,以济其用"。⑤ 另据《台湾外纪》记载:"郑经遣江胜据厦门时,禁止掳掠,辑睦边界",其"兴贩洋艘岛船,装载鹿皮时物,上通日本,制造铜火贡、倭刀、盔甲,并铸永历钱,下贩暹罗、交趾、东京等处以富国";因此,"永历随宣杨廷世、刘九皋入见,问成功兵船钱粮。二人对以舳舻千艘,战将数百员,雄兵二十余万,饷粮随就地设处,尚有吕宋、日本、暹罗、咬留吧、东京、交趾等国洋船可以充继"。⑥

(二) 咬留吧贸易基地

《指南正法》中,除往返浯屿与咬留吧之间航路外,还记载有咬留吧与暹罗、台湾和长崎之间的航路往来。形成太武(浯屿)、台湾等地前往咬留吧,并以咬留吧为中转,经此西往暹罗,东连日本长崎等地的贸易

①　杨国桢:《17 世纪海峡两岸贸易的大商人——商人 Hambuan 文书试探》,《中国史研究》2003 年第 2 期。

②　(清)邵廷采:《东南纪事》卷 11《郑芝龙》,台湾文献丛刊第 96 种,1961 年,第131 页。

③　邹漪:《明季遗闻》卷 4,台湾文献丛刊第 112 种,1961 年,第 98 页。

④　(清)花村看行侍者:《谈往》,《飞黄始末》,《四库全书存目丛书》,第 660 页。

⑤　(清)刘献廷:《广阳杂记》卷 3,中华书局 1997 年版。

⑥　(清)江日升:《台湾外纪》卷 13、卷 10,福建人民出版社 1983 年版。

网络。

咬留吧，又称巴达维亚，"与苏门答腊隔一海港，夹口曰巽他，为泰西诸国东来必由之路，长二千四百里，阔三百五十里十六万方里，背负南海，以火焰山为屏障，左曰万丹，右曰井里汶"①。

1619 年，荷兰人建设咬留吧，作为东印度公司的驻地，为将之建设成为"整个东印度最大的商业城市"，荷兰人一方面采取武力手段，掳掠人口，充实巴城；同时限制各国外商在南洋的活动，保持巴城的贸易垄断地位；另一方面，又采取税收优惠的"怀柔"政策，吸引中国人到巴达维亚定居贸易，获取中国商品。1639 年 12 月 28 日之《东印度事务报告》说："为招揽中国人再来贸易，我们准许他们的要求就所运至货物纳税达成协定，公平交易。每条帆船需交纳 250 至 650 里耳"。② 1643 年，荷兰当局规定：凡是来自中国的帆船每艘交税 550 里尔，之后"不论船数多寡，船舶大小，货物贵贱，一律不得盘查干扰"③。中国文献亦言荷兰"所产有金、银、琥珀、玛瑙、玻璃、天鹅绒、琐服、哆啰嗹。国土已富，遇中国货物当意者，不惜厚资，故华人乐与为市"④。而据《华夷变态》记载，1690 年"自厦门、福州、漳州往咬留吧船，共计十余艘"，1692 年至 1693 年，前往咬留吧的唐船计十七艘，乘这些海船渡往咬留吧的中国人达数万之多。⑤

据尼古拉斯·塔林主编的《剑桥东南亚史》记："荷兰东印度公司于1619 年建立的巴达维亚是华侨在东南亚的另一个主要基地。该公司的政策一开始就吸引了大批荷兰人和中国人。前者来到这里的人数不多，中国人最初从中国沿海地区和北部爪哇港口城市——华人社区在先前几百年已在这里建立——来到这里，随着 1683 年中国再次恢复与东南亚的正式贸易，每年抵达巴达维亚的船只数量已从 3—4 艘增加到 20 艘左右，来到这里的许多人属非法移民，他们从巴达维亚附近的小岛或孤岛登陆，再前往北部

① （清）杞庐主人：《时务通考》卷 2《地舆》八，清光绪二十三年点石斋石印本。
② 程绍刚译注：《荷兰人在福尔摩沙（1624—1662）》，第 172 页。
③ ［英］凯特著，王云翔等译：《荷属东印度华人的经济地位》，第 10 页。
④ 《明史》卷 325《和兰传》，第 8437 页。
⑤ 林春胜、林信笃编：《华夷变态》，东京东洋文库 1958 年版，第 1253、1599、1268 页。

爪哇港口。"①

当然,在实际海洋贸易过程中,并非仅存在直达针路港口间的贸易往来,海商在运营生理过程中,常常会随着物价和市场的变动而在各地往来活动,松浦章先生曾对1715—1754年出入咬留吧的中国船的数量以及在其出入港船总数中所占的比率作过统计(见表4-6)②,与咬留吧往来的港口除台湾、长崎、暹罗等地外,还有广东、宁波、东京、上海等地的船只。

表4-6　1715—1754年出入咬留吧的中国船的数量以及
在其出入港船总数中所占的比率表

地　名	入港船总数	所占比率	出港船总数	所占比率
厦　门	272 只	54.5%	244 只	52.9%
广　东	81 只	16.2%	75 只	16.3%
宁　波	73 只	14.6%	81 只	17.6%
上　海	43 只	8.6%	27 只	5.9%
东　京	11 只	2.2%	15 只	3.3%
合　计	480 只	96.2%	442 只	95.9%

资料来源:George Bryan Souza,*the Survival of Empire*:*Portuguese*,*Trade and Society in China and the South China Sea*,1630-1754,Cambridge U.P.,1986,p.138。

而且18世纪后,随着中西茶叶贸易经济的发展,大量中国华商经广州涌入咬留吧,致使荷兰人在18世纪40年代前单靠购买前往巴达维亚城的中国帆船所带的茶叶就成为最大的中国茶叶贩运商。雍正年间因贩贸咬留吧被判罚的陈魏和杨营虽说只是这商海中的一朵浪花,但却一定程度上反映了咬留吧的贸易情况。为方便理解,现将其供词摘出:

(陈魏)向在广东贸易,于康熙五十三年(1714)买有茶叶货物在广搭船往噶喇吧,五十五年娶了妻室杨氏,原是福建人。本年犯生回

---

①　[新西兰]尼古拉斯·塔林主编,贺圣达等译:《剑桥东南亚史》,云南人民出版社2003年版,第10页。

②　[日]松浦章:《清代帆船东亚航运与中国海商海盗研究》,上海辞书出版社2009年版,第196页。

至广东,买了瓷器等货物复往吧国,卖完了又卖布匹,稍有利息。原去的船已回掉了,遂于五十六年奉禁,出洋船只稀少,回来不得,并不是甘心久住番邦。自蒙万岁爷天恩开了洋禁,雍正七年才得回到家里,住了三年,十年上在苏州捐了监生,又买茶叶等货仍在广东搭船到噶喇吧。原是做生意的人,不能歇业,历次往来上税照票俱托船户料理的,家中尚有老母兄弟,常寄银信回家养赡。今年春间妻室不在了,留下三个女儿,因无子买了两个番妾,两个小番使女,四个番仆,都是当着荷兰番官明白买的;带了些番米行李同家眷回归故土,侍奉老母,永为盛世良民,并无违禁货物。起身的时节,夷目甲必丹配了郭佩的船。本年五月里到大担门外,犯生因今次未曾请得牌照,汛口盘诘严谨,为此雇了小船由大担门外洋回家。犯生从前羁留外邦实非得已,并不是甘心住在番邦的,若忘了故土的人,于今就不挈眷回乡了,只求详查。

(杨营)原在同安县做生意,雍正六年正月在广东将本银三百两买了些茶叶瓷器,搭船到噶喇吧,娶了妻室郭氏,是中国人,原要随船回来的,小的因染了病,至八年五月里仍回广东,买了货,于九年五月又往吧国,这几次出洋纳税照票,都是船主代为料理的。小的有个哥子杨课,原在吧国娶有嫂子,生下两个侄儿,上年哥子不在了,小的娶的妻室生了两个儿子,一个女儿,年纪尚小,又买了一乳妈,三个番仆,俱系番官说完身价买的,连嫂子侄儿共十一口,向番目甲必丹说明搬眷情由,他配给了高凤的船,于今年六月里到了大担门外,因没有照,怕塘汛查验,雇了一只小渔船,由大担门外洋到家。就被本县挐了。①

（三）吕宋贸易基地

《指南正法》中,除自浯屿(太武)往返吕宋外,还形成泉州、台湾等地前往吕宋,而后经此转贸菲律宾群岛,并西达柬埔寨,东接日本长崎等地的贸易网络。不但新增了吕宋与柬埔寨的针路,而且将浯屿、双口、台湾、澎湖和

---

① 《钦定四库全书》卷214《世宗宪皇帝朱批谕旨》。

日本连接起来,形成一个贸易网。如浯屿往双口针有"浯屿开船,用辰巽七更取澎湖。用丙巳五更取虎仔山。用单丙及丙巳六更取沙马岐头。单丙二十更取笔架山及红豆屿",相对《顺风相送》中"太武往吕宋"时直接由浯屿洋中讨取射昆美山,多了澎湖和沙马岐头等内容;而"长岐往双口针路"则更是将长崎、乌坵山、澎湖和双口等连在一条航路上,"长岐开船用坤申二更、单申五更、坤申五十五更,船头对乌坵山。用单丁三更、丁午五更,见澎湖山。用丁午五更、单午五更,又单午并丙午十五更、丙巳五更、单巳三更、用巽巳四更见标山。巡山进入圭屿,水涨入港为妙"。①

在与吕宋的贸易往来方面,前面已有所言及,郑成功收复台湾后,传承了漳州港区与马尼拉间的贸易传统。对于双方间的船只和货物情况,西班牙资料中有较详细记载。下面试根据西班牙塞维亚(Sevilla)的印第安档案馆(Archivo General de Indias, AGI)所藏的马尼拉海关簿册,将台湾与马尼拉往来的船只和货物情况制一略表,以说明当时与马尼拉之间的贸易往来状况。

此海关簿册由西班牙人 Juan Vía 于 1688 年汇集,名为 *Testimonio a la letra de todos los registros de visitas de champagnes y pataches que han venido al comercio de estas isles desde el ano de 1657 hasta el de 1684, que llegó a gouernar estas isles el senor Almirante de galeones D. Gabriel de Curuzelaegui y Arriola, cauallero del orden de Sanctiago. Quaderno 2, que llama al tercero*(《1657 至 1684 年菲律宾群岛贸易的舢板和小货船登录文件,治理群岛的是大帆船的司令,圣地亚哥教团骑士 D. Gabriel de Curuzelaegui y Arriola 先生,第二本,第三册》),编号 Filipinas 64, Vol.1。台湾的方真真等曾译有 1664—1670 年从台湾大员到马尼拉的船只文件②,现以此为本,按时间、船主、货物等类制成表4-7,从中可以看到华商往返日本、交趾支那、安海、南澳等地影子。

①　向达校注:《两种海道针经·指南正法》,中华书局 2000 年版,第 165、166 页。
②　方真真、方淑如译注:《1664—1670 年从台湾大员到马尼拉的船只文件》,《台湾文献》第五十五卷第三期,第 322—352 页。

表 4-7　1664—1670 台湾—马尼拉船只文件表

时　　间	船　主	货　　物
1664 年 5 月 6 日	Bueyua	300 picos（比克）的麦；26 比克的日本纯铁,大约一半是棒铁,另一半是不同尺寸的钉子。麦是由玛瑙斯（Manaos）地区的荷兰人转售运来。
1665 年 2 月 4 日	Jeanlao	2 箱捆绑生丝,每箱 1 比克,值 450 比索；10 包安海生毯,每包 60 件,每件 10 里耳；2 包安海蓝麻,每包 80 件,每件 1 比索；2 小捆里衬,每小捆 50 件,每件 4 比索；10 包蓝毯,每包 60 件,每件 10 里耳；6 小捆生毯,每小捆 30 件,每件 10 里耳；4 包小拖网线,1 包 1 比克,每 cate 2 里耳；2 包生蓝麻,每包 80 件,每件 1 比索；10 包日本毯,每包 80 件,每件 1 比索；2 箱 Ysines 毯,每箱 60 件,每件 14 里耳；10 包厚毯,1 包 14 丈长,每包 60 件,每件 1 比索；50 比克的铅；20 比克的日本纯铁,100 比克的麦。
1665 年 4 月 18 日	Tequa	8 小包四方形覆盖干稻草的日本毯,每小包 25 件,每件 1 比索；60 包如同上列的日本毯,每件 1 比索；60 比克的日本纯棒铁；200 比克的麦。
1665 年 4 月 18 日	Chunqua	70 小捆或小包覆盖干稻草的日本毯,每小包 25 件,每件 1 比索；80 比克的日本纯铁,200 比克的麦。
1665 年 4 月 20 日	Saqua	60 小捆或小包覆盖干稻草的日本毯,每小包 25 件,每件 1 比索；23 小捆,每小捆如上述有 25 件的日本蓝毯,每件 1 比索；50 比克的日本纯棒铁。
1665 年 6 月 1 日	Sunqua	8 包日本毯,每包 60 件,每件 1 比索。
1666 年 3 月 15 日	Saqua	10 包日本黑毯,每包 70 件,每件 6 里耳；2 箱生丝,每箱 70 cates,1 比克值 400 比索；5 小捆日本毯,每小捆 25 件,每件 6 里耳；5 小捆的日本条纹披巾,每小捆 50 件,每件 5 里耳；2 包小拖网线,每包 1 比克,每 cate3 里耳；60 比克的日本铁；200 比克的小麦。
1666 年 4 月 2 日	Tianqua	2 包安海生麻,每包 80 件,每件 9 里耳；1 小包生丝,每小包 80cates,1 比克值 400 比索；4 包日本毯,每包 80 件,每件 6 里耳；1 包蓝毯,每包 60 件,每件 12 里耳；150 比克的麦；30（比克）的纯铁。
1667 年 3 月 24 日	Ania Chiqua	40 包覆盖干稻草来自日本的毯子,每包 25 件,每件 1 比索；20 小包交趾支那毯,覆盖着席子,每小包 20 件,每件 10 里耳；3 箱日本条纹毯,每箱 50 件,每件 8 里耳；2 包小拖网线,每包 1 比克,每 cate3 里耳；1 小捆里衬,每小捆 100 件,每件 4.125 比索；26 小桶胡椒,每小桶 8 比克,每比克 9 比索；100 比克的日本铁,50 比克的麦。

续表

时　间	船　主	货　物
1667 年 3 月 28 日	Tianqua	20 小包日本毯,每小包 25 件,每件 1 比索;10 箱日本条纹谈,每箱 50 件,每件 1 比索;2 包缝纫用的白线,每包 60 cates,每 cate 1 比索;2 小包小拖网线,每小包 1 比克,每 cate 3 里耳;50 比克旧棒铁;100 比克的麦。
1668 年 2 月 9 日	Diqua	2 小捆南京(Lanquin)里衬,每小捆 50 件,每件 4.5 比索;2 小箱生丝,每小箱 50 cates,每比克 500 比索;20 包覆盖干稻草来自日本的毯子,每包 30 件,每件 10 里耳;20 包南澳(Lamio)生毯,每包 35 件,每件 12 里耳;20 包安海生毯,每包 45 件,每件 12 里耳;3 小拖网线,每包 1 比克,每 cate 3 里耳;20 比克的麦;40 比克的日本纯铁。
1668 年 3 月 24 日	Joequa/ Quequa	10 包安海毯,每包 60 件,每件 14 里耳;10 包蓝毯,每包 60 件,每件 14 里耳;10 小捆日本毯,每小捆 30 件,每件 1 比索;2 小箱生丝,每小箱 60cates,每比克 500 比索;2 小包里衬,每小包 55 件,每件 4.5 比索;2 包安海麻,每包 60 件,每件 14 里耳;5 小包 taficiras 日本毯,每小包 80 件,每件 6 里耳;10 包交趾支那生毯,每包 35 件,每件 2 比索;10 小包交趾支那生蓝毯,每小包 35 件,每件 18 里耳;5 小包日本毯,每小包 30 件,每件 10 里耳;50 比克的胡椒,每比克 10 比索;10 比克的麦;40 比克的日本纯铁。
1668 年 4 月 5 日	Yuqua	10 包安海毯,每包 50 件,每件 14 里耳;10 小包交趾支那毯,每小包 30 件,每件 2 比索;2 小箱生丝,每小箱 60cates,每比克 450 比索;20 包覆盖干稻草来自日本的毯子,每包 30 件,每件 10 里耳;2 小包里衬,每小包 55 件,每件 4.5 比索;2 包安海生麻,每包 60 件;5 包蓝毯,每包 60 件,每件 14 里耳;2 小包 taficiras 日本毯,每小包 80 件,每件 6 里耳;3 包南京(Lanquin)窄毯,1 包 9 至 10 丈长,每包 80 件,每件 10 里耳;5 包覆盖干稻草来自日本的蓝毯,每包 30 件,每件 11 里耳;10 小包中国蓝毯,每小包 50 件,每件 2 比索;3 袋小拖网线,每袋 1 比克,每 cate 3 里耳;10 包日本蓝色和白色的毯子,是乘坐此舢板的生理人带来的,每包 30 件每件 10 里耳;5 比克的日本铁;50 比克的麦。
1668 年 4 月 28 日	Diqua	20 包安海生毯,每包 60 件,每件 14 里耳;2 包安海生麻,每包 60 件,每件 14 里耳;20 包覆盖干稻草来自日本的(毯子),每包 30 件,每件 10 里耳;2 小包里衬,每小包 60 件,每件 4.5 比索;6 包以席子包裹的象牙,每包 10 件,每件 9 比索;2 包小拖网线,每包 1 比克,每 cate 3 里耳;140 小桶胡椒,一共 100 比克,每比克 8.5 比索;60 比克的日本铁。

续表

时　间	船　主	货　物
1670 年 2 月 19 日	Chussia	5 包 Inson 白麻，每包 40 件，每件 2 比索；5 包 Inson 生麻，每包 40 件，每件 2 比索；15 箱 Inssines 毯，每箱 50 件，每件 12 里耳；5 箱勘干布（canganes）毯，每箱 60 件，每件 1 比索；5 箱日本 taficeras 条纹窄毯，每箱 80 件，每件 6 里耳；2 箱生丝，每箱 1 比克，每比克 450 比索；2 包里衬，每包 100 件，每件 3 比索；5 包 Taupac 麻，每包 60 件，每件 12 里耳；10 包安海麻，每包 70 件，每件 9 里耳；20 包日本毯，每包 30 件，每件 1 比索；16 包安海白毯，每包 60 件，每件 10 里耳；20 包日本蓝毯，每包 30 件，每件 9 里耳；10 包 Banchan 白麻，每包 70 件，每件 1 比索；5 包小拖网线，每包 1 比克，每 cate 2 里耳；5 包交趾支那毯，每包 30 件，每件 14 里耳；2 包象牙，每包 20 件，每件 6 比索；80 比克的日本铁；60 比克的麦。
1670 年 3 月 29 日	Juegua	5 包 Taupac 白麻，每包 60 件，每件 12 里耳；5 箱 Insines 毯，每箱 50 件；5 包 Inson 生麻，每包 40 件，每件 12 里耳；4 包 Inzon 白麻，每包 40 件，每件同样是 12 里耳；5 包安海毯，每包 60 件，每件 1 比索；10 包安海麻，每包 60 件，每件 1 比索；2 小包里衬，每小包 100 件，每件 20 里耳；1 箱 1 比克 400 比索的生丝；10 小捆日本毯，每小捆 30 件，每件 6 里耳；4 箱 taficeras 日本条纹窄（毯? 棉?），每箱 70 件，每件 5 里耳；5 包安海蓝毯，每包 60 件，每件 9 里耳；10 小捆日本蓝毯，每小捆 30 件，每件 6 里耳；4 箱南京毯，1 箱 8 至 9 丈，每箱 60 件，每件 1 比索；4 包小拖网线，每包 1 比克，每 cate 2 里耳；40 比克的日本铁；50 比克的麦。
1670 年 3 月 29 日	Yonqua	6 包 Taupag 麻，每包 60 件，每件 12 里耳；5 包 Inzon 麻，每包 40 件，每件 12 里耳；4 包 Inzon 生麻，每包 40 件，每件 12 里耳；1 箱 1 比克 400 比索的生丝；3 包小拖网线，每包 1 比克，每 cate 2 里耳；5 包日本毯，每包 30 件，每件 6 里耳；4 箱 Inssines 毯，每箱 50 件，每件 10 里耳；2 小捆里衬，每小捆 100 件；每件 20 里耳；10 包安海毯，每包 60 件，每件 1 比索；5 箱 Incines 毯，每箱 50 件，每件 10 里耳；5 小捆日本毯，每小捆 30 件，每件 6 里耳；6 箱（ta）ficiras 日本窄棉，每箱 70 件，每件 5 里耳；50 比克的日本铁；40 比克的麦。

时　间	船　主	货　物
1670 年 4 月 1 日	Guanqua	3 包 Inzon 生麻,每包 40 件,每件 12 里耳;3 包上述 In-son 白生麻,同样每包 40 件,每件 12 里耳;10 包 Tau-pac 麻,每包 60 件,每件 12 里耳;3 包 Taupac 生麻,和上列件数价钱一样;4 箱 Insines 毯,每箱 50 件,每件 10 里耳;3 包安海蓝毯,每包 60 件,每件 1 比索;5 包日本毯,每包 30 件,每件 6 里耳;10 包日本蓝毯,每包 30 件,每件 7 里耳;2 包里衬,每包 100 件,每件 20 里耳;2 箱生丝,每箱 1 比克,每比克 400 比索;2 包小拖网线,每包 1 比克,每 cate 12 里耳;100 比克的日本铁;70 比克的麦。
1670 年 4 月 1 日	Samsia	2 包 Insson 麻,每包 40 件,每件 12 里耳;3 包 Insson 白生麻,也是每包 40 件,每件 12 里耳;4 包安海毯,每包 60 件,每件 1 比索;8 捆日本毯,每捆 30 件,每件 6 里耳;2 箱 Insines 毯,每箱 50 件,每件 10 里耳;4 包南京毯,每包 8 至 9 丈长,每件 1 比索,每包 60 件;4 包安海麻,每包 60 件,每件 1 比索;5 小包日本蓝毯,每小包 30 件,每件 7 里耳;5 包安海蓝毯,每包 60 件,每件 9 里耳;1 包里衬,共 100 件,每件 20 里耳;1 包 1 比克 400 比索的丝;40 比克的日本铁;30 比克的麦。
1670 年 4 月 1 日	Hequa	1 包里衬,共 100 件,每件 20 里耳;4 箱 Incines(毯),每箱 50 件,每件 10 里耳;2 包 Inzon 麻,每包 40 件,每件 12 里耳;5 包安海毯,每包 60 件,每件 1 比索;10 包日本毯,每包 30 件,每件 6 里耳;1 箱 1 比克 400 比索的生丝;5 包安海麻,每包 80 件,每件 1 比索;5 包交趾支那毯,每包 30 件,每件 14 里耳;2 包 Taupac 麻,每包 60 件,每件 12 里耳;1 包南京毯,共 60 件,每件 1 比索;2 包小拖网线,每包 1 比克,每 cate 2 里耳;2 包安海蓝毯,每包 60 件,每件 9 里耳,20 比克的日本铁,100 比克的麦。
1670 年 4 月 3 日	Tianqua	4 包 Taupac 麻,每包 60 件,每件 12 里耳;5 包 Insines 毯,每包 60 件,每件 1 比索;4 包 Inzon 生麻,每包 40 件,每件 12 里耳;4 包 Inson 白麻,每包 40 件,每件 12 里耳;6 小包安海毯,每小包 60 件,每件 1 比索;2 箱生丝,每箱 1 比克,每比克 400 比索;3 包里衬,每包 100 件,每件 20 里耳;5 包安海蓝毯,每包 60 件,每件 9 里耳;10 小包日本毯,每小包 30 件,每件 6 里耳;5 小包 taficiras 日本窄棉,每小包 60 件,每件 5 里耳;4 包 Ca-cui 麻,每包 80 件,每件 1 比索;4 小包日本毯,每小包 30 件,每件 7 里耳;3 包小拖网线,每包 1 比克,每 cate 2 里耳;50 比克的日本铁;50 比克的麦。

续表

时 间	船 主	货 物
1670 年 4 月 14 日	Chiqua	10 包 Inzon 生麻，每包 40 件，每件 12 里耳；10Inzo（n）白麻，每包 40 件，每件 12 里耳；10 箱 Insines（毯），每箱 50 件，每件 10 里耳；8 包安海麻，每包 60 件，每件 1 比索；5 包安海毯，每包 60 件，每件 1 比索；3 箱生丝，每箱 1 比克，每比克 400 比索；3 包里衬，每包 100 件，每件 20 里耳；20 包日本毯，每包 30 件，每件 6 里耳；5 包南京毯，每包 60 件，每件 1 比索；3 包 taficiras 有条纹的日本窄棉，每包 60 件，每件 5 里耳；4 包蓝毯，每包 60 件，每件 9 里耳；4 包 Taupac 麻，每包 60 件，每件 12 里耳；加上 11 包日本蓝毯，每包 30 件，每件 7 里耳；5 包交趾支那毯，每包 30 件，每件 14 里耳；2 箱生丝，每箱 1 比克，每比克 400 比索；加上 10 箱 Incines（毯），每箱 50 件，每件 10 里耳；4 包 Inzon 麻，每包 40 件，每件 12 里耳；2 包里衬，每包 100 件，每件 20 里耳；4 包小拖网线，每包 1 比克，每 cate 12 里耳；50 比克的日本铁；50 比克的麦。

（四）长崎贸易基地

《指南正法》中多了大量有关日本长崎的针路、航行日记等内容，可据此推测在华商的海外贸易中，形成了以长崎为转口的贸易网络。

明末时期，郑芝龙在控制了东南沿海的海外贸易之后，开通了厦门、安海到长崎的直接贸易航路，使对日贸易因郑芝龙的官商身份进入一个半合法状态，扩展并取代了马尼拉在东洋贸易的龙头地位。崇祯十二至十七年（1639—1644），福建至长崎的商船，多时达到 68 艘，少时亦有 24 艘。[①] 而据荷兰人报告，单崇祯十六年（1643），郑芝龙输往日本的货量值达到 8500 贯（日本银币单位），当年中国船只输日总货量值为 10625 贯。[②]

郑成功时期，与长崎的贸易持续发展，形成以对日贸易为主体，兼顾越南、柬埔寨、泰国、马来西亚及印度尼西亚等东南亚各国的贸易体系。如

[①] ［日］岩生成一：《关于近世日支贸易数量的考察》，《史学杂志》（日本）1953 年第 11 期。

[②] ［日］村上直次郎译：《长崎荷兰商馆日记》，第 1 辑，第 173 页。

1656—1657 年度,"驶入长崎的四十七艘中国帆船,全部属于国姓爷及其一伙。其中自安海发航的占首位,达二十八艘,柬埔寨十一艘,暹罗三艘,广南二艘,北大年二艘,东京一艘"。① 而据杨彦杰研究,"郑成功每年对日本贸易总额,约达二百一十六万两",而"对日本贸易的利润,平均每年约达一百四十一万两"。②

　　清廷统一台湾、开放海禁后,与长崎间的贸易更加繁荣,"贞亨元年(1684)为二十四艘,次年,增至八十五艘,三年,增到一百二艘"③。这些船只分别来自福州、宁波、厦门、南京、广东、泉州、潮州、广南、普陀山、台湾、高州、咬留吧、海南、沙埕、麻六甲、暹罗、温州、安海及漳州等地。据浦廉一氏对《华夷变态》十四、十五的《唐船风说书》的统计,在元禄元年入港的一百九十三艘的唐船中,其出发港分别为:福州船四十五艘,宁波船三十二艘,厦门船二十八艘,南京船二十三艘,广东船十七艘,泉州船七艘,潮州船六艘,广南船五艘,普陀山船五艘,台湾船四艘,高州船四艘,咬留吧船四艘,海南船三艘,沙埕船二艘,马六甲船二艘,暹罗船二艘,温州船一艘,安海船一艘,漳州船一艘。④ 但这些商船并不全是由出发港直航长崎,如亨保十年(雍正三年,1725),五号东京船"出自宁波之乍浦",十五号广南船"出自宁波之乍浦",十七号东京船"出自宁波之乍浦";亨保十一年(雍正四年,1726),十号厦门船"于宁波之内乍浦添载厦门产货物,载纳唐人四十六人",四十二号广东船"自宁波之内乍浦添载广东产舶货,载纳唐人五十人"。⑤ 而松浦章从《华夷变态》中整理出前往长崎的山东船资料也体现了这种情况,见表 4-8。

---

① 《巴达维亚城日志》,序说二。

② 杨彦杰:《1650—1662 年郑成功海外贸易的贸易额和利润额估算》,《福建论坛》1982 年第 4 期。

③ [日]大庭修著,戚印平等译:《江户时代中国典籍流播日本之研究》,杭州大学出版社 1998 年版,第 22 页。

④ [日]大庭修著,戚印平等译:《江户时代中国典籍流播日本之研究》,杭州大学出版社 1998 年版,第 24 页。

⑤ [日]大庭修编著:《唐船进港回棹录·岛原本唐人风说书·割符留帐》,关系大学东西学术研究所,1974 年 3 月,第 106、111、112、123、124 页。

表 4-8　《华夷变态》中所载 1690—1698 年前往
长崎的山东船资料表①

船　　号	船　　主	人数、航程	《华夷变态》页数
元禄三年（康熙二十九年，1690）58 号船	金济南 萧楚衍	63 人，4 月 8 日山东——4 月 27 日上海——5 月 15 日上海——5 月 25 日长崎	1235 1354
元禄三年（1690）64 号船	马明知	102 人（其中 12 人是山东人），宁波——山东；6 月 14 日山东——7 月 5 日长崎	1243 1317 1484
元禄四年（1691）39 号船	韩震危 戴弘周	69 人，上海——山东；4 月 6 日山东诸城——4 月 25 日长崎	1341 1482 1484
元禄五年（1692）67 号船	林玉衡 郭文公	45 人，6 月 6 日上冻——大村领漂流——7 月 14 日长崎	1481 1484
元禄五年（1692）69 号船	韩示扬 马明如	82 人，6 月 12 日山东——7 月 19 日长崎	1485 1529 1529 注
元禄六年（1693）71 号船	沈荆石	35 人，7 月 10 日山东诸城——7 月 27 日长崎	1498 1582
元禄七年（1694）51 号船	陈翼文 费叔臣	42 人，闰 5 月 10 日山东——闰 5 月 14 日普陀山——闰 5 月 16 日普陀山——闰 5 月 27 日长崎	1655 注 1660 1813
元禄九年（1696）55 号船	费叔臣 费荣臣	44 人，6 月 15 日山东——7 月 12 日长崎	1813　1319 1904　1966
元禄九年（1696）61 号船	吴士衡	31 人，6 月 18 日山东——7 月 13 日长崎	1819 1974
元禄十年（1697）30 号船	程敏公	57 人，1 月 2 日山东本凑——1 月 18 日长崎	1877
元禄十年（1697）51 号船（原南京船）	吴仕望	47 人，4 月 18 日山东——5 月 15 日长崎	1897 1903 1970

---

①　［日］松浦章：《清代帆船东亚航运与中国海商海盗研究》，上海辞书出版社 2009 年版，第 74—75 页。

续表

船　　号	船　主	人数、航程	《华夷变态》页数
元禄十年(1697)57 号船	费荣臣	35 人,4 月 24 日山东——5 月 3 日普陀山——5 月 9 日普陀山——五屿——5 月 23 日长崎	1903
元禄十一年(1698)58 号船	黄益官	40 人,8 月 13 日山东——天草漂流——9 月 15 日长崎	2011 2043

中日长崎贸易的发达,也可以从当时飘风商船的问话资料中略窥一斑。如《备边司誊录》康熙二十六年(1687)二月二十二日济州漂着船问话别单记载,该船共有六十五人,分别来自苏州府吴县、苏州府嘉定县、苏州府崇明县、苏州府长州县、江西省抚州府乐安县、江西省州抚府临川县、江宁府江宁县、江宁府沄水县、松江府华亭县、松江府上海县、浙江省湖州府乌程县、浙江省绍兴府山阴县、长洲府江阴县、长洲府无锡县、宁国府宁国县、苏州府常熟县、苏州府嘉定县、扬州府江都县、湖广省溪阳府溪阳县、长洲府靖江县、徽州府休宁县、福建省福州府闽县和福建省福州府侯官县等地,往来长崎情况如下:

问:你等以乘船行商为业,则所欲往何处耶。

答:俺等各持物货,将向日本长岐岛矣。

问:你等所持者,何样物货,而所欲贸者何物耶。

答:俺等所持者白丝、杭绫、走纱、人参、麝香、药材,而所贸者银、铜、苏木、海参、卜鱼、胡椒等物矣。

问:你等曾行商于长岐岛者,未知几次耶。

答:俺等自乙丑至丁卯,三遭往来矣。

问:你等往来长岐岛时,自吴淞口发船,几日当到耶。

答:俺等若遇西南风,则四昼夜可到矣。

问:你等同时发船,欲向长岐岛者几船耶。

答:俺等苏州三船同法,而卒遇狂风,船行如飞,故二只则不知去向矣。

问：你等年年海行，必有公文，然后可以行商，而今则无之，其何
故耶。

答：俺等纳税于户工部，例出标点，如今因败船，漂失海中矣。①

而后，康熙四十三年（1704）和康熙五十二年（1713）又有两艘以福建人
为主的前往长崎贸易的船只漂到朝鲜南桃浦和济州。1704 年漂着船共 135
人，主要情况如下：

问：你等在本土时，有何身役，而以何事为业耶。

答：俺等素无身役，以商贩为业耳。

问：你等因何事往何地方，缘何漂到我国耶。

答：俺等生理为难，往贩日本长岐岛，洋中遇风，漂到贵国耳。

问：你等几月几日开船，几月几日漂到我国耶。

答：俺等今年六月十一日离发厦门，将向长岐岛，七月二十四晚，猝
遇大风于洋中，失舵折樯，几乎沉没，幸于二十五日漂到贵国耳。

问：你等离发厦门时，作伴向长岐岛者几船，而你们同船者几个
人耶。

答：俺等一百十六人中，除死者三人，生存者一百十三人，而厦门开
船时，别无作伴船矣。

问：日本不曾通款于大国，而你们因何往来卖买耶。

答：日本虽不曾通款，朝廷许民往来卖买耳。

问：曾前大国海禁至严，不许往来外国云，而许民买卖，自何年
始耶。

答：曾前南方不平，故海禁极严，自康熙十九年，始通水路，许民往
来矣。

问：南方不平云者，未知缘何事耶。

① 《备边司謄录》，第四十一册，肃宗十三年丁卯五月十五日条、刊本 3 册 32—36
页；载［日］松浦章著，卞凤奎译：《清代帆船东亚航运史料汇编》，台北乐学书局 2007 年
版，第 8—16 页。

答：郑克塽据守台湾，故有海禁矣。康熙十九年克塽归顺后，始无海禁矣。

问：你等往来日本交易之际，语音不同，何以通情耶。

答：长岐岛亦有解华语者矣。

问：你等将何样物件，贸来何样物件。

答：卖去苏木、白糖、乌漆、乌糖、犀角、象牙、黑角、藤黄、牛皮、鹿皮、鱼皮、乌铅、称滕、大枫子、槟榔、银朱、水粉等物，贸换红铜、金、银、鲍鱼、海参、漆器、铜器等物以来矣。

问：大国既许通市，则必有互市之举，日本国人，亦往贩大国地方耶。

答：日本国，则不需本国人往贩他国耳。

问：你等往日本时，船有定数，而物货亦有定限耶。

答：船是八十艘，银是一百二十万两定数耳。

问：商船八十只，货银一百二十万两，谁为的定耶。

答：日本国王定之耳。

问：九政令施为，宜自大国定而行之，船只、物货之多寡，日本国王何以擅定耶。

答：此是日本国买卖，故自其国定数耳。

问：长岐岛开市时，官人监市耶。

答：我船到日本，交易之时，有二位官人，照管买卖事矣。

问：你等行商外国时，有文引耶。

答：文引原有之，而因洋中遇风，船尾被浪打破，将人为衣箱，一总下水，故漂失文引矣。

问：你等文引，何等官人主管成给，而又收税商人之事耶。

答：文引则有户部收税文引一张，知县官本地方文引一张，而收税，则小船银子二十两，中船银子三十两，大船银子四十两，货物则随其多寡，增减其税矣。

问：长岐岛在于福建何方，而水路亦几许里耶。

答：长岐岛在于福建东北地方，而水路三千里矣。

问：你等曾有往来长岐岛者耶。

答：俺等中曾往长岐岛者，多多人矣。①

而康熙五十二年（1713）的漂着船之商贾均为福建同安人，共42人，他们不但前往长崎贸易，还往来安南、暹罗等地：

问：在前，海禁至严，无有海商矣。何近年不禁矣。

答：在前，果有海禁，而近来天下太平，许民行商，置税官收税。

问：四五年前海贼出没之故，自北京有咨报之事，何谓近无海禁耶。

答：海贼船小，离山不远，大洋则无山无岛，无处安碇，以此无有。看见咨报的贼，未知何方海贼，而我们地方，未闻有如许人。

问：尔们地方，幅员甚广，东西南北往来行商，何所不可，而涉险远赴于日本，自取漂没之患耶。

答：我们地方买卖，不如日本买卖之利，故冒险要利。

问：尔们拿来的物件，都是你住的地方所产耶。

答：白走沙（纱）是苏州的，八段丝是广东的，香木则安南的，血糖则福建的。

问：安南距福建几许里，在于何方，苏、杭州、广东，亦几许里，都是陆路耶，亦有水路耶。

答：安南，在福建之南方，水路得好风，则十日程，苏州在北方，旱路二十五日程，杭州则二十二日程，广东在于西南方，旱路十五日程。

问：尔们物件中，只有些少绸缎，而何无白丝等物耶，我国亦与日本买卖，熟谙其风俗，你的花布红沙（纱）等物，不合于日本所用，未知斥卖于何方耶。

答：白丝等，本钱不多，故未得买。玄花布等物，亦为斥卖于日本矣。

---

① ［日］松浦章著，卞凤奎译：《清代帆船东亚航运史料汇编》，台北乐学书局2007年版，第16—26页。

问：日本既不入贡，则两国人往来买卖，必多有难便之事，官不禁断耶。

答：不为通款而互市，则不为禁断。

问：尔们既通买卖，则彼国之人，亦来尔们地方么。

答：只是我们往来买卖，他们元无来到之事。

问：买卖之际，彼此通话，然后方可讲定价本，尔们亦能晓解日本的说话么。

答：日本有解话通事，因此传语。

问：尔们亦曾往暹罗国做买卖么。

答：也曾走那个地方。

问：暹罗、日本，亦有城郭、宫阙、人民，衣服、形体、貌样可得闻耶。

答：暹罗国有城，皆是砖头筑的，他的宫阙未见，看见人民服色，则元无衣袴，以一幅大手巾，捆缚周身，垂其两端，至于附上，官人则金丝造成，民人则用线布，□目，与中国一般，只是头发留下二寸许长，余皆剪去，亦剪除其须髯，女人比男子穿的一样，并不着鞋。日本长岐岛，无有城郭，人民衣服，广袖而短，以斑斓造的，无有袴子。剪去头发，只留顶上发结于脑后，女人梳髻，着长衣无裙。

问：尔们将什么物货，往暹罗国，对授什么物货么。

答：我们，拿去红毡、白丝、金丝、白沙、碗器、红花、鼎釜等物，买来苏木、白锡、胡桃、象牙、米虾、纹银而来。

问：暹罗、日本，有管买卖的官人么。

答：暹罗无有官人，都是民家买卖，日本则有两个官人监市，都是官府买的，转卖于民间云。

问：曾往日本、暹罗时，海中必有岛屿，亦有官府地方耶。

答：往暹罗的路中，亦有小岛，元无人居，往日本路中，都是大洋，无有一点岛屿。①

---

① ［日］松浦章著，卞凤奎译：《清代帆船东亚航运史料汇编》，台北乐学书局2007年版，第30—40页。

　　由于与长崎间频繁贸易往来,在《指南正法》中不但出现了天堂等岛屿的对坐图(图4-11),而且还有关于长崎水涨时候的详细描述:"初一日光涨八分,中午退在。初二日光涨四分,后午退在。初三日见光涨二分,半晡退在。初四日见光涨二分,半晡推在。初五日见光退,小午大涨在。初六日见光退在,后午大涨在。初七日见光退在,暗涨在。初八日早饭涨,大暗退在。初九日光涨,尽暗退在。初十日早饭涨,大暗退在。十一日见光涨,尽暗退在。十二日小午涨,下午退在。十三日中午涨,大半暗涨在。十四日午后涨,尽暗退在。十五日上涨在,中午退在。十六日早饭涨在,中午退在。十七日食饭涨在,后午退在,一更退在。十八日小午涨在,后午退在。十九

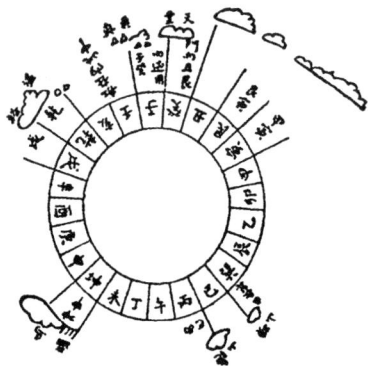

图 4-11

日光涨,小午退。二十日光涨在,中午涨在。二十一日见光退在,后午涨在。二十二日早饭涨,午后涨在。二十三日上午涨,半晡涨在。二十四日中午涨,大暗涨在。二十五日中午涨,尽暗涨在。二十六日见光退一分,中午退在。二十七日见光退一分,中午涨。二十九日见光涨,后午退在。三十日见光涨在。"①

---

　　①　向达校注:《两种海道针经·指南正法》,中华书局 2000 年版,第 129、124 页。

第五章　历史海图中的海洋开发管理信息

明清时期,随着帆船航海技术的发达和民间航海贸易的发展,海洋在朝廷心目中的地位大增,不仅在粮饷运输上运用海运,而且在边海防御上注重对沿海海域的控制,自明初在沿海广布卫所造"海上长城"后,在防御倭寇等斗争中,逐渐摸索出一套控制利用海洋的策略,体现了官府重视海洋、了解海洋和管控海洋的一面。本章拟从海运图和海防图两个层面,对官府利用航路管控海域的历史作一解读。

第一节　海运图与航路利用

16、17世纪,海运图大量出现在地图集中,这既有社会环境因素,明朝廷粮饷运输的需求,也有历史航运要素,元末明初海运的积淀。海运图是海运历史经验的产物,在元末明初海运经历的基础上绘制而成。海运图的执行以海洋社会活动群体为主,体现了朝廷对海洋航运的综合利用。

一、明末再兴海运

唐宋以来,南方经济发展迅猛,至元代甚至出现"百司庶府之繁,卫士编民之种,无不仰给于江南"①的状况。为将富裕的江南与北方政治中心联系起来,解决元王朝财政经济之需,出现了青史流传的大元海运。"元时海

---

① 《元史·食货志》。

道,凡三变。初,巴延建议自平江刘家港入海,经通州海门县、黄连沙嘴、万里长滩开洋,沿山屿抵淮安路盐城县,历海宁府东海县,又经密州胶州界,放灵山洋,投东北,路多浅沙,行月余抵成山,计自上海至直沽杨邨马头凡一万三千三百五十里。至元二十九年,朱清等复陈便道,自刘家港开洋,至撑脚沙转沙嘴,至三沙出扬子江,开洋,落潮东北行,过扁担沙大洪,又过万里长滩至白水绿水,经黑水大洋转成山西行,过刘家岛至芝罘、沙门二岛,放莱州大洋,抵界河口,至直沽,比旧差直。至正十三年,千户殷明略,又开生道,自刘家港入海,至崇明州三沙放洋,向东行入黑水大洋,直取成山转西,至刘家岛入沙门,放莱州大洋至直沽,如风顺飐,浙西至京师不旬日,尤便。"①《元史·食货志》云:"元都燕去江南极远,而食货一切仰给,自巴延建海议,分江南粮为春夏二运,于是岁抵京师者多至三百余万石。"②

明朝定鼎之后,亦曾利用海运供给辽东粮饷。洪武二年(1369),令户部于苏州府太仓储粮三十万石,以备海运供给辽东;洪武二十五年(1392),令海运苏州、太仓粮米六十万石,供给辽东官军,下年同。③ 后虽因会通河通,于永乐十三年(1415)奏罢海运,但南粮北运之数不减。据史料记载:"洪武三十年(1397),海运赴辽东七十万石有奇。永乐六年(1408),六十五有奇。十二年,北京五十万由卫河,通州四十万由海。十六年,会通河运四百六十万有奇。宣德八年(1433),五百余万。正统二年(1437),四百五十万。景泰二年(1451),四百二十三万。七年,二百九十二万。天顺四年(1460),四百三十五万。成化八年(1472)以后,四百万石,又有江南常、苏、松、嘉、湖白粮十八万八百六十余石,山东、河南粟米豆麦又若干石,不在四百万数。"④至万历六年(1578),苏州府起运钱粮数目为:"夏税:京库折银麦一万九千九百二十六石八斗四合八勺,每石折银二钱五分。税丝折绢一万二千五百五十五匹。秋粮:京库折银米七十六万四千八百二十六石八斗八升五合七勺,每石折银二钱五分;派剩折银米三万五千九百九石三升零,

---

① (明)郑若曾:《郑开阳杂著》,海运图说。
② 《元史·食货志》。
③ 《明会典》卷28,《会计四》,《边粮》。
④ (明)郑晓:《郑端简公今言类编》卷2。

每石折银七钱;绵布一十九万匹,准米一十九万石。折银草三十五万包,每包折银三分;户口盐钞银五千五百九十八两七钱二分五毫。供用库白熟粳米一万五千九百石。内官监白熟粳米四千二百五十石。光禄寺白熟粳米一万五千石,白熟糯米二千五百石。酒醋面局白熟糯米三千一百五十石。泾府养赡白粳米五百石。汝府养赡白糯米一千石。景府养赡白糯米七百五十石。德府禄米一千石。公侯驸马伯禄米八千五百一十六石。府部等衙门俸米递年增减不一,约该米二万四千四百九十一石。漕运兑军米六十五万五千石。淮安仓改兑米四万二千石。凤阳、扬州二仓米二万一百八十五石。"①

明中期海运虽罢,然议者颇多。正如明人华乾龙所言:"善谋国者,恒于未事之先,而为意外之虑。今国家都燕,盖极北之地,而财赋之入,皆自东南而来,会通一河,譬则人身之咽喉也,一日食不下咽,立有死亡之祸。"②

而元末明初的海运事迹和民间航海往来成为支持海运的重要论据。如丘睿言:"海运之法,自秦已有之,而唐人亦转东吴粳稻以给幽燕,然以给边方之用而已,用之以足国则始于元焉。……当舟行,风信有时,自浙西至京师,不过旬日而已。说者谓其虽有风涛漂溺之虞,视河漕之费,所得盖多,故终元之世,海运不废。我朝洪武三十年,海运粮七十万石给辽东军饷,永乐初海运七十万石至北京,至十三年会通河通利,始罢海运。臣考《元史·食货志》论海运,有云:'民无挽轮之劳,国有储蓄之富,以为一代良法';又云:'海运视河漕之数,所得盖多'。作《元史》者,皆国初史臣,其人皆生长胜国时,习见海运之利,所言非无征者。臣窃以为,自古漕运所从之道有三,曰陆、曰河、曰海。陆运以车,水运以舟,而皆资乎人力,所运有多寡,所费有繁省。河漕视陆运之费,省什三四,海运视陆运之费,省什七八。盖河漕虽免陆行,而人挽如故,海运虽有漂溺之患,而省牵率之劳。"③

张溥亦曰:"天下有三大利,曰西北水田,曰导河入卫,曰海运。……海

---

① 《明会典》卷 26,《会计》二,《起运》。
② (明)华乾龙撰:《海运说》,清娄东杂著本。
③ (明)丘睿:《漕运之宜二》;载(明)陈九德:《明名臣经济录》卷 9 户部二,明嘉靖二十八年刻本。

运者何？自古漕运所从之道，有陆、有河、有海。陆运以车，水运以舟，海运则民无挽轮之劳，国有储蓄之富，此元朱清、张瑄之议也。导河之役重大难言，而水田海运便利易举。虞集初上议时，当国者疑受田以贿成而中格。及至正之季，海运不至，国用匮诎，朝廷始思集言，有海口万户之设，岁亦得数十万石，惜行之已晚，无救土崩耳。海运始于秦攻匈奴飞刍，挽粟起于黄腄琅邪，负海之郡，转运北河。唐人亦转东吴粳稻，以给幽燕。元运仰给江南，发浙西凌黄河，顿中滦，开胶莱，忧劳费甚，伯颜平宋命朱清、张瑄等载宋图籍，自崇明由海道入燕都，后遂建海运之策，命罗璧等造平底海船运粮，从海道抵直沽，万三千三百里，旬日辄达，视河漕费省无算，国岁资之，终元不废议者。"①

　　华乾龙更以自己所了解的航运知识进行论证："臣家居海隅，颇知海舟之便。舟行海洋，不畏深而畏浅，不虑风而虑礁，故制海舟者，必为尖底，首尾必俱置柁，卒遇暴风，转帆为难，亟以尾为首，纵其所如。且暴风之作，多在盛夏今后，率以正月以后开船，置长篙以料角，定盘针以取向，一如番舶之制。夫海运之利，以其放洋，而其险也，亦以其放洋。今欲免放洋之害，宜豫遣习知海道者，起自苏州刘家港，访问傍海居民、捕鱼渔户、煎盐灶丁，逐一次第，踏视海涯，行舟潢道、泊舟港汊、沙石多寡、洲渚远近，亲行试验，委曲为之设法。若夫占视风候之说，见于沈氏笔谈，可保万全"。②

　　而在沿海省份为官者，多见民船通行，对海运可行度亦有较深的认识。如《海运新考》载："该司会同看得，海运系元人故道，除自淮安而北至胶州，见今民船通行不计外，其自胶州转东而北至海仓口，大约不过八百余里，自元至国初，曾通海运，享有成利，其道可寻访而知，稍以民船试行，自可定为国家永利。且今胶河之议，不过欲避大洋之险，别开运路，以防不虞。然见今民船往往通行，何独漕船则为凝畏？况行海省，而挑河费利害十百。除一面差人多方访通之日另报外，但事干大计，伏惟本院再加详酌，转闻早兴百年废功，以垂一朝远利，诚不胜惓惓，为此理合会呈，伏

<hr />

① （明）陈邦瞻：《元史纪事本末》卷12，明末刻本。
② （明）华乾龙撰：《海运说》，清娄东杂著本。

乞钧裁施行。"①

因此,在会通河淤塞不便行船后,明统治者将目光转向海运。如《海运新考》记:"钦差巡抚山东等处地方兼督理营田都察院右佥都御史梁为漕河淤塞粮运艰阻事,牌仰布政司官吏照依牌内事理,即便会同按都二司巡察守巡等道,督同备倭都司并各委官,率领知事人等,亲诣胶莱废河,踏勘计处,务求可成,期济转漕,合用人夫物料银两等项,逐一估计明白,画图贴说通呈。如果难成,亦要多方查访,自胶州至海仓止一带海中,有无元人大洋故道,或别有海边新道,如淮安可达胶州形势,设法悬赏,多方讲究,三路务求一路可通,具由草成图说通呈,以凭裁酌施行,庶可仰承庙谋,为社稷无疆之利矣。"②

二、船户与海运图的绘制

海运飘风,在所难免。因此,虽有支持海运之说,但仍有相当数量的士大夫认为海运甚是艰难,难以成事。如王在晋就曾奏曰:"海道之险,海运之难,臣等累疏言之,不啻详矣,此非臣之私忧过计也。考之元史,至元二十八年,海运漂米二十四万九千六百有奇;至大二年,漂米二十万九千六百有奇。无暇远引,即万历二十五六年,东征海运,飘风泊浪之报,几无虚日。臣捡查原卷,大约十损其贰,海之不可尝试,明矣。今马头嘴等一带海口,为众船湾泊之处,原非极天浩渺无涯无际之中,而乌云黑气之冲霄,异火闪光之照夜。击冯夷之鼓,则海声惊灌,耳之雷扬;风后之威,则腥氧动,潜鳞之阘,波浪压帆樯之上,而舟杭投海窖之间,取之则粒粒如珠,而弃之则飘飘似叶,浮游逐浪,谁从海上招魂变化为鱼,信是人间劫煞。彼舣湾泊岸之舟,尚不禁风狂浪恶,藉遇飓于江洋大海,舟楫其宁有片板,人其宁有噍类哉!"③

故此,虽有海运之想法,却难以即刻付诸实践。为此,出现了折中的提议,有官员建议在小规模试运基础上逐步扩大。如王宗沐在《海运详考》中

① (明)梁梦龙撰:《海运新考》,明万历刻本。
② (明)梁梦龙撰:《海运新考》,明万历刻本。
③ (明)王在晋:《三朝辽事实录》卷3,明崇祯刻本。

言："夫邳河既未能猝通,而胶莱又恐不足以济,故以愚见,莫如径通海运。今诚得二万金,以六千金造船六只,以余银募登莱海岛居民。约船大小,每船须五十人上下,以三只自登州而北至直沽,三只自登州而南至淮安,每船皆给以公文,及赍带重物到彼处官司交投为验,还归登州,凡可往返三两转,即系海道通行。然后通议造船派运之法,悉元人规制,详见后条。银发海右守巡及海道督造募招,每船给一大牌,通书船上水手姓名,又每人给一小牌,俱书年甲籍贯,以防改替。仍每船给画工一人,以便图录标记停泊山崖之名,则明年之春即可以所造之船先赴淮安兑运,止数万石,如元人初年之例,其事之必可成。"①

由是,在确定执行海运政策之前,朝廷先让地方组织兵民先行先试,冀望在总结经验和对海道更加了解的基础上,做出正确的判定。而地方官府在勘察海道过程中,要"将海洋新道、故道,设法悬赏,多方踏访,草具图说,并将海道因革事宜酌议周妥具呈,以凭裁酌施行"。②为此,地方官府咨访民间,提供优厚条件,有赏银、赎罪、优免等报酬,以寻求习海之民户。提出："沿海地方,不拘官吏军民及岛中流寓之人,但有熟知自胶州至海仓一带,或大洋故道,或靠边新道,如淮安可达胶州之类,许画图贴说,赴该道审试明白,转送本院陈禀,如果真确可通粮运,有功之人先赏银一百两,仍具题擢用,如不愿赏银,或愿优免,或愿赎罪,俱听其便。"③这样,形成海运草图。

但海运关乎军国大政,首重稳妥,于是在对海道有一大致了解之后,朝廷先进行试运,同时核对补充海运途中所必须了解的湾泊港湾、应避险处等航行信息。而这些航路,对于沿海之民,已是熟稔,如《西园闻见录》有载："自淮安而下,望东北历鹰游山、安东卫、石臼所、夏河所、齐堂岛、灵山卫、古镇、胶州鳌山卫、大嵩卫、竹村寨(莱阳属)一带海面,二十年来,土人、淮人、岛人贸易南北货物,已为熟路。自海洋所历竹岛、宁津所、靖海卫,望东北转过成山卫、刘公岛、威海卫,转西历宁海卫一带海面,二十年来,土人、岛

---

① （明）王宗沐：《海运详考》；载（明）陈子龙：《明经世文编》卷345,明崇祯平露堂刻本。

② （明）梁梦龙撰：《海运新考》,明万历刻本。

③ （明）梁梦龙撰：《海运新考》,明万历刻本。

人遍洋采捕,商贩达淮,往来不绝。……自岞屺岛,望西历三山岛、芙蓉岛、莱州大洋、海仓口,土人、岛人采捕、商贩,往来不绝。因切近备倭衙门,颇为回避,自海仓口,西历淮河海口、鱼儿铺,西北历侯镇店(青州属)至唐头寨(青州属),土人、岛人商贩不减于胶淮。自侯镇望西北,大清河、小河、海口、济南利津县属乞沟河,入直沽抵天津卫,东西南北往来尤多"①。因此,为了更好完成任务,地方官府大力发动民间航海群体,并提供各种奖励措施,如:

> 沿海地方,不拘军民人等,如有情愿将自己或收买杂粮,用自己船只装载,自胶州海口起至天津粜卖者,许赴该道禀知,给与执照,赴天津粜卖毕日,备开海中经行湾泊及险要去处,同执照赴道销缴。系良民,重加犒赏,或系有罪人犯,情愿输粟备船装运赴彼粜价纳官贮库赎罪者,听从其便,将各姓名呈报本院,以凭优处。

> 据莱州府见监详允,军犯华诏等告称情愿输粟,以赎前罪。又据青州府义勇官鲁矿呈,要照例纳授青州卫镇抚。本道定拟华诏出米四百石,鲁矿援例该银一百八十两,见今勒令备银,押赴淮安籴买,其余再行设处,务足二千石之数。行委指挥王惟精千户陈璋押运,及委登州府通判李应斗前去淮安,督令买完前米,如法装载,合用船只,听诏等自行顾觅,本道仍量给官银籴买食米,以资船户盘用。

> 据分巡海右道呈称,委官镇抚宋应期、百户王九经,押运犯人王凤噎买完小麦六百石,装船三只,千户崔士贤、义勇官王收,押运犯人孟崇仕买完小麦六百石,装船四只,俱自胶州起运,踏试海道,即今已过登州,将至天津。

> 海中道路,查访得:南自淮安至胶州,北自海仓口至天津,内经卫所州县海面岛屿,各有商民船只,经行岁久;中段自胶州至海仓口,内经卫所州县海面岛屿,亦有岛人并商民船只经行,二十余年各不闻险阻节行。布政司会同按都二司、巡察守巡等道、备倭都司及带管巡察海道潘

_____

① (明)张萱:《西园闻见录》卷39,《户部》八,民国哈佛燕京学社印本。

副使,前后呈请批委才力官役,照委分踏,覆委通踏,堪以通行。①

　　山东官民的这种勘察海道之举,使朝廷对此段海道海中岛屿、所居民户、泊船港澳、应避之险、风向方位、海底地质等都非常熟悉,且至为稳妥,因此在清廷望行海运时,也如是为之。如浙江巡抚阮元言:"行海在乎熟习,神而明之,存乎其人甚矣,得人之宜先务也。夫以海运告人,人莫不以其言为河汉也。然使河运而善此事,诚为过举,如其不然,则海运亦岂得已哉。故《大学衍义补》亦云:先行下闽广二藩,访寻旧会通番航海之人,许其自首,免其本罪,及起取惯驾海舟灶丁,令有司优给津遣。既至,询其中知海道曲折者,使陈海道事宜,许以事成,加以官赏,俾其监工,照依海船式样,造为运舟及一应合用器物。就行委官督领,其人起自苏州,历扬、淮、青、登等府,直抵直沽滨海去处,踏看可行与否,先成运舟十数艘,付与驾使,给以月粮,俾其沿海按视,经行停泊去处,所至以山岛港埂为标识,询看是何州县地方,一一纪录,造成图册。纵其往来十数次,既已通习,保其决然可行无疑,乃于昆山太仓盖厂造船起运。可则行,不可则止。斯事也,斯言也,未始非千虑之一得也。故曰,可以乐成,难以虑始"。②

　　通过咨访海道和试行海运,官府对沿海航运内容有了较详细了解,并将其中重要岛屿标于海运图中,同时附以航路航程等文字贴说。但在流传过程中,海运图和文字贴说出现剥离现象,在大量舆图辑汇中,仅收入草图,而《郑开阳杂著》中,虽有海运图说,但在航路方面亦语焉不详。因此,下面以《郑开阳杂著》中所收入"海运图"为基础,综合《山东通志》中对海运航程的记载,将当时海运行经岛屿摘取出来,逐一阐述这些岛屿在航运过程中所扮演的角色。

三、海运图中岛屿与沿海航运

海运图是为指导海运粮饷之用,其图中所绘内容与沿海航运有密切

① （明）梁梦龙撰:《海运新考》,明万历刻本。
② （清）阮元:《海运考下》,见《清经世文编》卷48,《户政》二十三,清光绪二十年本。

关系。

（一）福州五虎门开船至茶山（见图5-1），此为福建海运之道，到此与刘家港北上运舶同路。图中此段仅有王家岛、三仙岛、东门山、屏风山和昌国卫等少数岛屿标注。

图 5-1

王家岛。乃一泊船之地，《武备志》载："五虎门开洋，望东北行，正东便是裳衣山，正北是定海千户所，东南是福清县盐场，一日至王家峡海岛泊"。①

三仙岛。即象山县海中的三蒡山，"其上有三峰，又名三仙岛。至春，百花盛开，绮丽夺目"②，"可观云"③。可见，乃是占云之所，以确定是否适合航行。

屏风山。在福宁州东门迤南而西海中有一屏风山，《读史方舆纪要》谓其"在烟波浩渺中，难以里记"④，为往来商船停泊之处，《粤闽巡视纪略》云："屏风山在嵛山之北，南来商船，皆自此收澳。箕笪、秦屿、八都、青澳皆为贼冲，恃此扞之。嘉靖三十八年（1559）四月，海寇洪泽珍引倭入寇，攻福宁州，分守参议顾翀固守五昼夜，得不陷。贼移攻福安县，破之。参将黎鹏举率指挥卢鼎臣等大败贼于屏风屿，又追之镇下门，获其四舟，贼毁巢遁去"⑤。而据《武备志》载，在大佛头山附近，"离温州，望北行到桃青千户所圣门□泊，开洋，至大佛头山、屏风山"⑥。大佛头山为交通要道，地处象山"县南五十里海中，其地名南田，海中十洲，此为第一。日本入贡，每望此山为向道。图说云：'大佛头山有斗底虾奥、乌头青、后城、壶底等奥，系倭船

---

① （明）茅元仪：《武备志》卷141《军资乘饷》，明天启刻本。
② （明）陆应阳：《广舆记》卷11，清康熙刻本。
③ （明）黄润玉：《（成化）宁波府简要志》卷1，清抄本。
④ （清）顾祖禹：《读史方舆纪要》卷96，清稿本。
⑤ （清）杜臻：《粤闽巡视纪略》卷下，清康熙三十八年刻本。
⑥ （明）茅元仪：《武备志》卷141《军资乘饷》，明天启刻本。

往来栖泊处'"。① 如此,此屏风山非福宁州之屏风山,而应在温州以北地带,即"香山县东北三十五里"处,"过此为湖头渡"。②《水道提纲》也有相关记载:"金乡卫东南有小口三,曰大渔口、曰石塘口、曰赤溪口,岛曰鸡山、曰七星山、曰屏风山"③。

东门山。在象山"县治南一百二十里海中,如门,下横石如阀"④,属海道要冲⑤,据宝庆《四明志》记载,在东门山侧曾设有东门寨巡检,因此地"当海道之冲,舟舶多舣于此。嘉定二年(1209)置寨官一员于定海,拨水军六十人更戍之"。⑥《读史方舆纪要》亦言:"明初昌国卫置此,倭寇往往由此南犯温台,为必备之险。……有南北□壳莱蓝等奥,可以避风泊船。贼由日本而来,每望此山收泊。嘉靖中,设军哨守,山外又有鸡笼屿,其外一望大洋,别无岛屿,倭从韭山南来,道必经此,亦戍守要地也"⑦。同时因为山下横石,行船不易,为求平安,盖有东门庙以祈求一帆风顺。据《四明图经》记:东门山,在象山"县南海中,去州一千二百里。其山与台州宁海县接境,山高二百丈,周回二十五里,两峰对峙,其状如门,阔一百五十余步,下有横石如闸,潮退之时,奔水冲涌,不可轻涉,惟波平风息,乃可以渡。其下有庙,号为东门,盖在宁海之东,故以名之。其庙神传为天门都督,或云今置庙处,正当古鄞县东南,是承西北天门之势,庙侧之水,亦自西北山而来,故有天门之称,尊敬其神。方之连率都督行旅,往返无不致祀,随其诚怠,咸有感应。唐贞观中,有会稽人金林数往台州买贩,每经过庙下,祈祷牲醴如法,获利数倍,尝因祭毕,解舟十余里,欻然暴风吹舟,复回,不得前进,舟人怖甚,谓必有忤于神,果误持胙物而去,乃还致庙中,更加祈谢,即得便风,安流而去。永徽中,又有越州工人蔡藏,往泉州造佛像,获数百缗,归经此庙,祀祷少懈,

① （清）顾祖禹:《读史方舆纪要》卷92,清稿本。
② （清）嵇曾筠:《(雍正)浙江通志》卷97,文渊阁四库全书本。
③ （清）齐召南:《水道提纲》卷1,文渊阁四库全书本。
④ （明）黄润玉:《(成化)宁波府简要志》卷1,清抄本;（明）李贤:《明一统志》卷46,文渊阁四库全书本。
⑤ （清）嵇曾筠:《(雍正)浙江通志》卷14,文渊阁四库全书本。
⑥ （宋）罗濬:《(宝庆)四明志》卷21,宋刻本。
⑦ （清）顾祖禹:《读史方舆纪要》卷92,清稿本。

舟发数里,遂遭覆溺,所得咸失,而舟人仅免焉。其庙建置年月,即无碑碣可考,皇朝建炎四年(1130),赐今额"①。

昌国卫。明初所置,位于舟山,为"定海之外蒲","为澳者八十有三,五谷之饶,鱼盐之利,可供数万人,不待取给于外"。② 距定海"府城南三百五十里"。③《筹海图编》言之"坐冲大海,极为险要。石浦关切,近坛头、韭山,乃倭夷出没进贡等船咽喉必由之路"。④

(二)自茶山至莺山,此段为江浙运道,航运历史久远,而其中主要岛屿为茶山、遮口山、洋山和崇明(见图5-2)。

茶山。"浪花如茶末,夜看浪泼如大星"⑤,特点突出,标志明显,便于海中船舶判断位置,为海中往来要道。《渡海方程》及《海道针经》所载"太仓往日本针路"均经此,"宝山道南汇嘴,用乙辰针,出港口,打水六七丈,沙泥地是

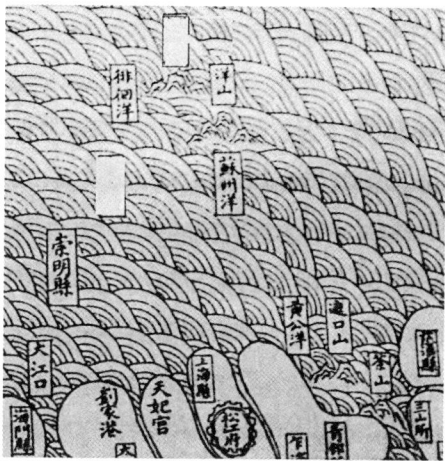

图 5-2

正路,三更见茶山。茶山水深十八托"⑥。倭寇来犯,如遇"东南风,必由茶山入大江,犯直隶。所以然者,以海中山沙,自马迹而北,至于崇明,或断或续,互相连络,船不能东西飞渡"⑦。而自太武往太仓,至大小七山后,"一路打水六七托,船千万看流水急慢,务要见茶山取港口,收宝山,进入太仓港内"。⑧

① (宋)张津:《(乾道)四明图经》卷6,象山县,清刻宋元四明六志本。
② (明)方孔炤:《全边略记》卷9,明崇祯刻本。
③ (明)王鸣鹤:《登坛必究》卷6,清刻本。
④ (明)郑若曾:《筹海图编》卷5,清文渊阁四库全书本。
⑤ (明)王圻:《续文献通考》卷40国用考,明万历三十年松江府刻本。
⑥ (明)郑若曾:《筹海图编》卷2,文渊阁四库全书本。
⑦ (明)王鸣鹤:《登坛必究》卷10,清刻本。
⑧ (明)唐顺之:《武编》,前集卷六,明刻本。

遮口山。为元时海运所经之地,定海卫"开洋,望北行驶至遮口山、黄公洋,至烈港千户所"①。

洋山。"乃苏松御倭海道之上游也。旧闻此山涂浅,不可以泊舟,惟娘娘庙四南,略有泥涂可以暂泊。今乃知其不然。盖海舟,必得山峙而后可泊,无峙之山,不可以避飓风,如之,何敢泊也。洋山,乃两头洞,西北高百余丈,周围约七八十里,形如圈树,其中有十八峙,如一大湖,可藏数百艘。湖口面北,娘娘庙在焉。海水咸不可食,唯山岭有一池泉,淡可汲,倭船与我兵船必舣而汲"。② 因此,唐顺之有言:"洋山,孤悬海外,而岛夷出没,冲也",为明时官兵往来巡哨重地,"南北会哨,昼夜扬帆环转不绝,其远哨必至洋山"③,"江南控扼在崇明,浙东控扼在舟山,天生此两块土大海中,以障蔽浙直门户,诸哨船皆自此分,而南北总会于洋山"④。

崇明。为殷明略所开运道之放洋所在,"最后殷明略又开新道,从刘家港入海至崇明州三沙放洋,向东行入黑水大洋,取成山转西至刘家岛"⑤。也是"贼必经处","特设参将以为水兵各将之领袖,而又于中添设游兵,二把总分驻行治,营前二沙,往来巡哨,所以远哨海洋,遮蔽港口也"。⑥ 其地多有懂海之人,如"沈廷扬,崇明人,以海运第于时见用,加衔光禄少卿,后从鲁监国于海"⑦。

（三）自莺山至大姑口（见图 5-3）,为明末海运重点勘察路段,对所经岛屿、船只湾泊之处、应避之险和方位风向等均有详细记载,下面以《山东通志》中所记载的勘察海道资料为线,将官府对此段运道中航海岛屿的开发利用情况作一梳理。

① （明）张萱:《西园闻见录》卷 39,户部八,民国哈佛燕京学社印本。

② （明）郑若曾:《洋山记》;载（明）陈子龙:《明经世文编》卷 270,明崇祯平露堂刻本。

③ （明）唐顺之:《条陈海防经略事疏》;载（明）陈子龙:《明经世文编》卷 260,明崇祯平露堂刻本。

④ （明）唐顺之:《浙直控扼》;载（明）陈子龙:《明经世文编》卷 260,明崇祯平露堂刻本。

⑤ （明）陈邦瞻《元史纪事本末》卷 12,明末刻本。

⑥ （明）方孔炤:《全边略记》卷 9,明崇祯刻本。

⑦ （明）东村八十一老人:《明季甲乙汇编》卷 4,旧抄本。

1. 莺山。

莺山，又称莺游山、虞游山，是淮安出船所经之地，据《万历会计录》记载："自淮安府开船至八套口，计三百余里，系河道，可为一程。自八套口开船至莺游山，约二百四十里，用东南风一日可到，为一大程。如风不便，九十里可投五丈河，又西北一百余里，可投狭口湾泊，容船五百余只"①；也是崇明北行之重要停泊之所，据《五杂组》载："崇明县，孤悬海外，而大阴、新安诸沙，生聚甚伙。福山直对三爿沙，傍通扬子江，与狼山相望。若东洲河、七星港、竖河口、黄泾河，不下十余口，海潮灌浸，直达维扬。转

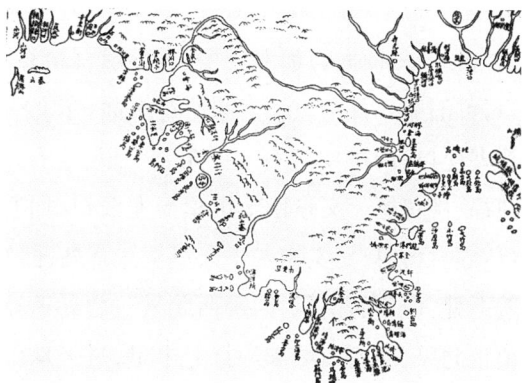

图 5-3

而西行，有三槿、大横、深浜、非予四口，张方、大楼、沥水、姜系、掘港五港，一望无山，其川山洼、川渔洼、三寨洼，狂澜澎湃，殊其险剥，水纹斑斓，因号虎斑水，仅得开山，无盃可泊，至射洋湖之云梯关宿焉。适反风解缆，自辰至申，泫泫颓波，极目无际，漏下三鼓，得抵莺山之湾"②。自崇明至莺游海程今千里，可分二段，自崇明过瞭角嘴至大河营约程三百余里，自大河营经胡椒沙、黄沙洋、酣沙、奔茶场、吕家堡断龙江、淮河口至莺游山，约程六百余里。③

2. 斋堂岛。

斋堂岛，属诸城县，"东南两岸皆项链，悬处海中，周围二十余里，上无居民、田地，对面老岸，多礁石，正北有琅邪山，上有庙宇，下有居民，岛下水深一丈五尺，细泥底，可容数十艘，避西北、正北、东北、东南风"④。《大清一

---

① （明）张学颜：《万历会计录》卷35，明万历刻本。
② （明）谢肇淛：《五杂组》卷4，明万历四十四年潘膺祉如韦馆刻本。
③ （明）郑若曾：《江南经略》卷3下，文渊阁四库全书本。
④ （清）岳浚等监修，杜诏等编纂：《山东通志》，《海疆图》卷20，海疆，清乾隆元年刻本，第12页。

统志》有载：斋堂岛"在诸城县东南琅邪山东南海中，去岸五里。相传始皇登山，从臣斋戒于此，故名。岛中地千余亩，多土少石，甚肥饶。产紫竹、黄精、海枣。元时海运粮船悉泊于此"①。

斋堂岛界于莺游山和唐岛之间。莺游山往斋堂岛航路为："自莺游门起，东北远望琅邪山，山前投斋堂岛湾泊，约四百里，为自南而北入山东界之一大程。岛西面有泥滩三里，可容船百余只，如船多，岛东北三十里有龙湾口，可泊船二百余只。中间所过水面，东北一百九十里至涛雒口，又二十里至夹仓口，回避望海石。又东三十里，至石臼所海口，回避石臼栏、胡家栏、曲福、桃花栏。又东四十余里至龙汪口，回避黄石栏。又东二十里至龙潭，可容船百余只。又东二十余里至沐官岛，回避胡家山。以上可泊五处，应回避七处，俱用西南风，回避西北风"；唐岛返斋堂岛航路为："自唐岛开船，若值正北风，向西南坤未约行七十里，过大珠山，古镇口，又约行三十里，至斋堂岛湾泊，计程一百里"，"所过大珠山、古镇口俱属胶州，自齐堂岛南行二百四十里，至莺游山，即属江南淮安府海州界矣。"②

其中，泊船处除斋堂岛容船二百余只、龙潭容船百余只、琅邪山可容数十艘外，尚有涛雒口，"可容船十余只"；夹仓口，"可容船二十只"；石臼海口，"可容船六七十只"；龙汪口，"可容船三十只"。③

此外，航路中还记有引航、樵汲之岛山。如：琅邪山，"在诸城县东南一百五十里，东枕大海。齐景公欲遵海而南放于琅邪，即此"④，是山"三面皆浸于海，惟西南通陆。……有山嶕峣特起，状如高台，即琅邪台也"⑤，为来往船只引航之用；沐官岛，"在诸城县南信阳场东南里许海中，相传秦时从官斋沐于此，故名"⑥，乃一边海民户樵采和行船补充柴火之处，"岛形广半里，袤有里半，海洋产海狗。岛上多石，确不可耕，惟生草莱"，"至今海滨居

① （清）穆彰阿等：《（嘉庆）大清一统志》卷170，四部丛刊续编景旧抄本。
② （清）岳浚等监修，杜诏等编纂：《山东通志》，《海疆图》卷20，海疆，清乾隆元年刻本，第12、23页。
③ （明）张学颜：《万历会计录》卷35，明万历稿本。
④ （明）李贤：《明一统志》卷20，文渊阁四库全书本。
⑤ （清）顾祖禹：《读史方舆纪要》卷30，清稿本。
⑥ （清）穆彰阿等：《（嘉庆）大清一统志》卷170，四部丛刊续编景旧抄本。

民樵采赖之";①大珠山,"在胶州南一百二十里海滨,上有石室,俗传晋陈仲举隐此得仙"②,"又名玉泉山,壁立万仞,势压群山,有石门,门下有泉,自岩穴中迸若吐珠"③,可为行海之人提供淡水资源。

3.唐岛。

唐岛,界于斋堂岛和黄岛之间,"唐岛属胶州,周围四五里,上无居民,悬处海中,中有露开石一条,如带,与旱地相通,潮涨则没,潮退则露,徒步可行。隔山即旧灵山卫,岛居正南,旁有两口,俱西南向,其西边海口狭小,水深一丈五尺,泥底,可容二十余艘,避飓风,东边海口宽阔,亦可泊船,避飓风,但多礁石,海船以进口为艰,凡往来者多在西口停泊,自东南而北以至正西皆高山环抱,有地及居民,正南海中有水,灵山东北远望犹见劳山"。自黄岛返唐岛航路为:"自黄岛开船,若值西北风,向东南巽巳行,出淮子口,转南方巳丙约行三十里,过小珠山,田岛,转西南坤未约行三十里,过薛家岛,复行十里,向东北放进唐岛西口湾泊,计程七十里"。④

此航路除唐岛可容二十余艘船外,薛家岛亦可湾泊,而小珠山则为航标。薛家岛,"在胶州东南九十里海中,阳武侯故居在焉"⑤,前可泊船二三只⑥,"水中多海带草,可为席箔或作衣絮。谚云:'进了薛家岛,海带裤子海带袄'"⑦。小珠山,"在胶州南九十里,错水由此入海"⑧,山势甚是高峻,故有诗赞曰:"毋谓小珠小抬头,万仞余天桥行处"⑨,可为行船引航用。

---

① (清)顾炎武:《肇域志》卷20,清抄本。

② (明)李贤:《明一统志》卷25,文渊阁四库全书本。

③ (清)顾炎武:《肇域志》卷18,清抄本。

④ (清)岳浚等监修,杜诏等编纂:《山东通志》,《海疆图》卷80,海疆,清乾隆元年刻本,第22页。

⑤ (明)陆釴:《(嘉靖)山东通志》卷6,明嘉靖刻本。

⑥ (清)谈迁:《北游录》,"海运新考",清抄本。

⑦ (清):冯云鹏:《扫红亭吟稿》卷7古近体诗,甲申夏日胶州咏古二十四首,清道光十年写刻本。

⑧ (明)李贤:《明一统志》卷25,文渊阁四库全书本。

⑨ (清):冯云鹏:《扫红亭吟稿》卷7古近体诗,甲申夏日胶州咏古二十四首,清道光十年写刻本。

4. 黄岛。

黄岛，"属胶州，悬处海中，周围二十余里，有居民，田地，通淮子口，大洋西北九十里达胶州及胶莱河，东南有小珠山回抱，对向一带沙坡，东北望见劳山岛，岛下水深六丈，沙底，可容数十艘，避东风、南风，洋船、沙船到胶州贸易者，由此经过，乃咽喉之要地也。所过辉村岛、青岛俱属胶州，可容数十艘，避东北、西北、正北风，洋船不得进淮子口者，多于二处停泊"。自福岛返黄岛的航路为："自福岛开船若无风，乘潮顺流而行，向正西庚酉约行七十里到淮子口，转西北乾亥，行至黄岛湾泊，计程七十里"。①

在此航路中，至淮子口时特别提到转西北乾亥以避险。淮子口，在胶州城东，最为险要，内多隐石，潮长不见，为行船注意之处，曾有为避开淮子口而另开航路之举，"明嘉靖年间，海防道王献议开马家濠"②，但对于民间行海之人而言，多走此路，"胶淮商贩一向往来甚众，已成熟路"③。

5. 福岛。

福岛，"一作浮（岛），即墨县南五十里颜武社地方，船由岛后好行，亦可湾泊"④，为元时海运运道，"淮口经过胶州海门、浮山、劳山、福岛等处，沿山一路东至延真岛"⑤。

福岛界于斋堂岛和田横岛之间，斋堂岛至福岛航路为："自斋堂岛等处开船，正东由胶州灵山岛东北边望劳山，前投福岛湾泊，共约二百余里。此岛周围二十里，西南有泥滩二里半，可容船六十只。如船多，岛西五十里有董家湾，阔大可容船三百余只，中间所过水面。东四十里至古镇口，回避海子嘴，又东五十里至灵山岛，岛西南嘴可容船二十只，回避东北、正东风。岛东北鼓楼圈可容船十余只，回避正北、西北风，此处虽可容船，不宜久住。东北六十里至唐岛，可容船二百余只，避东风、东北、正北风，回避露明石（即

---

① （清）岳浚等监修，杜诏等编纂：《山东通志》，《海疆图》卷20，海疆，清乾隆元年刻本，第22页。
② （清）陈文述：《颐道堂集》文抄卷1，清嘉庆十二年刻道光增修本。
③ （明）梁梦龙：《海运新考》卷上，海道湾泊，明万历刻本。
④ （明）梁梦龙：《海运新考》卷上，海道湾泊，明万历刻本。
⑤ （明）陈全之：《蓬窗日录》卷3，上海书店出版社2009年版，第161页。

淮子口）。又东五十里至小青岛,避正北、东北风。又东六十里,至董家湾,回避捉马嘴。以上可泊五处,应回避三处,俱用西南风,回避西北、正北、东北风";由田横岛至福岛航路为:"自田横岛开船,若值东北风向西南坤未约行九十里,过管岛、车门岛,过劳山头,巍峨耸翠,巨浪险恶,转正西庚酉行三十里,过劳公岛,从西南逶迤进福岛湾泊,计程一百二十里"。航路后附言:"福岛,本名徐福岛,属即墨县。是岛背东面西,悬处海中,周围二十余里,有地七十余亩,皆傍山下,登窖口之民渡水来耕,收获即返,上无居民。正西港内有小岛,名劳公岛,自东北以及正西一带高山,长数十里,皆名劳山,岛口水深一丈五尺,黑泥底,可容二百余艘,洋船多在此停泊,可避飓风,所过管岛、车门岛、车公岛,均属即墨县。"①

此航路中古镇口也是泊船之所。古镇海口属胶州,"可寄碇"②,"容船三百余只"③。

6. 田横岛。

田横岛,在即墨东北百里处,"四面环海,去岸二十五里",④"方三十余里,尤平广可耕,且由岸抵岛,多礁石,不可直达。嘉靖中,有奸氓盘踞于此,渐为寇盗,官兵扑灭之,患始息"⑤。亦称横岛,盖因"横众五百人"死焉而名。⑥ "悬处海中,长十里,广里许,上有地,居民十余户,岛之东北皆沙滩,西南皆礁石,隔水西南有坡头山,西有小岛,皆悬处海中,相映对峙,岛下水深二丈,沙泥底,可容百余艘,避东北风。"⑦

田横岛界于福岛与靖海卫之间,自福岛往田横岛航路为:"自福岛开船,东二十里回避老君石,远望田横岛湾泊,约一百五十余里。此岛周围三

---

① (清)岳浚等监修,杜诏等编纂:《山东通志》,《海疆图》卷20,海疆,清乾隆元年刻本,第12、23页。

② 《(光绪)顺天府志》卷56,经政志,清光绪十二年刻五十年重印本。

③ (明)张学颜:《万历会计录》卷35,明万历稿本。

④ (元)于钦:《(至元)齐乘》卷1,清乾隆四十六年刻本。

⑤ (清)顾祖禹:《读史方舆纪要》卷36,清稿本。

⑥ (明)李贤:《明一统志》卷25,文渊阁四库全书本。

⑦ (清)岳浚等监修,杜诏等编纂:《山东通志》,《海疆图》卷20,海疆,清乾隆元年刻本,第22页。

十里,可容船二百余只,如船多,岛东七十里有阔落湾,可容船二百余只,中间所过水面。东北六十里至小管岛,又东十里至大管岛,又东七十里至田横岛。以上可泊二处,应回避一处";自靖海卫返田横航路为:"自靖海卫开船,若值东北风向正西庚酉约行一百五十里,过宫家岛、黄岛至葫芦嘴,水深三丈五尺,石底,又过小竹岛,转正西辛酉约行三十里,过小青岛,又转正西庚酉约行六十里,至大嵩卫,今海阳县,其西南有礁石出水,长十余里,行舟宜避之,正南海中百余里外有千里岛,向西南坤未约行一百里,转向南坤申约行二十里,至横岛,下湾泊,计程三百六十里";途中所经洋面,可泊船之处有"宫家岛,可容三十余艘,避飓风。黄岛可容十余艘,惟西风不宜。湾泊小竹岛,可容十余艘,避西南风。小青岛,可容七八艘,避南风。塔岛可容十余艘,避飓风。乳山口一名琵琶口,可容百余艘,避飓风,俱属宁海州。"①

此外,自福岛往田横岛途中所经小管岛和大管岛也是可泊之所,小管岛,"可容船二十只",大管岛,"可容船十余只"。② 俱在即墨县萧旺社地方,大管岛内外俱可行船。③

7.延真岛。

延真岛,又名何家嘴,"去岸五里,文登县东北二十里"。④

自田横至延真岛为海运北上一大程,经此即可过成山之险而达刘公岛。田横岛往延真岛针路为:"自田横岛开船远望槎山,前投延真岛湾泊,共约四百余里。此岛东西长五十里,遇北风泊南面,遇东风泊北面,可容船百余只。东北岸下有三孤石,旁多隐石,皆宜回避。中间所过水面,东四十二里至杨家湾,又东三十里至草岛嘴,又东三十里至青岛,又东三十里至黄岛,又东北三十里至宫家岛,又东一百五十里由苏门岛至延真岛,以上可泊六处,应回避三处,即三处孤石。"⑤

① （清）岳浚等监修,杜诏等编纂:《山东通志》,《海疆图》卷20,海疆,清乾隆元年刻本,第13、22页。

② （明）张学颜:《万历会计录》卷35,明万历稿本。

③ （明）梁梦龙:《海运新考》卷上,海道湾泊,明万历刻本。

④ （清）谈迁:《北游录》,海道湾泊,清抄本。

⑤ （清）岳浚等监修,杜诏等编纂:《山东通志》,《海疆图》卷20,海疆,清乾隆元年刻本,第13页。

对于田横岛至延真岛航路中间所经过杨家湾、草岛嘴、青岛、黄岛及宫家岛等地湾泊情况,《万历会计录》中有详细记载,"(田横)岛迤西五里朱家圈,可容船百余只;又西伍里宋家圈与草岛前,可容船五六十只;中间所过水面,至东十二里阔落湾,(可容)船二百余只;又东至杨家沟港三十里,可容船三十余只;东至十里,回避刘家岭;又东至草岛嘴,三十里,可容船五六十只;又东至青岛三十里,西圈可容船十余只;又东至黄岛三十里,西南滩可容船十余只;又北至宫家岛,三十里可容船三四十只;又东径过苏岛,直至玄真岛"。①

8. 靖海卫。

靖海卫,"靖海卫城临于海,边在岸之东南,城内有巡检司驻扎,自南而北,一带平阔。正南有铁槎山嵯峨高耸,正西隔海远望见五垒岛,自西南以至西北皆汪洋大海,水深一丈,烂泥底,近岸浅处皆铁板沙底,海口甚宽,但旁多礁石,可泊五六艘,避东南、正北、东北风",为运船南回所经之处。从马头嘴回靖海卫的航路为:"自马头嘴开船,若值正北风用坤申出口,向西方辛字行,过苏门岛,至靖海卫湾泊,计程六十里","所过苏门岛,属文登县,可容四十余艘,避大南风,五垒岛属文登县。"②

此航路所过岛屿,五垒岛和铁槎山俱航海定位之岛屿,于航路中为判定靖海卫之用,故言靖海卫"正南有铁槎山嵯峨高耸,正西隔海远望见五垒岛"。苏门岛除为船只停泊之处外,还是海船补充淡水之处。如嘉庆《大清一统志》记:"苏门岛,在文登县南一百六十里海中,县志相传,与姑苏遥对。岛中出泉甘冽"③。

9. 马头嘴。

马头嘴,属文登县,为海运船只南回湾泊之所,"陆路三十余里,至旧靖海卫海口,西南有马头山、荣光山,西有铁槎山,西北一带平沙,北及东北有齐山、延真岛环绕,东南临大海,岸上有地、村落,居民二十余户,口外水深三

---

① （明）张学颜:《万历会计录》卷35,明万历稿本。

② （清）岳浚等监修,杜诏等编纂:《山东通志》,《海疆图》卷20,海疆,清乾隆元年刻本,第22页。

③ （清）穆彰阿等:《(嘉庆)大清一统志》卷173,四部丛刊续编景旧抄本。

丈余，东北海中有三石礁，宜避，口内水深一丈五尺，俱铁板沙，可容数十艘，避大风，惟东南风浪巨，不便湾泊"。其龙口崖回马头嘴航路为："自龙口崖开船，若值西北风，向西南坤字行三十里，过养鱼池，向正南午字约行八十里，过倭岛，向南方丁未约行三十里，向正南丙午约行四十里，向正西庚酉约行六十里，向西北乾戌收入，泊在马头嘴，计程二百四十里"，"所过养鱼池口，属荣成县，可容二百余艘，避东风，倭岛、延真岛，均属荣成县，延真岛可泊船六七十艘。"①

此航路所过诸岛山，养鱼池和为避风停泊之所，延真岛亦可泊船，上已有详细介绍。所余倭岛、马头山、荣光山，与铁槎山一样，当是航行时以岛屿定方向之用，故见倭岛后有言"向南方丁未"行。

10. 成山头。

成山头，"巨波汹涌，潮涨南流，潮退北流，水势湍急，涛声如雷，三十余里，为南北分汛之地"。自刘公岛回成山头航路为："自刘公岛开船，若值西南风向东南巽巳约行二十里，又向东方乙辰约行八十里，又向东乙卯约行五十里，至成山头。有海口名骆驼圈，可容七八十艘，避飓风，如遇紧急，可以宿泊，对面正北有海驴岛，北有浅沙，宜避。成山头里许，有大卧虎石、小卧虎石暗礁，沉在水中，时起白浪，最为险恶，舟楫往来宜避。过海驴岛，紧近成山头，沿边而行，向东南巽巳历丙午丁未以至子癸，依山麓行，约行四十里至龙口崖湾泊，计程二百四十里。"龙口崖属荣成县，陆路一十里达于城。崖口自西南至南皆临大海，崖之东南有武梁山，东北有仓山，西北有夫人山、成山，西有炮台，岸旁一带平沙，岸上村落二处，居民二十余户，崖下水深二丈，黑泥底，可容二十余艘。洋船过成山北，亦可停泊，避东南、正北、正西风。所过骆驼圈、海驴岛，均属荣成县。②

骆驼圈据航路所知，为可容七八十艘船只、避飓风和紧急时候宿泊的港湾。海驴岛，因岛上多海驴而得名。据《太平寰宇记》记载："海驴岛，岛上

---

① （清）岳浚等监修，杜诏等编纂：《山东通志》，《海疆图》卷 20，海疆，清乾隆元年刻本，第 22 页。

② （清）岳浚等监修，杜诏等编纂：《山东通志》，《海疆图》卷 20，《海疆》，清乾隆元年刻本，第 21 页。

多海驴,常以八九月于此岛乳产,皮毛可长二分,其皮水不能润,可以御雨,时有获者,可贵。"①此岛为骆驼圈往成山头航行时避险定位之用,如《北游录》载:"海驴岛,成山卫东北四十里,可避仙人桥之险"②。

11. 刘公岛。

刘公岛,"属文登县,悬处海中,东南长十里,广六里,北有二海口,南口水面宽阔,舟楫俱可往来,隔水两旁皆有高山环映,正东临大海,有礁石,处海里许,正西隔水乃属宁海州之威海卫城,有巡检司驻扎岛上,有新垦地三顷,计居民三十八户,岛下水深四丈,黑泥底,可容百余艘,避正北、东北风,由岛而西,直通威海卫,诸山环抱,水面宽阔,深二丈,可容百余艘,避飓风,洋船往直沽远东者,过成山头必于此停泊,然后开船,乃要津地。"刘公岛界于延真岛与养马岛之间,自延真岛往刘公岛运道为:"自延真岛开船稍放洋行,东转杵岛嘴,北过成山头,西北望威海卫山,前投刘公岛湾泊,约一百四十余里。此岛可容船六七十只,中间所过水面三十里至镆铘岛西头李家圈,又东三里至鹿岛,又东十五里、西北四十余里至养鱼池,又东北二十余里至黄埠嘴,又东南一里回避成山头,又东七八里回避殿东头,此二处极险,须放洋远避。过此转西三十余里至骆驼圈里,东岸下可容船七八十只,又西三里李丛嘴可容船二三十只,又西十五里至柳奋口,避西北、东北风,又西一百里至刘公岛,回避岛东南礁石嘴,又西四十里至威海卫东门口教场坞,可泊船四百余只,避西北风,以上可泊四处,应回避三处。"自养马岛回刘公岛运道为:"自养马岛开船,若值西南风,向西北乾戌出口转东北艮寅,约行二十里,向正东卯子约行一百一十里,过咬牙嘴,此处众流并集,水势湍急,岸旁有杵岛,水道稍险,又向东南巽巳约行二十里,水深六丈,黑泥底,将进刘公岛北口,有二巨石当流,行舟宜避之,向正南丙午约行十里,至岛下往南湾泊,计程一百六十里。"③

①　(宋)乐史:《太平寰宇记》卷20河南道二十,文渊阁四库全书补配古逸丛书景宋本。

②　(清)谈迁:《北游录》,海道湾泊,清抄本。

③　(清)岳濬等监修,杜诏等编纂:《山东通志》,《海疆图》卷20,海疆,清乾隆元年刻本,第14、21页。

另据《万历会计录》记载："中间所用水面,东至镆鎁岛西头李家圈三十余里,可容船二三十只,避东北东南风;南三里,回避矾石;又东三里,鹿岛东容船一二十只,避北风与东风;又东七八里,回避凹屋港;又东十五里,回避墨石岛;又北十余里,回避杨家坟;又北十里,避饿狼鸥石;又西北四十余里养鱼池,可容船二百余只,避东风与东北风;又东北二十余里黄埠嘴,可容船一百余只,避东北与北风。"①

12. 养马岛。

养马岛,"属宁海州,悬处海中,北临大海,远望西北海上,犹见崆峒岛,正南隔水望见高山,名峀山,山下海岸乃宁海州城,有营守备驻扎,其东南有昆仑山,正东有一带暗沙,潮落方露,中有一道可通舟楫,但水浅,人不常行。舟从口面入宁海州,上有村落数处,共七十余户,地二十余顷,港内水深丈余,黑泥底,可容三四十艘,避西北风。"自芝罘回养马航路为:"自之罘岛开船,若值西南风向正南午子约行四十里,向东方己辰约行六十里至养马岛湾泊,计程一百里。"②

养马岛附近之崆峒岛亦是海上航行一重要岛屿,"宁海州北海中"③,《海运新考》有载:"空空岛,一名崆峒岛,此岛一夜可至登州城外新海口"④。"岛内宽阔可容数百艘,洋船往来庙岛者,多在此湾泊,可避飓风。"⑤

13. 芝罘岛。

芝罘岛,"属福山县,岛北海滨诸山蜿蜒,二十余里,丹崖百尺,耸峙海中,陆路西十里可通福山县,周围四十余里,岛上有龙王庙,居民六十九户,地三顷二十余亩,对面正南有群山拱映,西有长沙环抱,稍远即九姝山磁山岛口,向东水深二丈余,黑泥底,有巨石当流,立于港口,两旁舟楫皆可往来,

① （明）张学颜:《万历会计录》卷35,明万历稿本。

② （清）岳浚等监修,杜诏等编纂:《山东通志》,《海疆图》卷20,海疆,清乾隆元年刻本,第20页。

③ （明）陆釴:《(嘉靖)山东通志》卷6登州府,明嘉靖刻本。

④ （明）梁梦龙:《海运新考》卷上海道日程,明万历刻本。

⑤ （清）岳浚等监修,杜诏等编纂:《山东通志》,《海疆图》卷20,海疆,清乾隆元年刻本,第14、20页。

口外水深七丈,黑泥底,东北有七八小屿,名崆峒岛。"芝罘岛界于刘公岛与八角海口之间,"自刘公岛开船至之罘岛湾泊,约二百余里,此岛东南长二十里,可容船一百余只。岛迤东三十余里有崆峒岛,前可容船二三十只。中间所过水面,迤西一百四十里至养马岛,回避西北风,又岛西回避炼石嘴,西北五十里系崆峒岛,又西三十里系之罘岛,以上可泊二处,应回避一处","自八角海口开船,若值正南风甚微,则击楫而行,向东方乙辰约行六十里,至之罘岛山麓,水深七尺,黑泥底,复向东南辰巽沿山麓,约行二十里,向正西辛酉进口,至岛下湾泊,计程八十里。"①

其中所过养马岛亦为避风泊船之地,如《万历会计录》记载:"东柄上老鸭港可容船三四十只,避西北风。"②

14. 沙门岛。

沙门岛,在蓬莱"县北海中五十里"③,"海艘南来转帆入渤海者皆望此岛以为标识"④,向为舟船行走之地,岛上居民贯涉波涛,乾德二年(964)八月,沙门岛居民得到专门以舟船渡女真所贡马匹的命令,以此取代其租赋。⑤

自芝罘岛至沙门岛航路为:"自之罘岛开船至沙门岛湾泊,约一百八十里。岛东南汪周围二三里可容船一百余只,避西北、东北、正北风。中间所过水面,西六十里经八角嘴,又西五里回避龙洞嘴,又西五十里回避四石,又一二里入刘家汪口,避四面风,又西二十里回避湾子口,东北沙港,又西二十里回避抹直口金嘴礁石,又西三里入新河海口,即登州府水城,回避观音嘴石,西北四十里回避长山岛东南嘴沙港,又西十里至沙门岛,以上可泊三处,回避六处。"⑥

① (清)岳濬等监修,杜诏等编纂:《山东通志》,《海疆图》卷20,海疆,清乾隆元年刻本,第14、20页。

② (明)张学颜:《万历会计录》卷35,明万历稿本。

③ (宋)乐史:《太平寰宇记》卷20河南道二十,文渊阁四库全书补配古逸丛书景宋本。

④ (清)顾炎武:《肇域志》卷16,清抄本。

⑤ (宋)陈均:《宋九朝编年备要》,皇朝编年备要卷第一凡七年,宋绍定刻本。

⑥ (清)岳濬等监修杜诏等编纂:《山东通志》,《海疆图》卷20,海疆,清乾隆元年刻本,第14—15页。

对于可泊和回避之处，《天下郡国利病书》中亦有详细记载："新河海口可容船五六十只，口外不宜住船，口里避四面风。中间所过水面，西六十里八角嘴，可容船六七十只，避西北正北风。又西五里，回避龙洞嘴。又西五十里，回避四石。又一二里，刘家汪海口，可容船一百余只，避四面风。又西二十里，回避湾子口东北沙港。又西二十里，回避抹直口金嘴礁石。又西三里，入新河海口，回避观音嘴石，西北四十里，回避长山岛东南嘴沙港"。①

15. 八角海口。

八角海口，"属福山县，去县城陆路四十五里，海口负北面南，一带平沙，东边有礁石出水，离岸数十丈，由西北而西以至东南，有群山环抱，岸上有三官庙，村中居民百余家，岸下水深一丈，细沙底，可容百余艘，洋船亦可进泊避风"，为自刘家汪口南回停船避风之所，"可容船六七十只，避西北正北风"②。

刘家汪口回八角海口航路为："自刘家汪口开船，若值正东风，向东方乙辰约行六十里，到龙门港，其山峻削，玲珑巨石，底水深数丈，向南巳丙约行十里，左望之罘岛，右循海岸进八角海口，水深四丈余，细沙底，复向西北近岸湾泊，计程九十里。"③

16. 刘家汪口。

刘家汪海口，"属蓬莱县，岸长。自北而西以亘东南，其正东临大海，岸北浮出礁石数处，东南有朱高山环抱，岸上二村，居民百余家，田地甚多，岸旁水深一仗，下皆沙泥，可泊五十余艘，避正南、西南、正西、西北大风。"自天桥口回刘家汪航路为："自天桥口开船，若值西南风，向东北艮寅约行十里，又向正东甲卯约行三十里，到湾子口，水深四丈，又向正东甲卯，约行十里，到西凤山，如值东北风，向正东甲卯约行五里，又向东南辰巽约行五里，又向正南丙午约行三里，向西北乾亥至刘家汪口湾泊，计程六十余里"④。

① （清）顾炎武：《天下郡国利病书》，海道历程，稿本。
② （明）张学颜：《万历会计录》卷35，明万历稿本。
③ （清）岳浚等监修，杜诏等编纂：《山东通志》，《海疆图》卷20，海疆，清乾隆元年刻本，第19页。
④ （清）岳浚等监修，杜诏等编纂：《山东通志》，《海疆图》卷20，海疆，清乾隆元年刻本，第19页。

17. 登州水城天桥。

登州水城,原名备倭城,"乃于仕廉分宪东莱时所筑,后遭孔友德之变,生灵赖以保全者数万人,此曲突徙薪之功也"。① 外有天桥,潮满可进船,清人有诗云:"天桥潮满进船多,夜傍红楼磷火过。小海舟人晓相语,当年脂水涨鲸波。"②

自庙岛回登州水城天桥航路为:"自庙岛开船,乘正北风向南巳丙约行三十里,将过长山岛浅沙,若值风急浪涌,难以前进,再行二十里,可停泊于登州水城天桥外,计程五十里。登州府三面环海,依山建城,正北有蓬莱阁,旁有避风亭,东即天桥口,海船可以出入,所过长山岛,属蓬莱县。"③

18. 庙岛。

庙岛,乃"登莱过海之门户"④,"属蓬莱县,南连南峰山,北接凤凰山,中央平坦处城址犹存。长山岛环其东,长沙之外远见,大小竺二山在焉,大小黑山绕其西,东南望见登州府,岛间水深丈余,可泊数十艘,避北风,上有田地五顷六十亩,及神妃显应宫,居民十余家,洋船往来于直沽者必于此湾泊,盖海道咽喉之地也。"自桑岛回庙岛航路为:"自桑岛开船,如值西北风,向东北艮字行使,至庙岛湾泊,约计程一百里。"⑤

19. 桑岛。

桑岛,"属黄县,周围十余里,一带平沙,有龙王庙,居民五十一户,田地九顷零,东有礁石,离岸数丈,突出水面,下有暗礁石,宜避。隔水正南有黄县老岸石,旁水深八尺余,下皆碎石,可泊五六十余艘,避正南、正北大风"。自芙蓉岛回桑岛航路为:"自芙蓉岛开船若值西南风向西北乾亥过小石岛,出雕翎嘴约行四十里,向东方甲寅约行十里,向正东乙卯约行三十里过三山岛,值正南风向正东甲卯约行六十里,向东北艮寅约行一百里,向西北乾亥

①　(明)史惇:《恸余杂记》,登州水城,清抄本。
②　(清)王培荀:《乡园忆旧录》卷5,清道光二十五年刻本。
③　(清)岳浚等监修,杜诏等编纂:《山东通志》,《海疆图》卷20,海疆,清乾隆元年刻本,第19页。
④　(明)陈仁锡:《无梦园初集》,漫集二,明崇祯六年刻本。
⑤　(清)岳浚等监修,杜诏等编纂:《山东通志》,《海疆图》卷20,海疆,清乾隆元年刻本,第18页。

约行四十里,过山母屺岛,向正东甲卯约行六十里到桑岛湾泊,计程三百四十里。"其间所过水面岛屿,"有小石岛,属掖县,可泊一百余艘,避飓风。三山岛亦属掖县,可避东北风,泊二十余艘。山母屺岛属黄县,上有居民十二户,地四顷余,可泊十余艘,避正北、东北、西北风,每春夏间,三山岛、山母屺岛二处渔船毕集,亦捕鱼之所。"①

20. 三山岛。

三山岛,为沙门岛往大清河口所经泊之处。据《海运新考》载,"三山岛,莱州府属,南北二面俱可泊船五十余只,西面有礁石,有龙王庙,西至芙蓉岛约四十里"②。自沙门岛往三山岛航路为:"中间所过水面,南三十里回避大石栏,又西六十里至桑岛,避西北、东北、正北风,回避岛东北二处礁石,又西回避洋栏口礁石,又西十五里即三山岛。以上可泊二处,回避四处。"③

21. 芙蓉岛。

芙蓉岛,"属掖县,循环数里,怪石巉岩,突出海中,背西北面东南,岛上建小海神庙,无村落,岛下水深数尺,底皆细沙,可泊十余艘,避西北、正北大风,岛之北有鹏翔嘴,东北有小石岛一带长沙,正东乃莱州府城,东南有海神庙及莱州府,高山数重,正南有虎头崖,每春夏间天津各处渔船皆在此捕鱼,洋船千石者亦可湾泊"。为淮河口南回经泊岛屿,其航路为:"自淮河口开船,若值正南风,向正东乙卯约行五十里,远望隐见虎头崖及芙蓉岛,又向东北艮寅约行七十里至芙蓉岛湾泊,计程一百二十里","其间所过者有胶莱河口,亦名海沧口,与淮河口相通,乃海运故道,今水浅不堪泊船,自淮河口出浅以后,水皆澄碧,非若直沽之浑浊也。"④

至于芙蓉岛东南之海神庙和正南之虎头崖,《乡园忆旧录》中有较详细记载:"莱州海神庙,甚宏敞。每岁四月之初八日会期,商贾云集,历代碑碣

---

① （清）岳浚等监修,杜诏等编纂:《山东通志》,《海疆图》卷20,海疆,清乾隆元年刻本,第18页。

② （明）梁梦龙:《海运新考》卷上,海道湾泊,明万历刻本。

③ （清）岳浚等监修,杜诏等编纂:《山东通志》,《海疆图》卷20,海疆,清乾隆元年刻本,第15页。

④ （清）岳浚等监修,杜诏等编纂:《山东通志》,《海疆图》卷20,海疆,清乾隆元年刻本,第18页。

林立,约百余。通庙临海,踞高阜后有望海亭,登眺则天海一色,尽目力不知所极,诚巨观也","虎头崖,临海怪石错互。西樵先生有诗,节录数语:'虎头之崖渤海隅,共言奇绝天下无。到来拄杖沙堤侧,周顾果尔形模殊。横堆数拳紫鞍鞨,斜进十丈黄珊瑚。更有怒貌如雷势,欲突碧者翡翠苍。鹧鸪宛如杨氏五,花队纷纷奇错严。又如夫差黄池阵,如火如墨还如荼。侧闻嬴皇鞭石渡,海水秦桥如指通'"。①

22. 淮河口。

淮河口,为南北要道,"淮河属昌邑县,由媒河可通胶莱河,其经流则海淮水也,向东北入海,内深外浅,有栏港沙,约行二十里,水深五六尺,值大雨水发,易淤,不时迁徙,河内可避飓风,倘不遇潮满,水浅难进,岸无居民,由河而上二十里,有南北营二村,居民三四十家,为海船装载之所。"自唐渡河回淮河口航路为:"自唐渡河开船,若值西北风,向东南辰巽约行三十里,值正北风向东方乙辰约行三十里,又向东南巽巳约行六十里,值东北风向正东甲字约行三十里,可泊淮河口栏港沙外,计程一百五十里"。②

23. 唐渡河。

唐渡河即弥河,"属寿光县,向东南入海,旁无居民,河口宽十余丈,潮满水深数尺,难避飓风,其间所过有小清河口,即瀰河门,属乐安县,可泊三十余艘,避飓风"。自大清河回唐渡河航路为:"自大清河口开船,向正东甲卯约行四里,若值正南风,可折戗向南方巳丙约行三十里,值西南风向东南巳字约行六十里,值正北风向东南巽巳约行六十里,若西北风大发,不得收入港口,姑就唐渡河海岸浅沙处,亦可寄泊,计程一百五十里。"③

24. 大清河口。

大清河属利津县,由河而上五十里为丁河,有居民数百家,地名丰国镇,上径利津蒲台以达山东省城,乃济水入海之路,向东北达海河口,宽里许,潮

---

① (清)王培荀:《乡园回忆录》卷5,清道光二十五年刻本。

② (清)岳浚等监修,杜诏等编纂:《山东通志》,《海疆图》卷20,海疆,清乾隆元年刻本,第17页。

③ (清)岳浚等监修,杜诏等编纂:《山东通志》,《海疆图》卷20,海疆,清乾隆元年刻本,第17页。

退水深丈余，下皆黑泥，傍皆铁板沙，岸北名牡蛎嘴，有小海神庙，无村落。东北十里外有栏港洋，船千石者亦可乘潮来往，容百余艘，避飓风，直沽海船多来贩粮，贸易之要地。自三山岛往大清河口运道为："自三山岛开船，西投大清河口湾泊，共约四百余里，此口可容船五十余只，中间所过水面，西五十余里至芙蓉岛，西南面可容船四五十只，又西五十余里回避虎头崖，并东北碎石，又西五十余里至海仓口，回避海口椿木闸石，又西一百一十里，至弥河口，又西四十余里至小清河口，俱外有沙港，不可入，以上可泊二处，应回避四处"；自套儿河返大清河口航路为："自套儿河开船，向北方丑癸出套儿河栏港沙转甲卯又乙辰又巽巳，共约行十里，过浅沙向东南巳字约行一百里，转东南辰巽约行三十里，至大清河湾泊，计程一百四十里"；"其间所过者有大沙河口，属沾化县，可泊二十余艘，避东北、西北风，有绛河口，亦属沾化县，可泊八十余艘，避正南、东南、西南风"。①

25. 套儿河。

套儿河属沾化县，自县西往东逶迤二十余里，向北入海，无村落居民，河口宽里许，潮满水深三丈余，沙路黑泥傍皆铁板沙，可容六十余艘，避飓风。海口东北十里外有栏港沙，宜乘潮出入；自大沽河口返套儿河航路为："自大沽河口开船，向东南巳字行二十余里至大沟河，又行二十里，向正东乙辰约行十余里，向南方末丁过浅沙，至套儿河湾泊，计程五十五里。其间所过者为大沟河口，属海丰县，可泊五十余艘，避飓风。"②

26. 大沽口。

自大清河口往大沽口航路为："自大清河开船投大沽口，约一百八十里，此口可容船二百余只，中间所过，西三十里至大沙河口，可容船一百五十余只，又西北二十余里至大沽口，以上可泊二处，回避一处"。③

---

① （清）岳浚等监修，杜诏等编纂：《山东通志》，《海疆图》卷 20，海疆，清乾隆元年刻本，第 15、17 页。
② （清）岳浚等监修，杜诏等编纂：《山东通志》，《海疆图》卷 20，海疆，清乾隆元年刻本，第 16 页。
③ （清）岳浚等监修，杜诏等编纂：《山东通志》，《海疆图》卷 20，海疆，清乾隆元年刻本，第 16 页。

（四）明末在原有海运的基础上，因辽东军事吃紧，增加了辽海海运。

嘉靖年间龚用卿、吴希孟在"陈边务固边疆以图长治久安事"中就曾提到："一议复海运，以贻远谋。访得辽东地方，绵花布匹取给于山东，由登莱海船运送，风帆顺便，一日夜可达辽东旅顺口。由是每年给散布花，颇得实用。近因正德初，该府具奏，暂解折色，较之原领本色，仅可当半。照得原题止为风波损坏船只，而不知致覆溺者，每见辽东木植贱多，顺为贸易。且驾使之徒，总摄之职不行，用心亦或不保。不知风波之患，不独海运为然，漕河时有之，岂可惩噎吹齑。况今辽东金、复、海、盖四卫山氓，亦各有船往来登辽贸易度活，就令撑驾官船转运花布，给与脚价，编为号数，则彼无私通之罪，吾有公输之偿，壮军气、实边储矣"。①

具体运程郑若曾有过描述："辽运则沙门岛开洋，望北径过砣矶山、钦岛、没岛、南半洋、北半洋、到铁洋，往东收旅顺口。黄洋川西南有礁，黄洋川东收平岛，口外有五馒头山，进口内泊。南边一路老岸，外有一孤山，望成儿岭尽头，东望有三山，正中入内，有南北沙带一条相连，岸深水，可泊。三山西有南山，收进青泥洼，西有松树岛，东有孤山，东北望看凤凰山，便是和尚岛，烽墩下占西，有礁石，西北有仓庙，外有浅滩乱礁，须避。三山北看青岛一路山，望海驼收黄岛、使岛，铁山往西收羊头洼、双岛，有半边山，艾子口看塔山，看连云岛，东北看盖州一路山，看盐场，西看宝塔台，便是梁房口，进入三义河，牧牛庄马头泊。辽运以上系新开海道，非洪永时旧路。"②

《武备志》中也有相关记载，其言："沙门岛开洋，北过砣矶山、钦岛、没岛、南半洋、北半洋、钦山洋，东收旅顺口黄洋川，西边有礁。黄洋川东收平岛，口内泊南洋外洋，成见岭尽东，望三山正中入内，有南北沙相连，可泊。三山西有南山，收青泥洼。西有松树岛，北有孤山，东北望凤凰山，和尚岛墩西有礁石，外有乱礁，避之。三山北青岛一路，望海岛，收黄岛、使岛。若铁山西收羊头洼、双岛，东北看盖州，西看宝塔台，便是梁房口，入三义河，收半壮马头泊"③。

---

①　（明）毕恭：嘉靖《辽东志》卷7《艺文志》，明嘉靖刻本。
②　（明）郑若曾：《郑开阳杂著》，海运图说。
③　（明）茅元仪：《武备志》卷141《军资乘饷》，明天启刻本。

其中所过岛屿,除言明泊船岛屿外,在登州往辽东段航路还有砣矶山、钦岛、旅顺口、平岛等几个重要岛屿。

砣矶山,又称砣矶岛,"在蓬莱县西北一百三十里,沙门岛北七十里。县志产美石,可为砚。相对者,东北为大钦岛、小钦岛、蜿蜒岛,西南为高山岛、侯鸡岛,皆与沙门相联络"①。另据《读史方舆纪要》记:"又有庙岛,在鼍矶西南,毛氏又曰:庙岛、砣矶、黄城三岛,实为登莱门户。黄城之东北曰御林山,砣矶之南有井岛,皆与沙门相连络,砣即鼍之讹也。"②

钦岛,离"砣矶岛约三十里"③。钦岛又分小钦岛、大钦岛,南黄城岛"西南为小钦岛,又西南为大钦岛"④。

旅顺口,指的是旅顺口南城的城门。据嘉靖《辽东志》记载:"旅顺口城,金州城南一百二十里。其城一,北城,洪武四年都指挥马云、叶旺立木栅以守,二十年设中左所,永乐元年设都司官备御,十年指挥徐刚砖砌周围一里二百八十步,池深一丈二尺,阔二丈,城门二,南靖海,北威武。南城,永乐十年徐刚筑砌,周围一里三百步,池深一丈二尺,阔二丈五尺,城门二,南通津,北仁和,登州卫海运军需至此"⑤。旅顺乃辽东海运重要港口,其"抵登州一昼一夜,安行无阻。昔兵备刘九容谓辽东如物坠囊中,出入无路,幸有旅顺口一带,天造地设为辽门户。其开原西北,有老米湾者,自三岔河通之,又旧时海运泊船处也"⑥。

平岛,属金州卫,在城南六十里。⑦ 与登州往来紧密,故有官员提议以平岛为中途卸货点,往返登州与辽东,如《饷抚疏草》记:"以遣官赍银转行登州府县,收买彼中米豆,或小麦、高粮之类,暂贮海口空便官民房屋,俟津

① 《(嘉庆)大清一统志》卷173,四部丛刊续编景旧抄本。
② (清)顾祖禹:《读史方舆纪要》卷36,清稿本。
③ (清)顾炎武:《肇域志》卷21,清抄本。
④ (清)李诚:《万山纲目》卷11,清光绪二十六年长沙刻本。
⑤ (明)毕恭:《(嘉靖)辽东志》卷2《建置志》,明嘉靖刻本。
⑥ (明)魏时亮:《为重镇危苦已极恳乞申饬休养疏》;载(明)陈子龙:《明经世文编》卷370,明崇祯平露堂刻本。
⑦ (明)毕恭:《(嘉靖)辽东志》卷1《地理志》,明嘉靖刻本。

船八帮先运平岛,交卸回空之日,收泊登州,将新买米豆等项,充为二运"①。

四、船户与海运执行

在粮饷海运过程中,驾驶粮船乘风破浪的是卫所士兵与沿海船户,而又以船户为掌船主力。如《海运新考》载:粮船海运,经涉风涛,其把总官军,必须沿海卫所取用,而拦头执舵等役,亦须雇募惯习海道之人。今欲照前已定粮船坐派,淮大等卫旗军领驾,及扣取余下粮银,雇觅水手人等并置办蓬桅等项。又将试运官员充补把总议处,已详相应依,拟题诣恭候命下,移咨总督漕运及巡抚浙江、应天各都御史。自隆庆七年为始,查将海运旗军,如淮安、高邮、长淮、泗州四卫,每卫坐定五百四十名,每年输拨三百六十名,各驾海船三十只;大河卫坐定九百名,每年轮拨六百名,领驾海船五十只;扬州卫坐定九百三十六名,每年轮拨六百二十四名,领驾海船五十二只;通州所坐定三百名,每年轮拨二百四十名,领驾海船二十只;盐城所坐定二百七十名,每年轮拨二百一十六名,领驾海船十八只;台州、温州二卫,每卫坐定三百三十名,每年各轮拨二百四十名,各驾海船二十只;宁波、绍兴二卫,每卫坐定四百九十五名,每年各轮拨三百六十名,驾海船三十只;太仓、镇海二卫,每卫坐定五百七十名,每年各轮拨四百五十六名,驾海船三十八只。以上各卫所,每船旗军十二名,内摘拨二名,支取行月二粮,解贮淮上、海州等处,雇募水手、岛人,分配各船执柁二名,拦头一名,使知海道趋避。②

综上,在官府海运政策出台、执行过程中,民间船户的沿海航运经验和能力起着至关重要的作用,不但是制定海运政策的重要论据,而且在落实执行海运措施中,也是驾驶船舶的重要群体。

第二节 海防图与海域控制

海防图既是官府海域治理的智慧结晶,服务于官府维护海疆安全稳定

---

① (明)毕自岩:《饷抚疏草》卷1,明天启刻本。
② (明)梁梦龙:《海运新考》卷下,"成法复议"条,明万历刻本。

的大局,同时也是官府管控沿海海域的重要资料,体现官府控制海域的方针策略。16—18世纪,随着日本浪人东扰、葡萄牙租占澳门、西班牙和荷兰盘踞台湾等海洋大事的发生,中国沿海海域风云变幻,明初所提倡的武力控制沿海海域的做法再次恢复,官府注重在沿海重要岛屿布兵巡防。表现在海防图上,就是将这些岛屿名称一一标出,并以文字贴说形式注明各岛屿在沿海防御中的重要作用,同时标出各营寨的洋面分界,确定海洋巡哨范围。

一、明末海防理论

明朝初年,汤和整顿边海,曾广建卫所,设置水寨,筑造边海之"万里长城"。明末时期,倭寇扰边,严重威胁海疆的安全与稳定。为防御倭寇侵扰,以求得海不扬波,明末出现大量有关海洋防守策略的议论,其中就有关于沿海海域控制的论述,下面试从中选取文官和武官各二人进行分析。

（一）文官方面选取曾为官福建的王忬和姜宝为代表,他们都是在地方当官时,或与各地官员讨论海防之策,或受地方官员防海策略的影响,提出要恢复洪武时的海防建制。

第一,王忬的《条处海防事宜仰祈速赐施行疏》。

王忬,"字民应,苏州太仓人","嘉靖二十年成进士"。[①] 此疏为王忬巡历福建后,见"近来漳泉等处,奸民倚结势族,私造双桅大船,广带违禁军器,收买奇货,诱博诸夷,日引月滋,倭舟联集,而彭亨、佛郎机诸国,相继煽其凶威,入港则佯言贸易,登岸则杀掳男妇,驱逐则公行拒敌,出洋则劫掠商财,而我内地奸豪偃然自以为得计。如去岁,倭船三十余只,统领倭贼数千,久泊泉州之白沙,所过一空,声震城邑。宁波贼首,则身穿绯袍,直入定海操江亭,而官军闭城求哀,不发一矢"等状况,督同地方官员,昼夜经理,反复参酌可行海防之策。包括八个方面:申明律以正刑诛,惩首恶以绝祸,照边例以便发军,审机宜以调客兵,严会哨以靖海氛,选良吏以清盗源,布宽令以收反侧,议税课以助军饷。其中,"严会哨以靖海氛"一条体现了海域控制的思想,其内容为:

①　（清）汤斌:《拟明史稿》卷20,清康熙二十七刻后印本。

严会哨以靖海氛。臣访得番徒海寇往来行劫,须乘风,候南风汛则由广而闽而浙而直达江洋,北风汛则由浙而闽而广而或趋番国,在广则东莞、涵头、浪北、麻蚁屿以至潮州之南澳,在闽则走马溪、古雷、大担、旧浯屿、海门、浯州、金门、崇武、湄州、旧南日、海坛、慈澳、官塘、白犬、北茭、三沙、吕磉、仑山、官澳,在浙则东洛、南麂、凤凰、泥澳、大小门、东西二担、九山、双屿、大麦坑、烈港、沥标、两头洞、金塘、普陀以至苏松丁兴、马迹等处,皆贼巢也。祖宗之制,分布兵船会哨夹击,我有首尾相应之势,贼有项背受敌之虞,以故不敢盘踞。近因水寨虚设,会哨不行,而贼始无忌惮矣。臣于闽浙海境,量调兵船哨守,渐修旧制,贼或潜遁,但恐南聚广潮,北突苏松,出没外洋,流毒未已,或有以邻为壑之议,合无行下该部,移文两广军门、南直隶巡抚、操江衙门,严督将领一体哨探逐捕,贼既失巢,终当散灭。①

此论建立于航海往来须乘风之航海常识,期望恢复明朝初年建立的各水寨间会哨联合之机制,重在会哨。

第二,姜宝的《议防倭》。

姜宝,"字廷善,嘉靖三十二年进士",曾任"福建提学副使"。② 此议应即在其任职福建期间所书。观其内容,大部分为叙述沿海水寨的恢复与建设,认为洪武初汤信国海上之经略乃御倭最佳之法,即于辽东、山东、直、浙、闽、广,凡沿海要害处,置水寨或行都司以备倭。主要内容为:

闽之五水寨,尤石画也,废不之讲久矣。嘉靖癸亥(嘉靖四十二年,1563)甲子间,二华谭公来开府,提督军务,与总兵戚南塘共访求信国之遗迹,修复之。西为烽火门寨,在福宁州宁德县地方,与浙之温台接壤;次西为小埕,在罗源、连江、长乐三县地方;又次为南日山,在福清县镇东卫,兴化府地方;次东为浯屿,在泉州府,永宁卫同安县地方;最

---

① (明)陈子龙:《明经世文编》卷283,王司马奏疏(王忬),明崇祯平露堂刻本。

② (清)张廷玉等:《明史》卷230列传第一百十八,清乾隆武英殿刻本。

东南为铜山寨,在漳州府漳浦县镇海卫及玄钟地方。彼此接界而接哨,又防之于海之外,是最为策之善者也。漳之月港,向为倭奴窟穴,今改设海澄县,于防御亦为得策矣。第从此更东南,则广东界,而闽广交界之所,为南澳。澳中有柘林、有金屿、有腊屿、有虎屿、有石狮头屿、有鸡母澳、有宰猪澳,有龙眼沙澳,有云盖寺澳,有清澳,有深澳,又有许朝光新旧城,山屿在大海洋,少人屯聚,地甚辽阔,而又有险可据。近年海贼吴平,曾据以叛,造居室,起敌楼于娘娘宫澳口之前后,泊蒙冲巨舰于澳前深处,我师攻之不克,赖戚将军竭谋悉力,仅能驱逐之于广海,而其地未闻有所以经略,他时倭复来,与我内地贼互相结而盘据,为闽广间腹心肘腋患,此不可不逆虑,谓当于五水寨之外,于此更设一镇,即其所为新旧城所,为宫室敌楼增置而修葺,分兵命将戍守之。地可以耕,海亦可以渔,即可省兵饷之四五,或即召募土著统之,以能将为防海永远计,亦一策也。①

此论提出防倭应"于海之外,不当于陆",其办法即在沿海重要岛屿设立水寨,彼此接界而接哨。而后,在论证必须设立南澳镇时,也为我们指出了其为重要岛屿的原因:有停泊湾澳,有险可据,容易成为贼窟。

相比较而言,两位所言均为建议恢复汤信国海防体系,在沿海海域设立水寨,来回会哨,控制沿海海域。但所叙述之侧重点有所不同,王氏认为在设置水寨的基础上必须严会哨方显其效,不然水寨将成虚设;而姜氏则因闽之水寨早成石画,且南澳成为"贼窟"的历史经验教训,重在论述南澳为沿海重要岛屿,并应在恢复已有五水寨的基础上,设置南澳镇,布官兵把守。

（二）在武官方面,分别以嘉靖朝和万历朝抗倭名将戚继光和宋应昌为代表。

戚继光,明末抗倭名将,自组戚家军威震沿海,声达寰宇。宋应昌,明末援朝抗倭主将,并光复平壤,击退倭军。

第一,戚继光,《经略广东条陈勘定机宜疏》。

---

① （明）陈子龙:《明经世文编》卷383,姜凤阿集（姜宝）,明崇祯平露堂刻本。

　　戚继光,字符敬,定远人,为将官世家。祖先开国有功,曾数代担任定州卫指挥签事。至其父景通时虽无蒙荫,但亦因屡杀山东贼而升大宁都司,并掌印入座神机营,人称孝廉将军。戚继光亦累任中军、备倭都司、浙江都司签,而后亲自募兵练就鸳鸯阵,得补浙东参将分部台州,成就戚家军,数平沿海倭乱,与俞大猷并称世之名将。①

　　此疏为戚继光平定南澳后所奏。文中认为"因柘林水兵之变,遂议罢之,是因噎而废食也",选编渔船以为哨船,更是有害而无利,因为"船自驾,必挟己赀,遇贼则利害切身,人各为战,故战无不利;一属于官,于己无复利,害兼之"。因此,他提倡重新设置广东兵寨,并提出设寨遣将、造船置器、募兵支粮、划定海界会哨等建议。内容如下:

　　　　为今之计,相应亟为南澳善后之谋,福建设水兵把总一员,充为南澳东路,广东设把总一员,充为南澳西路,仍以参将一员统领,驻扎大城。其参将、把总,必须会于闽浙,习服舟师条约,实心已试之人。每寨各造大小船只六十号,各用水兵二千五百人,造船置器,募兵支粮,在闽属之巡海道,在广属之海防道,西路即坐潮州桥税,先尽水兵工食,船只器具,每年额费之数支给。其支粮规则,以照闽例。如遇贼众船少,在闽则调刷月港等处船以益之,在广则调刷乌汀等处船以益之,事毕即散,如此则我之节制舟师居什之七,借用船只居什之三,我重彼轻,然后可责其用命。仍定信地,在闽则舟驻玄锺,北至浯屿为界,在广则舟驻柘林,上至惠州盘圆港为界,广东南头船只,仍旧专备省城,东接盘圆港,西量移上西海地方,如此则海防豫修,而疆事克举矣。②

　　从中我们可以看出,戚继光认为控制海域不但需要船、器、粮、将、兵等各种战争胜利的必要因素,还需划定各水寨信地。其中,船、器、粮、将、兵等均为主观变化要素,而划定水寨信地有一定的客观因素,设有水寨之岛屿定

---

①　(明)何乔远:《名山藏》卷79《臣林记》,明崇祯刻本。

②　(明)陈子龙:《明经世文编》卷346,戚少保集,明崇祯平露堂刻本。

处海中重要位置,所属信地则相互接连,有其固定范围。主观变化因素乃为将为帅者个人军事谋略和素质所须具备,水寨信地划定则体现了整个海域控制思想理论的内容,属于政策类上层建筑。

第二,宋应昌,《议题水战陆战疏》。

宋应昌,"字桐冈,仁和人,嘉靖（四十四年,1565）进士。累官山西副使,巡抚山东,上海防事宜,预测倭为患,进选将、练兵、积粟三策。已而语验,廷议服其先见,拜兵部右侍郎,经略朝鲜,假便宜行事。与李如松袭取平壤,进收开城,黄梅、平（安）、（京）畿、江源四道悉下。时兵部尚书石星惑于封贡之说,议撤兵,应昌请留兵协守,星不听,应昌度事难办,引疾乞休。后叙平壤功,加右都御史"。① 可见,宋氏对倭寇之患有较深了解,对御倭之术亦颇为熟络。在《议题水战陆战疏》中,宋氏对水战之法有较好阐述:

> 所藉以侦探者,惟在哨艘,而天津原阙,近查滨海盐船渔船得百余只。盐船原走黑洋贩盐,则月轮六只,远探黑洋,五日一报;渔船捕船则日轮二只,哨出外洋,一日一报,此不过权宜侦探耳。今调来唬船,浙江六十只,南直四十只,而工部委官开厂打造八桨、五桨、把喇、唬等船三四十只,则保蓟水寨哨探似亦足用也。战舰既备,驾之而破倭于海,谁不艳谈。而不知海上机宜,亦微有异。假如大洋之中,倏忽往来,必乘风潮,风顺而潮不顺不利,潮顺而风不顺亦不利。风波汹涌,非但彼船尖摇,而我船亦捏杌,非但彼兵瞑眩,而我兵亦昏呕,皆不利也。且彼乘风而来,则我且居下;顺潮而来,则我且当逆。安在其必胜哉。所谓海战者,是必天造地设生有岸门,不然则岛屿中峙,又不然则沙洲壁立,为彼船必经之口、取水之处、据为巢穴之所,而我乃于此分布兵马,或为设伏,或为掩击,扼其吭而抚其背,批其穴而捣其虚,如浙之焦山,如辽之望海窝,乃为得志耳。至其湾泊,不于岛屿则于沙洲、于港寨,皆藏风避潮之澳,倘依礁石则碎矣。②

① 《（嘉庆）大清一统志》卷285,四部丛刊续编景旧抄本。
② （明）陈子龙:《明经世文编》卷401,宋经略奏疏（宋应昌）,明崇祯平露堂刻本。

此疏在言及海战时虽有怯战于海上之嫌，但其根据倭寇渡海西来之特点，远哨外洋，时刻留意倭寇行踪，并于其"必经之口、取水之处、据为巢穴之所"分部兵马，"或为设伏，或为掩击，扼其吭而抚其背，批其穴而捣其虚"，实乃当世海洋防御之一大良策。

综而言之，明末防倭过程中，朝廷文武官员对沿海海域控制之策有一定之共识，即设水寨游兵控制海中要害岛屿，划信地往来接哨杜倭寇潜入内地之机，进而实现御倭于海。清时陈龙昌所著之《中西兵略指掌》将之列为海洋防御之良法，其论述盖合为上述各论之精华，点出海域控制之精髓，现将之摘出：

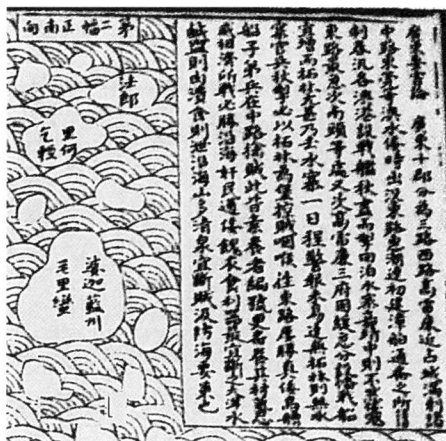

图 5-4

　　一曰扼要害，一曰绝樵汲。海疆要害与陆不同，陆地可堵而守之，海疆必截而击之。……哨贼于远洋而不常厥居，击贼于近洋而毋使近岸，此扼要之说也。海船不能不资淡水，宜绝其樵汲，以重困之。海船不能不避飓风，宜遏其寄泊，以猝击之。……果能连舻会哨，来往巡梭，使逆夷无所窥伺，汉奸一切断绝，来不得停泊，去不得接济，船中水米煤炭有限，火药无几，将不攻而自困，不击而自溃矣。若夫练水勇以备攻击，备战舰以壮声势，添碉台以济哨探，广招徕以散寇党，严纪律以重军法，明赏罚以作士气，是在当事者实力行之耳。①

如是观之，在当时的海防图中，已尽纳此海洋防御之法。如《万里海防图》中，不仅有关于各海域要害的论述，还对沿海各省府各水寨之间的会哨

---

①　（清）陈龙昌：《中西兵略指掌》卷24军防六，清光绪东山草堂石印本。

有详细标注。在沿海要害方面，如"广东要害论"（见图5-4）就有言及海防三策，曰："沿海港口，贼舟何处不可冲入，断贼入路，策之要也；奸民与贼交通，馈之酒米，馈之衣服，馈之利器，断贼内交策之要也，大洋水咸，盥则肉溃食则腹泄，沿海诸山多清泉，贼舟经过必登山汲水，断贼汲道，策之要也"。①

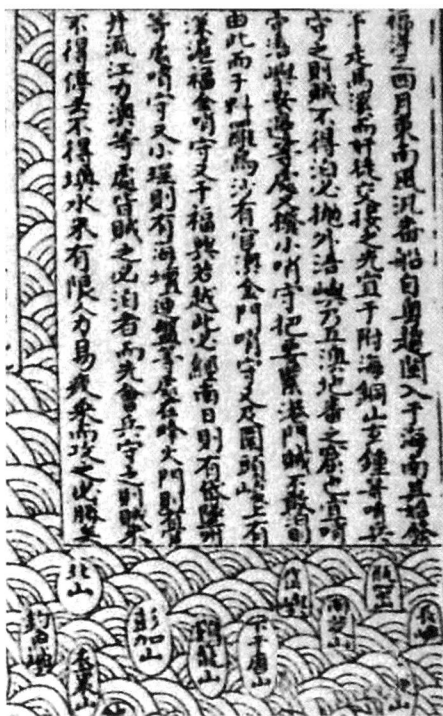

图 5-5

又如"福洋要害论"（见图5-5），将福建沿海要害之地一一提出，其言："三四月，东南风汛，番船自粤趋闽，入于海南。其始发于走马溪，而奸徒交接之。究宜于附海铜山、玄锺等哨兵守之，则贼不得泊必抛外浯屿，乃五湾地，番之窟也。宜哨守浯屿、安边等处，又拨小哨守把要紧港门，贼不敢泊。则由此而于料罗、乌沙，有官湾、金门哨守，又及围头、峻上有深扈、福金哨守，又于福兴，若越此必经南日，则有岱坠、湄州等处哨守，又小埕则有海坛、连盘等处，在烽火门则有官井、流江、力澳等处，皆贼之必泊者，而先会兵守之，则贼来不得停，去不得换，水米有限，人力易疲，众而攻之，比胜矣"。②

至于沿海各地会哨之处，海防图中也有明确标注，如"福洋五寨会哨论"（见图5-6）："烽火门水寨设于福宁州地方，以所辖官井、沙埕、罗浮为南北中三哨，其后官井洋添设水寨，则又以罗江、古镇分为二哨，是在烽火官井当会哨者有五；小埕水寨设于福州府连江县地方，以所辖闽安镇、北茭、焦

---

① （明）郑若曾：《郑开阳杂著》，文渊阁四库全书第584册，第622页。

② （明）郑若曾：《郑开阳杂著》，文渊阁四库全书第584册，第624页。

山等七巡司为南北中三哨,是在小埕当会哨者有三;南日水寨设于兴化府莆田县地方,以所辖冲心、莆禧、崇武等所司为三哨,而文澳港哨则近添设于平海,之后是在南日当会哨者有四;浯屿水寨设于泉州府同安县地方,上自围头以至南日下自井尾以抵铜山,大约当会哨者有二;铜山水寨设于漳州府漳浦县地方,北自金山以接浯屿,南自梅岭以达广东,大约当会哨者有二;由南而哨北,则铜山会之浯屿,浯屿会之南日,南日会之小埕,小埕会之烽火,而北来者无不备矣。由北而哨南则烽火会之小埕,小埕会之南日,南日会之浯屿,浯屿会之铜山,而南来者无不备矣。哨道联络,会捕合并,防御之法,无逾于此矣"。①

此外,《万里海防图》中还有"琼馆论"、"南湾守御论"、"惠州守御论"、"广福人通番当禁论"、"福建兵防论"、"福建守御论"、"福宁州守御论"、"浙洋守御论"、"舟山守御论"、"苏松海防论"、"山东预备论"、"登州营守御论"、"文登营守御论"、"即墨营守御论"、"辽东守御论"、"日本入寇论"等文字贴说内容,集中论述了沿海防御的主要内容,体现了明末海域控制理念。

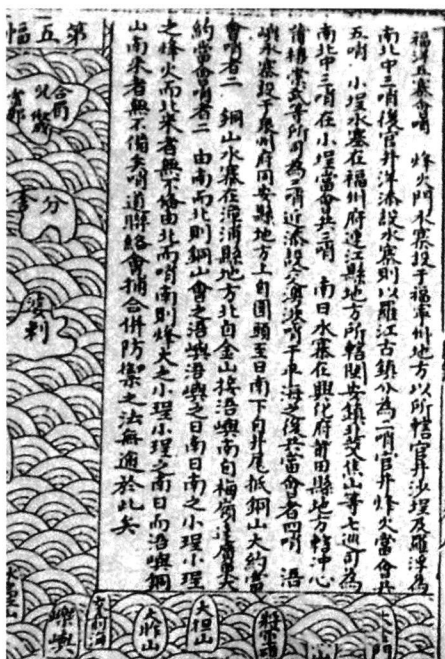

图 5-6

二、海防图中的海防信息

(一) 海防图中海洋要地信息

从明末海域控制理念中,我们可以看出,海洋要地主要包括是可避风港

---

① (明)郑若曾:《郑开阳杂著》,文渊阁四库全书第 584 册,第 623 页。

澳和供樵汲驻扎岛屿,但此等岛屿港澳在海防中又有等级之分,可细分成八类,"一曰险汛,雨山相扼,水多礁石,风潮不测者,宜用把截;二曰要汛,众道必由,舍此无他歧者,宜屯重兵;三曰冲汛,往来必经,为住泊之定程者,宜用守防;四曰会汛,居中控制,众道可以总来者,宜立军门;五曰闲汛,潮水出入,小口狭滩,不能泊船者,宜设墩堡;六曰散汛,道旁岛屿暂可避风者,宜用巡哨;七曰迁汛,避风入口,换风出口,无关正道者宜用瞭望;八曰僻汛,支流延曲,偏在一隅者,宜用侦探"①。

此等讯地,有的已在海防图中标出,下面试举数例进行说明。

第一,险汛。此汛在海防图中主要有礁石、浅滩、石墩等标注。如《福建海防图》中,湄州汛周边就有:鹿耳礁、将军礁暗礁、草鞋礁暗礁、妈祖鞋暗礁、虎礁、门曰暗礁等注记。② 又如《交黎水路道路图》记,乌雷山外有沙,潮退则见,潮涨不见,船搁之则坏,此后钓鱼台周围亦有三处类似注记。③《苏松海防图》中吴淞所外亦有:"此地险,潮涌不能泊舟,倭船至此潮,上则有吴淞兵船追逐,下则有刘河兵船接应"。④

第二,要汛。要者,航线必经要地也。如《全浙海图》中有"镇下门极冲,乃浙福海洋交界贼船往来南北,必经于此,今派总哨官一员,部领兵船二十六只,哨兵南与福建烽火关、北与江口关、东与金盘总右哨各兵船会哨"⑤。又如《全广海图》硇洲外有注"船由硇洲山外而下必经于此",并记"海贼聚散往来,在此处抛泊,邀截商船"。⑥ 但在海防图中,经常没有标注岛屿是否为必经之地,如《温处海防图》中有:"南鹿坐临外海,山长多澳,贼船樵汲之地。伺掳渔船。今设金盘备倭把总,部领兵船二哨,屯泊外海,邀击往来游哨"⑦。而万历《温州府志》中则载:"南鹿孤悬外海,倭夷樵汲必

① （清）岳浚等监修,杜诏等编纂:《山东通志》卷20,海疆,清乾隆元年刻本,第7页。
② （清）郝玉麟、谢道承、刘敬与:《福建通志》,《图》,清乾隆二年刻本,文渊阁四库全书第527册,第64页。
③ （明）俞大猷:《正气堂集》,福建人民出版社2007年版,第119—120页。
④ 《苏松海防图》,载（明）郑若曾:《江南经略》,文渊阁四库全书第728册。
⑤ 《全浙海图》,载（明）范涞:《两浙海防类考续编》,四库全书存目丛书第226册。
⑥ 《全广海图》,载《苍梧总督军门志》,全国图书馆文献缩微中心出版,第89页。
⑦ 《温处海防图》,载（明）蔡逢时:《温处海防图略》,《四库全书存目丛书》(226)。

经之地,每于此处分艅入寇,故设官兵以御之"。①

第三,冲汛。《温处海防图》中有大量记载,如:洋孙门"此处极冲,嘉靖三十七年,宁贼船登犯。见派把总官,部领军兵四百九十五员名扎此,率哨朱林七溪及情壮扬廷交界一带地方";仙口寨"此处极冲,嘉靖三十七等年贼船登犯,近派把总一员部领关宾四百九十五员名屯扎,哨守陌城汶路口眉石宋埠陡门江莱一带地方";东洛山"此处极冲,坐临外海深洋,贼船南北往来,常泊本澳,窃水或捉渔樵船只,来风奔突。今派温处参将中军把总一员,哨官一员,簿领兵船五十四只泊守,专哨洞头门坛头等处,北与本游左哨南与金盘总游哨左哨各兵船会哨";后岗"极冲,逼临深水,嘉靖三十九等年贼船登犯。今派把总一员,部领官兵四百九十五员名扎守哨御"。②

第四,迁汛,非正道之防汛。如《福建海防图》有记:"溪口系临海澳口,属盐埕汛管辖,非湾船避风处所,东北系外洋大海,安兵三名,山顶设有烟墩瞭望","娘宫汛系连海坛山,属观音澳汛管辖,安设战船一只,配兵三十名。澳口安兵十名。山顶设有烟墩,设兵三名瞭望"。③

图 5-7

但因图形限制,并非所有海洋要地均在海防图中有所注记,大部分海防图中只标有相关岛屿之名称,而关于海洋险要则以文字形式另行论述。如《筹海重编》中山东海防部分,皆只有岛屿名字,而无任何其他注记(见图 5-7)。而在《山东通志》中却有对各岛屿讯地等级的分类:

①　(明)汤日昭:《(万历)温州府志》卷6,明万历刻本。
②　《温处海防图》,载(明)蔡逢时:《温处海防图略》,《四库全书存目丛书》(226)。
③　(清)郝玉麟、谢道承、刘敬与:《福建通志》,《图》,清乾隆二年刻本,文渊阁四库全书第527册,第65页。

冲汛：莺游山，凡由海运正道来者，无不于此候风，旧设有虚沟营，守备南城把总，正以防其冲也。

次冲汛：唐岛在灵山卫南门外，自齐堂岛至此一百五十里，有漫岭，无高山，回避东北、正东、正北风，行大海者不必于此驻泊，入胶州者必泊于此。

险要汛：淮子口在陈家岛之东头黄庵山下，有露明石、大仙桥、小仙桥之险，商船多坏于此，非长年水手不敢轻入，从大洋之胶州更无别路可通。小青岛在淮子口对岸，入海者必由之道。

冲要汛：刘公岛自成山头至此一百四十余里，岛地东西长二十里，可容船百余只，凡由海道开洋来者皆过成山头，必由此驻泊，更无他路。

险要冲汛：成山头斗入海，峭壁嵯岈，望而畏其险恶。贴脚乃有平道，中洋反多礁石，故谓之险。自运道来者、自闲洋来者，舍此更无他路，故谓之冲要，但不容驻泊。

会汛：登州府水城海口紧贴海滨，北城即为蓬莱岛，岛下即为水城。出水城即为大洋。自南来者或有海道，或由开洋，皆于此萃聚，向北去者或收旅顺，或收天津，皆于此起程，旧设防抚军门总镇海道，皆以此为要会之地也。

闲汛：古镇口在大珠山前，海道迤西，其北岸多礁石，船不敢近，或有商船重载，必停洋中，用小舟拨运，一遇东南风起则拔锚他徙，顷刻难停，设有巡检司，弓兵可以哨守。

散汛：头营子，距胶州三十里，海至此仅阔四五十里，但谓之港，且有拦门沙，潮落即成沙岭，潮生用长竿点水，方可行船，商船没入沙内者，必经旬月，待潮汛大涨，然后得出。长行之船不能旋入旋出，闲散之汛，实为扼塞之地。

迁汛：灵山岛在海中央，东面峭壁如削，西面水多巨石，无岸口遮风，西南城子口可泊小船十余只，回避东北、正北、正东风。鼓楼圈在灵山岛东北，可容船十余只，回避正北、西北风，可暂驻泊。

辟汛:柴葫荡在灵山岛对岸,乃海道之西北,石矶险窄,港又曲回,海滨居民用二三百石之小船拨载以入,重则浅矣。待东南风始入,西北风始出,若长行之船不敢入。①

因此,在使用海防图时,需对相关海域要地的文字资料有所了解,方能了解图中各个岛屿背后所隐藏的海洋防御信息。

(二) 海防图中的会哨信息

因为海洋的流动性、一体性,了解沿海要地只是海防的第一步,会哨制度才是能否实现沿海海域控制的重要一环。沿海往来会哨,不仅可以尽早了解航路信息,而且可以在发现敌踪后以最快速度集中优势兵力,确保海域安全。因此,不仅有福洋五寨会哨等省内联络,还有广福浙兵船会哨等跨省接哨,如胡宗宪的"广福浙兵船当会哨论",其言:

大海相连,地画有限,若分界以守,则孤围受敌,势弱而危。陈缉捕之谋,能不有赖于相须乎。愚考入番罪犯,多系广福浙三省之人,通伙流劫。南风汛则勾引夷船由广东而上达于漳泉,蔓延于兴福;北风汛则勾引夷船由浙而下达于福宁,蔓延于兴泉。四方无赖又从而接济之,向导之。若欲调兵剿捕,攻东则窜西,攻南则遁北。急则潜移外境,不能以穷追;缓则旋复合舟宗,有难于卒珍,此夷船与草撇船之大势也。又有一种奸徒,见本处禁严,勾引外省。在福建者,则于广东之高潮等处造船,浙江之宁绍等处置货,纠党入番。在浙江广东者,则于福建之漳泉等处造船、置货、纠党入番。此三省之通弊也。故福建捕之而广浙不捕不可也,广浙捕之而福建不捕亦不可也。必严令各官,于连界处会哨。如在福建者,下则哨至大成千户所,与广东之兵会,上则哨至松门千户所,与浙江之兵会。在浙江者,下则哨至流江等处,与烽火之兵会。在广东者,上则哨至南澳等处,与铜山

之兵会。遇有倭患,互为声援,协谋会捕,贼势岂有不孤穷,而海患岂有不戢宁者哉。①

　　考诸海防图,于会哨之注记有三类情形,一为没有注记,仅有沿海岛屿之名称,如乾隆《广东通志》中所载之《广东海防图》;一为注记会哨之所;一为标出各水寨洋面界限,同时标注会哨区域。第一种情况需结合相关文字记载方能理解会哨之相关情形,第二和第三种则可从海防图中直接了解,下面分别以《福建海防图》和《全广海图》为例作一说明。

　　首先,《福建海防图》中的海洋会哨信息。此图载于乾隆版《福建通志》中,图中多有巡哨情况的文字贴说。

　　第一,溜哖牛羊,即七星礁,乃交界洋面,南属南澳营管辖,北属铜山营管辖。此处最为紧要,两营兵船常在此哨巡。另据《广东通志》,七星礁为南澳厅与诏安县海面界。②

　　第二,白鸭礁,系浮礁。北属金门右营管辖,南属铜山营管辖,兵船时常在此哨巡。

　　第三,乌坵系外洋孤岛,周围二十里许,无居民,东南与金门交界。乌坵系海域要地,《闽粤巡视纪略》有载:"乌坵山,周二十里,在平海东洋中,二山相连,北曰大坵,泊北风船三十余,南曰小坵,泊南风船二十余,水深二十五托,澳外水深三十托,用坤申针,二更至湄洲山。日本塘船东番归棹,皆泊此取水候风,盖贼薮也,系中路哨探汛地"③。

　　第四,南日系孤岛,分为二界。东北属福清县管辖,西南属莆田县管辖。亦海中要害之地,据《筹海图编》记载,南日原设有南日水寨,"景泰以来,乃奏移莆田县吉了地方,仍以南日为名,旧南日弃而不守,遂使番舶北向泊以寄潮"④。

---

① （明）胡宗宪:《胡少保海防论》,载（明）陈子龙:《明经世文编》卷267,明崇祯平露堂刻本。
② （清）阮元:《（道光）广东通志》卷88,舆地略六,清道光二年刻本。
③ （清）杜臻:《闽粤巡视纪略》卷下,清康熙三十八年刻本。
④ （明）胡宗宪:《筹海图编》卷4,文渊阁四库全书本。

第五，海坛四面环海……凡汛四十里西北至苏门汛。许孚远认为海坛可当沿海海防要冲，其在《议处海坛疏》中提出，"建海坛游兵一枝，就可常川屯聚其中，有田可耕，有兵可守，虽有寇至，可以无虞。海坛屹然足为雄镇，则福州门扃扃固，寇无越海坛而直抵福城之理，外御盗贼，内护省会，下保兵民，此一方千百年长久之利也"①。

第六，猫屿，系小屿，不可泊船。（海坛）左营辖汛至此与闽安交界；闽安左营分辖海汛南向至此与海坛左营交界。另据《福州府志》记载，猫屿乃海中要冲，北界闽安五虎汛。②

第七，二礚屿，闽安左营分辖海迅北向至此与本标右营交界。另据《福州府志》记载："黄岐冲要海汛，有堡，明崇祯间，民筑置。战船一拨，把总一员，巡防西界定海汛，北界二礚屿、北茭汛，沿边老岸属本营陆汛。洋中岛屿有东鼓、竹排礁、二礚屿，属水汛。"③

第八，笔架山，闽安右营分辖海迅北向至此与烽火营交界。

第九，台山，为闽浙交界洋面，台南洋面属闽所辖，台北洋面属浙所辖。④ 为福建往浙江必经之地，"闽海一带，延袤数千里。岁清明前，南风盛发，倭寇从粤而北纵台温，霜降后，北风盛发，又从浙而南驰闽广。其南而北也，必繇彭湖乌坵，北而南也，必经台山礵山礵台外岛也。巨浪粘天，惊槎回斗，难以寄泊，势必泊我内地。故福宁州设烽火寨兵，分四哨，布沙埕、三沙、大金等处，以防倭寇内犯，设台山、礵山二游兵，以为外援"。⑤另据《温州府志》载，"台山外洋与福建烽火门交界，设镇下门关总哨，部领兵船分布哨守"。⑥

其次，《全广海图》中的海洋会哨信息。此图载于《苍梧总督军门志》

① （明）许孚远：《议处海坛疏》，载（明）陈子龙：《明经世文编》卷400，明崇祯平露堂刻本。

② （清）鲁曾煜：《（乾隆）福州府志》卷13，清乾隆十九年刊本。

③ （清）鲁曾煜：《（乾隆）福州府志》卷13，清乾隆十九年刊本

④ （清）郝玉麟、谢道承、刘敬与：《福建通志》，《图》，清乾隆二年刻本，文渊阁四库全书第527册。

⑤ （明）陈仁锡：《无梦园初集》，漫集二，明崇祯六年刻本。

⑥ （明）汤日昭：《（万历）温州府志》卷6，明万历刻本。

中,其中最大特色就是在海图上明确标出各水寨的洋面分界,体现了当时对沿海洋面水域的军事控制权力。

图 5-8

第一,白鸽寨与北津寨会哨（见图 5-8）,白鸽哨船泊于赤水港,而北津兵船一哨泊于电白海口,并与白鸽水寨会哨与赤水港。而且,此图在赤水港外,标明此处为白鸽寨与北津寨洋面分界。

另据《登坛必究》记载:北津寨,设把总一名,有大小兵船三十四只,官兵九百七十六员,自芒洲娘澳接广海信地起,历海陵、放鸡、莲头至吴川赤水港止,与白鸽信地相接。白鸽门寨,设把总一名,有大小兵船二十八只,官兵八百四十六员,自赤水港接北津信地起,历限门、沙头洋至海安所止,与涠洲信地相接。①

第二,北津寨与南头寨会哨（见图 5-9）,大金山右注北津寨与南头寨分界处,左注有"三洲、柳渡、郎上下川地方,北津、南头兵船会哨"。然观图后文字说明,北津寨"自三洲山其至吴川赤水港为本寨信地,分哨上下川、海陵、莲头、放鸡等处",南

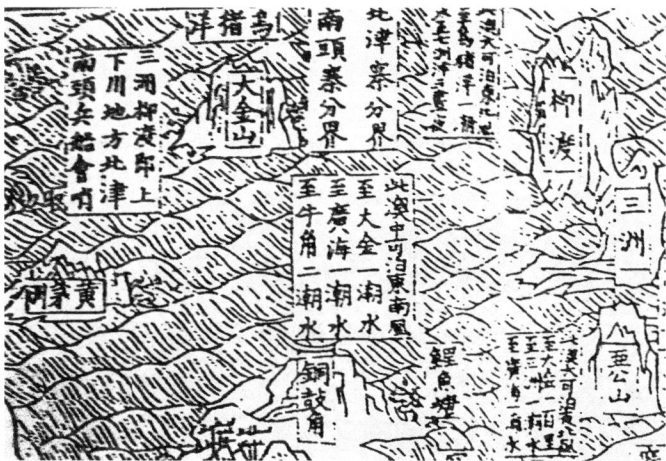

图 5-9

---

① （明）王鸣鹤:《登坛必究》卷 10,清刻本。

头寨"自大鹏鹿角州起至广海三洲山止,为本寨信地,分哨鸢公澳、东山、下官富、柳渡"等处。①

据《明一统志》载,三洲山"在香山县东五十里海中,三山并立海中,又号为三洲"。② 乃海上往来重要停泊之所,如《洗海近事》记:"贼在三洲迟疑,似有内犯之意"③。而柳渡等地亦同,如《肇域志》言:新宁县"中有柳渡、三洲、大金门、上下川,皆倭夷泊处,戈船常戍守之"④,"春汛秋防皆有水师哨守"⑤。

图 5-10

第三,南头寨与碣石寨会哨(见图5-10),大星山为南头寨与碣石寨分界处,亦为二寨会哨之处。

《登坛必究》记有碣石寨内容,该寨把总一名,布兵船大小三十四只,官兵八百五十四员。自神泉港接柘林信地起,历甲子港、田尾洋、白沙湖、长沙等处至大星山巽寮港止,皆其信地,与南头相接。⑥ 大星山,又作大星尖,乃行舟南洋必经之地。《秘阁元龟政要》有记:"以言海道,则出自玄钟港口,舟行经南澳、彭山、大星山、大星尖、大东姜、乌猪、七州洋、独珠、铜鼓、外罗、交杯、羊屿、大佛、灵山、伽南貌,前后睦潮、惠、广、琼、顺化、占城。"⑦《东西洋考》亦载:"大星尖,属广州东莞县,其内为大鹏所。洪武间筑城守之。大星尖,赤石甚尖,故名。内打水三十五托,外四十五托,用坤申针七更过东姜山"。⑧

①　《苍梧总督军门志》,全国图书馆文献缩微复制中心,第95页。
②　(明)李贤:《明一统志》卷79,文渊阁四库全书本。
③　(明)俞大猷:《洗海近事》卷上,书与李培竹公,清抄本。
④　(清)顾炎武:《肇域志》卷47,清抄本。
⑤　(清)阮元:《(道光)广东通志》卷180,山川略九,清道光二年刻本。
⑥　(明)王鸣鹤:《登坛必究》卷10,清刻本。
⑦　(明)佚名:《秘阁元龟政要》卷3,明抄本。
⑧　(明)张燮:《东西洋考》卷9《舟师考》,西洋针路。

第四，碣石寨与柘林寨会哨（见图5-11），在神泉港旁有记"此港浅，白船可进，外澳可暂泊北风，至赤澳半潮水"，再外独猪礁旁注"碣石寨至此止，柘林寨自此起，二寨会哨于此"。据图后文字，柘林寨信地"自福建玄钟港起，至惠来神泉港止"。[①]

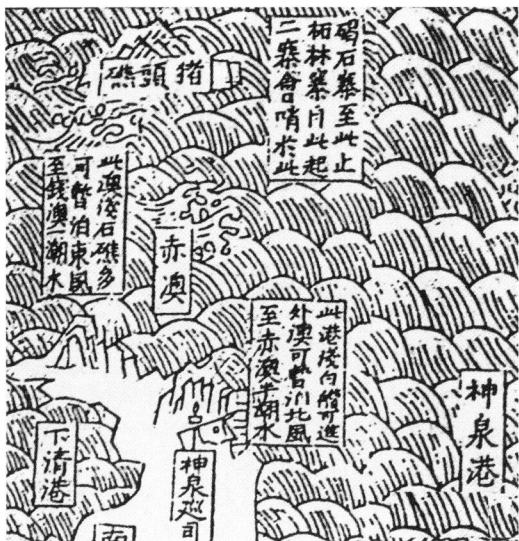

图5-11

神泉为海寇常泊之处，亦沿海海防重地，如《闽粤巡视纪略》记载："神泉港，在（惠来）县南十里，昌山之阳，中有大石，潮没而汐见，人谓之石龟。旧设神泉巡检司，因苦海寇，官兵寄寓他所，民居荡析。嘉靖三十三年，分巡道尤瑛令知县林春秀筑城，周三百丈，曰神泉澳，城今废。又南四十里，有赤沙澳，沙堤可蔽海涛，海艚多泊于此。"[②]

（三）海防成果

海防图不仅是海域控制理念的反映，包含海洋要地和会哨情况，还包含海域控制成果等信息。下面以《广东沿海图》中南澳岛部分（见图5-12）[③]的注记为例作一说明。

南澳岛周边澳多且大，单图5-12中标出的就有"泊北风船百只"，"泊南风船百只"，"泊南北风船二百余只"，乃海防要地。诚如《海防纂要》所言："南澳虽在大海之中，与内地仅隔一水，商舶海贾往来必经，吾漳泉粮食仰给海运，若南澳失守，是割闽粤之肩臂，而塞漳泉之咽喉也。"[④]然如此要

---

① 《苍梧总督军门志》，全国图书馆文献缩微复制中心，第95页。
② （清）杜臻：《闽粤巡视纪略》卷下，清康熙三十八年刻本。
③ （明）郭棐：《粤大记》，中山大学出版社1998年版，第923页。
④ （明）王在晋：《海防纂要》卷1，明万历刻本。

害之地,并非一开始就为官府所重视,而为海寇海商等聚泊之所,如图中所示,有"许朝光巢"和"吴平巢"。

许朝光事迹,在《粤大记》海防卷有载,"嘉靖三十二年春正月,海贼许栋寇潮阳县招收等里。秋九月,许朝光杀栋于江中。栋,饶平黄冈人。自结发为盗,构通倭夷,毒痛海上,垂及莫年,潮人苦之。栋无子,养谢氏

图 5-12

子为己子,曰朝光,以所统贼众数千,半令掌之。寻复流劫潮阳招收等里,自往外洋,留朝光屯海上。及栋还自日本,朝光迎栋于石碑澳,杀之江中,因尽有其众,自立为澳长","三十四年,抚盗许朝光分据潮阳牛田洋,后为陈沧海所系。朝光自杀栋后,沿海焚劫日炽。当事者乃始昌为招抚之说,听其自据海阳辟望村,威制海上。又分据潮、揭、牛田、舵浦等处,凡商船往来,皆给票抽分,名曰"买水"。朝光复深居大舶,公行击断,间或出入城郭,列羽卫以要陪官之宴,其横如此。后朝光竟为其酋陈沧海所杀,闻者快之。今南澳有许朝光旧寨云"。①

许朝光之后,吴平亦据南澳为基地,据《粤大记》记载,嘉靖四十三年秋八月,"时倭自潮阳解围遁去,为两广督抚吴桂芳、总兵官俞大献所破,会海风大作,倭多溺水死者。至是,吴平乃挟残倭流劫惠州、海丰等处。复转入县界,攻陷神山、古埋诸村,残破福建玄钟等所,势益炽。事闻,诏闽、广两省会兵剿之,吴平退保南澳",②后为戚继光所灭。其过程在《戚少保年谱耆编》中有详细记载,现略述过程如下:嘉靖四十四年六月"叛民吴平遁据南澳","八月,进兵泊南澳,困逼吴平","九月连捷龙眼沙","冬,十月,大败吴平于宰猪澳","十一月追吴平于广东绵羊寨,大克之";

---

① (明)郭棐:《粤大记》,中山大学出版社 1998 年版,第 891—892 页。

② (明)郭棐:《粤大记》,中山大学出版社 1998 年版,第 894 页。

嘉靖四十五年，"春,正月追吴平入广东",三月,"御史陈万言题会剿吴平疏云,提兵炎海,数月露居,排正阵于龙眼沙,出奇兵于宰猪澳,指挥谈笑,一鼓荡巢,勋庸素着,劳苦功高。部覆看得戚某威名大著,人心悦服,合候俞下令,戚某兼管潮惠伸威等管,得旨俞大猷革任,闲住惠潮二府,并伸威营着戚某兼管","夏,四月追吴平于安南国万桥山,灭之"。①《全边略记》亦载有戚继光升任之事,"四十五年官军围海贼吴平于南澳,已大破之。会俞大猷部下汤克宽等趋之不利,平走樟林,按臣劾大猷,罢之,命戚继光兼制潮惠事"②。

在剿灭吴平过程中,戚继光对南澳岛在海域控制中的重要作用有深刻认识,于是在剿灭吴平后,于嘉靖四十五年,"冬,十月,题奏经略广事条陈勘定机宜疏",提出分南澳为闽广两路,南粤东路设把总一员,南粤西路设把总一员,统于大成所参将。③ 具体内容见明末海防控制理念中戚继光部分。

后来中丞涂泽民在戚继光所论基础上,综合之前江广纪功监察御史段顾驻军南澳的提议,上"请设大城参将疏":

> 议得海防之策,惟在设备周密,将领得人。南澳地属广东,原设水寨移入柘林,又以兵变废弛,遂致海寇纵横,生民荼毒。臣等卷查嘉靖四十一年十一月二十五日,准江广纪功监察御史段顾言,题为条陈三省善后事宜等事,随该兵部复议,内开:"南澳实广东冲要之地,原设把总驻扎,不知何年潜移柘林,弃险于贼,委为失策,合行移咨两广总镇官将大金门把总,仍旧移驻南澳,督率官军,修补战船,专备海寇等因,题奉钦依"在卷。事在隔省,未知曾否遵行,然明命见存,昭然可考,近该镇守福建总兵官戚继光奉敕兼管惠潮,亦为直言地方利害,条陈截定事宜等事,议欲南澳东西二路,广东福建各设兵船一枝,选委把总一员统领,仍设水路参将一员,驻扎大城所统督防御,诚为防海要策,本官已经条

① （明）戚祚国:《戚少保年谱耆编》卷5、卷6,清道光刻本。
② （明）方孔炤:《全边略记》卷9,明崇祯刻本。
③ （明）戚祚国:《戚少保年谱耆编》卷6,清道光刻本。

疏具题,见该兵部议复。①

　　再后,至万历三年,军门刘尧诲会同两广军门题设南澳副总兵②,得准,名曰潮漳副总兵,如《武备志》载:"潮漳副总兵,万历三年添设,驻扎南澳。所属:福建南路参将、游兵把总,广东柘林守备、潮州参将及潮漳二府沿海卫所。"③即图中所记之副总兵新城,为漳州潮州共同铸造,如《见闻杂纪》记:"南澳当闽广之中,实闽之门户,天日晴明,诏安县可望南澳也。近奉议,漳州潮州共赀,城其地。地可耕田而食,设营房栖兵,而总兵镇之。山下更得战舰三四十,兵五百人,更番防御,寇至远击散之,此八闽万世之利也"④。

---

① （明）陈子龙:《明经世文编》卷353,涂中丞军务集录(涂泽民),明崇祯平露堂刻本。
② （明）王鸣鹤:《登坛必究》卷10,清刻本。
③ （明）茅元仪:《武备志》卷200《占度载度》,明天启刻本。
④ （明）李乐:《见闻杂纪》卷2,明万历刻清补修本。

第六章　历史海图与海洋
生存发展空间

　　用图形和符号编绘的地图,不仅反映了作者对生活空间的感知和创作时代的社会需求,而且表达作者的思想意图。地图的内容,包含丰富的环境及空间讯息与文化背景,它的内涵往往超过言语所能表达的范围。解读地图另一层重要意义,是将隐藏在地图背后的历史、深层涵意予以呈现,诠释地图"意象",让读者更鲜明地去"想象"过去,同时借由"直接面对"的图像史料,引领读者直接面对历史,恢复地图所建构的历史情境。

　　从海洋社会经济史角度考察,中国古代历史海图蕴藏着丰富的海洋社会经济发展信息,包括民间航海贸易和官府控制利用海洋等。立于时代高度审视,它呈现出民间航海贸易的空间权利和官府治海的权力空间之间的矛盾统一性,民间航海贸易体现的是海洋社会群体航海之权和贸易之利,展现的是海洋社会群体的生存发展空间,官府治海象征着官方的海洋控制利用权力,主要包括行政管辖权和军事控制权,这两者相互促进、相互作用、相互影响,共同书写了中国古代海洋发展史的重要篇章。

一、16—18 世纪中国历史海图的分类整理

　　关于中国古代历史海图的分类,楼锡淳在《海图学概论》中提到"各种海图是随着人类海上活动的需要(即用途)而发展起来的,并且用途和内容(尤其是用途)是最能反映海图种类本质的标志;海图的分类应遵循分类的基本原则,并照顾到当前海图种类的特点和人们的习惯;海图基本种类的划分,应以用途为标志分成通用海图、专用海图和航海图三大类;或以内容为

标志分为普通海图、专题海图和航海图三大类"①。以此思路为导向,在16—18世纪,普通海图,即全面表现海洋水体及其毗邻陆地空间各种自然现象和社会经济现象的海图,可以称之为海疆图,此类海图不仅有关于沿海自然地理环境的描绘,还有大量关于行政军事建制的描述;专题海图可相对应为海防图,海防图主要表述的是海洋重要岛屿、港口和寨营兵备等几种要素;航海图虽然名称相同,但在表现形式上有所区别,在16—18世纪,航海图中航行要素主要以文字贴说加以说明。

按此分类,笔者尽可能将此一时期的中国历史海图作一梳理,以作为研究根基。虽因个人力量之局限,难免有所缺漏,特别是深藏中国国家图书馆和中国第一历史档案馆等地的舆图,尚有部分无法得见,但应已得窥大概,可以对其中所蕴藏着的海洋发展史信息作一解读。

二、16—18世纪中国历史海图中的海洋发展信息

中国古代历史海图中的海洋发展信息主要可分为航海要素、民间海洋贸易和官府海洋管辖三个方面,航海要素是历史海图中透露出来的客体因素,海洋贸易和海洋管理则体现出人海互动中的主体因素。

(一)历史海图中的航海要素

16—18世纪的中国历史海图是中国自身海洋文明发展的产物,在绘制手法上与西方海图大不相同,主要体现在陆海相对和文字贴说两个方面。陆海相对即它在描绘过程中常常移景换位,保持陆上海下或陆下海上,以利观看;文字贴说即它将航海过程中所需注意事项一一标注于图中。虽然不如西方以经纬线制定的海图精确,但它容易上手,在当时航海技术主要靠民间相传的历史条件下,此法使普通民众不需学习专业的航海技术知识就可在经验的累积下成为操舟高手。

16—18中国历史海图中的航海文明要素,笔者将之归纳为航海定向、船舶定位、航行计程、避风补给等方面。在航海定向方面,体现了罗盘定向和星体定向相结合的特点;船舶定位方面,体现了水色、海中生物、海中岛

---

① 楼锡淳、朱鉴秋:《海图学概论》,测绘出版社1993年版,第22页。

屿、海底地质等自然生态环境综合定位的特点,增加对航线把握的准确度;航行计程方面有将时间单位换算为里程单位的成熟算法,如"更",也有以时间为单位估算里程之做法,如"潮";避风补给方面不但体现了中国古代航海者对海洋岛屿形势、位置的熟悉,而且对海洋气象有深入的经验总结,从另一个侧面表明航海活动的频繁。由于文字说明在航海过程中的重要作用,因而曾出现图亡经存等现象。航海图亡图后称为海道针经,《顺风相送》和《指南正法》就是其中代表作。但在考察相关航海要素后,我们可以根据文字记载考证古代岛屿、地名之今日地望,从而成功将针经复原成航路图。

这些航海要素与西方航海指南早期使用的是航海指南相比,有其先进的一面。西方16世纪时使用的航海指南主要包括起始点、方向和距离等部分内容,如《海图或航海指南:包括东部、北部和西部的航行距离与横向路线》(*Sea-book or Pilots Sea mirror : Containing the Distances and Thwart Courses of the Eastern , Northern , and Western Navigation*)所载,其格式为:从某地到某地,某某方向,航程多少(单位 leagues,里格,它是陆地及海洋的古老的测量单位,相当于 4 Roman miles,等于 3.18 海里,但在海洋中通常取 3 海里,折合 6000 英尺,相当于 4.8 公里),如:从 Flye 到 Bovenbergen,北北东,69 里格;从 Flye 到 Island Silk(丝岛),北东,46 里格。[①] 但我国古代海图中的航海要素多时经验累积而成的,如行船方位和更数均是在多次航行的基础上,不断校正而成,而且在航行过程中主要靠火长的主观经验判断。而西方在航海指南的基础上,逐渐发展出利用经纬度确定船只位置方法,并以此绘制各海域海图,绘制结果更为客观。

(二) 历史海图中的民间海洋贸易信息

通过对《顺风相送》和《指南正法》等的考察,16—18 世纪中国民间海洋贸易与东来的葡萄牙、西班牙、荷兰、英国等国互动频繁,共同打造了这一时期东方海上贸易体系。

[①] L. Childe, *Sea-book or Pilots Sea Mirror : Containing The Distances and Thwart Courses of the Eastern , Northern , and Western Navigation* , London : by T. J. for George Harlank , 1663, p. 4.

　　15 世纪末到 16 世纪初,位于东西方贸易海上交通线上的马六甲相当繁荣。1511 年,阿丰索·德·亚伯奎侵占马六甲,至 1641 年易手于荷兰人的 130 多年期间,马六甲是葡萄牙殖民帝国在东方的重要据点,也是葡萄牙人控制漫长的东方航道的一个主要环节和向东南亚扩张的基地。马六甲原是东西方商业贸易的"巨大天平",是阿拉伯、东南亚穆斯林商人和中国人及印度人麇集交易的地方。但由于葡萄牙人不但对进入马六甲港口进行贸易的商船抽取高额关税,还强迫所有通过马六甲海峡的商船必须到马六甲贸易,交纳各种苛重的关税。凡不来马六甲的商船,便不准通过它控制下的海峡,而且从此取消它来马六甲进行贸易的权利。他们依恃强大的海军有时,派出舰队日夜游弋在马六甲海峡,对不顺从的商船进行打击,使各国商船视马六甲海峡为畏途。《明史》有云:"(马六甲)自为佛郎机所破,其风顿殊。商舶稀至,多直谒苏门答腊。然必取道其国,率被邀劫,海路几断。"[1]虽然西去之路断绝,但在南洋、东南洋和东洋等地,华商仍扮演着重要之角色。

　　首先,在南洋一带,华商的香药贸易亦是历史深远,在荷兰和英国等东来后依然如此。荷兰和英国人则相继组成东印度公司,将海外扩张与海外贸易合为一体。他们在海外扩张中以钳制航路的战略性港口为主要特点,以此实现对海洋贸易的控制垄断能力,但当时在南洋的贸易仍大部操于华人之手。据英国船长米德顿(Henry Mididleton)的《航海日志》记载:"(1604年)四月二十二日从中国来了一艘巨大的帆船。……它这一来,铅钱的折换率年内将要很低,这对于我们售出货物时一个很大的打击;因为当铅钱低而银钱高的时候,我们便不能像第一次来这儿那样地半价抛出银钱。而且,今年中国人尽一切可能从国内带来了他们所需要的银钱,既然这样,我们势必只好采取赊卖的办法,否则必然错过今年销售的季节"[2]。中国带去的铅钱之所以有如此大的市场效应,主要是因为中国与印度尼西亚各岛屿间的贸易历史悠久,交易时大都以中国帆船所带去的铅钱为媒介。

---

①　《明史》卷 325《满剌加传》。

②　Henry Middleton, *The Voyages of Sir Henry Middleton to the Moluccas* 1604−1606, London, 1943, pp.111−112.

其次，位处东南洋的吕宋，早有华商前往贸易，可谓根深蒂固，以致为1571年侵占菲律宾的西班牙所忌惮。据温雄飞记载："菲律宾距福建交通极为方便，到明中叶公元十五世纪之际，其时海上贸易，获利倍蓰，虽有诏令，不准人民私自入海通番，然大利所在，群众自趋。且由闽至菲，其最近口岸不过三日海程，是以十五世纪之际，我国人潜赴吕宋者，已不少矣。适至1565年，西班牙人正式占领菲律宾，然其时我国人在其岛者，历史悠久，基础已固，各种经济事业，均操于华人之手，西班牙人见此现象，不免怀嫉妒之念，而酷虐苛求之政。"①马尔丁亦载："1575年，来自马尼拉的使节（两个教士）到达广州，他们曾被送往谒见总督，很受礼遇，但他们毫无成就，仍旧返回马尼拉。彼时，菲律宾兴旺的贸易却掌握在来自福建厦门、泉州和福州的中国商人手中。由于这些商人人数迅速地增加，西班牙人对他们本身的优越地位就感到恐慌。因而他们在1600年就下令大屠杀，当时居留在西班牙统治下各岛屿的二万人中，除了少数的逃脱之外，几乎全部都死在刀剑之下。但商人的数目后来又重新增加起来。"②

再次，在中国海商深厚海外贸易基础上发展起来的郑氏武装船队，一定程度上掌控了当时东南洋一带的海上贸易形势。1671年6月22日，英公司万丹方面派出"班达姆"号和"皇冠"号前往台湾，拟于台湾设立商馆后再转航日本，但在途中失踪。③ 之后，万丹商馆派人与郑经达成了有关贸易及保护商船的协定，据载："正因此事（上述两艘商船失踪），英公司万丹商馆同台湾王达成协议：（1）英国可以同任何人买卖商品，进行贸易；（2）可租用过去荷兰人在台湾的府邸开办商馆；（3）每艘船均可带一定量的武器、弹药及准备卖给皇帝的货物"。④ 同年9月，英公司总裁及董事会曾致函郑经，全文如下：

---

① 温雄飞：《南洋华侨通史》，东方印书馆1929年版，第93—94页。

② Martin, Robert Montgomery, *China: Political, Commercial, and Social*, London: James madden, 8, leadenhall street, 1847, Vol.1, p.378.

③ H.B.Morse, *The Chronicles of the East India Company Trading to China*, 1635 - 1834, London, 1926, Vol.1, p.35.

④ John Bruce, *Annals of the Honorable East India Company, 1600 - 1708*, London, 1810, Vol.2, p.321.

国王陛下：据敝公司万丹区经理及议会禀称，辱承招请通商，已在贵国安平（Tywan）开始贸易，且蒙陛下优待；惟商品之价格及销路均不如预期之佳。又谓我方代表已与陛下洽商，拟订若干条款，以解决贸易问题。因此，敝公司将再派人前来贵国洽之。

如陛下乐予鼓励，则可能销售欧洲及印度之货物，作盛大之贸易，以交换贵国所能提供之物品。敝公司亦久欲与日本通商，故已派有若干船只，装运各种货物，并令其装运认为可在贵国销售之一批商品，即若干种洋布及其他东印度之货物，将在驶往日本之途中，在贵国安平卸下，然后再装糖、鹿皮及其他适于在日本销售之货物；又从日本回航时再过安平，装入其他物品。此种办法，以后每年将经常实行，如认为贸易顺利，则将增加航运。

因此，敬请陛下核准公平适当之条款，以便进行此种贸易；并请保护我商务人员，准其以足资鼓励之价格自由售货及以适当之价格采购；并请在任何场合予以公正之待遇。敝国所辖之地区能供给各种呢绒布料，各国均大量购用，上至国王，下至庶民，因此等货品价格公道，坚实耐用，适合卫生，各种人用之无不相宜也。贵国如使用之，亦将见此言不谬，贵国之商业将为之增加不少。故请陛下特予鼓励，我方自将以欧洲及印度所能供给之其他货物充分贡献贵国。惟因与同盟国有货物协定而不准私运供给之货物则为例外。

又陛下所提条件之一，即我方之船只进贵国港口时，须将枪械交出，我方认为不仅徒增烦扰，亦令人感觉屈辱。我方人员在印度之一切地方均品行端正和平，来贵国居住亦如此，绝无理由可怀疑也。在印度之任何地方既未有一处提出此种要求，故请陛下亦不再坚持之。

末者，英国人虽曾侨居日本，而离开以后，为时已久，旧时交谊，自己疏淡；敬恳陛下致函日本皇帝或认为有势力之适当人物，代为关说，请予优待，务祈惠允，不胜感荷。①

---

① The governor & comp of merchant of London trading of the east India, to the most famous & renowned king of Formosa. Fac. Rec. China and Japan, Vol. 1: supplement to China materials, book Ⅱ, China, pp.160—163.

而后,至 1672 年 10 月 13 日,英国东印度公司与郑经正式缔结通商条约,大纲如下:

1. 为维持双方友谊,国王允协助公司及其所属人员在台之生活自由;英人得在其房屋及居留地揭示国旗及标志。

2. 国王允于英人受虐待、困扰或伤害时,予以保护或补救之;郑方人员受英方人员伤害时,国王得要求处罚暴行者,以避免事件之再发生。

3. 公司与国王属下人民间应公开自由贸易,为避免公司蒙受损害及不利,国王对英人房舍或居留地给予书面保证此等权利及自由。

4. 公司所属英人或他国人得被留用或征用为国王或其臣民服务,但应得英国首长之允许及本人基于自由意志之同意,而将来应以妥善保护之方法送还之。

5. 今后公司之船只不论大小均得自由出入或停泊国王治下或将来归入国王统治之港、湾、河、船泊处,并如于安平一样,在各处可购备薪、水、食物及其他必需品,但除安平一地外,不得进行交易。

6. 国王同意每年将在台湾生产之糖及各种皮革之三分之一供给英人,以时价在每年适当时间交易优良品质之货品;英人得视利润或用途,购买分配量之全部或一部。

7. 暴风或刮烈风时,英船得驶入国王治下之各地海港避难——如第五条之规定,但除非特别紧急,则避免驶入基隆港。

8. 公司人员得长期租借一房舍,但每年应纳租金五百比索。在此条件下,国王应负担修缮,并应公司之需要增建仓库。荷人原住馆舍将为此目的而使用。

9. 公司得随意选用适当之华人为通事,国王愿保证其对公司之忠诚,如有不法行为,概愿负责。

10. 今后公司为贸易之安全及顺利进行起见,得视需要随时提出约款,国王应尽量承认上述要求。

11. 为和平相处,公司同意船只入港停泊时,将各种军器及英人所掌管之帆舵等物移交于郑方,待船只要出港时,再由郑方交还之。此等交还不得有任何阻挡及迟滞不履行之情形。

12. 公司应交纳所输入售出之货款百分之三的关税,但为国王所购进之货物不税。输入货物无法售出而装运出境时,亦免缴税,公司得将所购买之货物自由,不需缴税。公司同意每年将国王所需要之货物运来。

13. 本约第十一及十二条应得总公司同意后生效,但位的总公司确答以前,英人仍暂照此等条约实施之。本约以中文及英文写成二份,一份由英国公司执存,(一份)由台湾国王执存,而按中国之习惯签印并举行仪式确认之。①

但这些协议并未对中国台湾与日本的贸易早场多大影响,郑经仍占有日本市场之大部。据载:"万丹在台湾安平所计划之贸易,显然较公司情报所称及王(郑经)所言之数量为少。'实验'号到台时已知砂糖及鹿皮均由王所独占,两者皆成为日本市场之主要货物"。②"台湾王完全独占砂糖、鹿皮及台湾所有土产,加以若干中国货物,与日本从事贸易,获利颇丰,年平均有十四五艘大船前往彼地,所以公司之船长无法载满此等货物于英船上。实际上,在砂糖及鹿皮之贸易,吾人能与郑氏共享利益之希望甚小"。③

可见,虽然西方殖民者在东南亚和远东地区进行扩张行动,但未能从根本上动摇中国海商在传统的东南洋贸易体系中的中转商身份,相反,中国海商在这些贸易港口加大贸易力度的同时,并未放弃传统的贸易市场,而是以这些中心港口为主,互通暹罗、越南等地货物,形成一个自己的转口贸易网络。因此,1674 年,英荷签订《威斯门斯特条约》后,就希望加强

---

① 刘鉴唐、张力:《中英关系系年要录(公元 13 世纪——1760 年)》第一卷,四川省社会科学院 1989 年版,第 160 页。

② Campbell, William, *Formosa under the Dutch*, 南天书局 2001 年版, p.504。

③ Paske-smith, *Western Barbarians in Japan and Formosa in Tokugawa Days*, 1603—1868, New york: paragon book reprint corp., 1968, p.85.

与郑经的关系,希望通过中国台湾和日本、马尼拉等地进行贸易,伦敦总公司因此下达训令,其云:"在台湾商务员等须与台湾国王力求亲善,因台湾与日本及马尼拉均有贸易,且可望与清朝开始通商也。又须鼓励台湾人运英国制造品至上述各处……如能与台湾通商,即犹如直接与中国、日本及马尼拉通商也"①。

（三）历史海图中的官方治海信息

历史海图中体现出来的官方治海信息主要包括对沿海航路的利用和控制等方面,利用航路方面主要体现为漕粮海运,航路控制方面主要表现为在沿海设立水寨营地,并制定会哨等措施,加强对沿海海域的控制。

不论利用或控制航路,都体现官府对沿海海域的了解和重视。在实行海运之前,朝廷对沿海航线有了深入的探查咨访,了解航路上船泊避风港澳、应避之险。在海防过程中,不但重视对重要岛屿的驻守,而且还加强巡哨,控制相关海域。如清廷规定水师对巡防海域(洋面)负有安全保障的责任,查勘迟延要受处分,"洋面失事,经事主呈报该管协巡等官,能赶赴失事洋面,查勘被刧情形,实系本境洋界,即速禀报总巡官,转详将军等。一面行查各口,将税簿赃单较核呈验,一面即严饬水师各营,勒限缉拿。……若系巡洋员弁查勘迟延,将巡洋员弁降一级调用,私罪;或总巡官转报职名及将军等题参迟延均降一级留任,公罪。"②

但官府控制沿海海域在明时时为了防御倭寇,在清时是为了防止民间商人贸易外洋。如《明史》记载:巡抚徐学聚等亟告变于朝,帝哀悼,下法司议奸徒罪。三十二年十二月议上,帝曰:"(张)嶷等欺逛朝廷,生衅海外,致二万商民尽膏锋刃,损威辱国,死有余辜,即枭首传示海上。吕宋酋擅杀商民,抚按官议罪以闻。""学聚乃移檄吕宋,数以擅杀罪,令送死者妻子归,竟不能讨也"③。再如福建巡抚陈宏谋于乾隆十九年(1754)四月二十八日所上奏折记:"查闽省地处海滨,南洋诸番在在可通,福兴漳泉等府地狭民稠,

---

① 台湾银行经济研究室编印:《十七世纪台湾英国贸易史料》,台湾银行1959年版,第13页。

② (清)伯麟:《兵部处分则例》卷36,《八旗》,《巡洋》,清道光刻本。

③ 《明史》卷323《吕宋传》。

田土所产不敷食用,半藉海船贸易为资生之计。康熙五十六年(1717)禁止去南洋之后,闽省在外贸易人民不得复归故土。"①如此一来,中国海商难以扩大海外贸易成果,甚至在海外的人生财产安全亦没有保障。

17世纪初,在东南亚地区活动的英、荷商船,主要从事于海上的抢劫,对象是防卫能力薄弱的中国帆船。所以,英荷两国商船是不与中国帆船在贸易上作竞争,而是盘算如何在海面上抢劫中国帆船。所有当时著名的英荷航海家几乎没有一个不曾抢劫过中国帆船,而且专选择载有丝绸的船只,因为当时帆船载重有限,沉重的白银还不放在眼里。在荷兰东印度公司成立后的最初20年,公司董事会为了削弱中国帆船在东南亚商业上的优势,曾不惜三番两次地训令总督应用武力阻止中国帆船到南洋来。②

综上,民间海洋贸易活动空间与官府控制海洋的空间范围不同,所体现的意志秩序甚至相互冲突,造成此时期我国海洋空间在外来海洋势力的挤压下,日益回缩,最终连沿海海域亦不得掌控。这段海洋史给我们留下深刻的教训,即海洋发展中官民要形成合力,二者的空间权利与秩序要有一致性,要敢于面对问题,善于发现和顺应历史发展的趋势。不但官方要保证民间沿海活动的安全,更要适应民间海外拓展的需要,维护民间海外发展时的生命财产安全;同时民间在发展海洋贸易时,要遵守国家相关规章制度,服从管理,并在资金方面予以援助,互促共进,共同推动社会经济发展。

空间与发展是人类永恒的话题,保护海洋活动群体的生产生活空间,是一个关系社会发展的大课题。在海洋世纪已然明显的今天,更应大胆面对挑战,运用自己的智慧,制定符合中国实际的海洋发展战略,将海洋建设成为支撑社会经济发展的第二空间。

---

① 《宫中档乾隆朝奏折》,第8辑,第138页。
② 刘鉴唐、张力:《中英关系系年要录(13世纪——1760年)》第一卷,四川省社会科学院出版社1989年版,第85页。

参考文献

一、古籍资料

[1]阿克敦:《德荫堂集》,清嘉庆二十一年那彦成刻本。

[2]卜大同:《备倭记》,《四库全书存目丛书》(子部第31册)。

[3]毕恭:嘉靖《辽东志》,明嘉靖刻本。

[4]毕自岩:《饷抚疏草》,明天启刻本。

[5]崔旦:《海运编》,《四库全书存目丛书》(史部第191册)

[6]曹履泰:《靖海纪略》,台湾文献丛刊第33种。

[7]曹延杰:《东三省舆地图说不分卷》,《续修四库全书》(第646册)。

[8]蔡献臣:《清白堂稿》,明崇祯刻本。

[9]蔡逢时:《温处海防图略》,《四库全书存目丛书》(史部第226册)。

[10]崔应阶重编,吴恒宣校订:《云台山志》,《中国方志丛书》华中地方第468号,成文出版社(台北)1983年版。

[11]查继佐:《罪惟录》,北京图书馆出版社2006年版。

[12]查慎行撰:《得树楼杂钞》,清适园丛书刊本。

[13]查慎行补注:《补注东坡编年诗》,文渊阁四库全书本。

[14]陈良弼:《水师辑要》,《续修四库全书》(第860册)。

[15]陈子龙:《皇明经世文编》,《四库禁毁书丛刊》(集部第22—29册)。

[16]陈邦瞻:《元史纪事本末》,明末刻本。

[17]陈全之:《蓬窗日录》,上海书店出版社2009年版。

[18]陈仁锡:《无梦园初集》,明崇祯六年刻本。

[19]陈侃:《使琉球录》,《续修四库全书》(第742册)。

[20]陈伦炯:《海国闻见录》,(景印)《文渊阁四库全书》(第594册),台北商务印书馆1986年版。(以下同一丛书省去出版社和出版年)

[21]陈其元撰:《庸闲斋笔记》,河北教育出版社2009年版。

[22]陈九德:《皇明名臣经济录》,明嘉靖二十八年刻本。

[23]陈文述:《颐道堂集》,清嘉庆十二年刻道光增修本。

[24]陈均:《宋九朝编年备要》,宋绍定刻本。

[25]陈龙昌:《中西兵略指掌》,清光绪东山草堂石印本。

[26]程道生:《舆地图考》,《四库禁毁书丛刊》(史部第 72 册)。

[27]程百二:《方舆胜略》,《四库禁毁书丛刊》(史部第 21 册)。

[28]戴璟、张岳:(嘉靖)《广东通志》,《四库存目丛书》(史部第 189 册)。

[29]董谷:《碧里杂存》,《四库全书存目丛书》(子部第 240 册)。

[30]东村八十一老人:《明季甲乙汇编》,旧抄本。

[31]丁丙辑:《善本书室藏书志》,清光绪刻本。

[32]杜臻:《海防述略》,《四库全书存目丛书》(史部第 227 册)。

[33]杜臻:《闽粤巡视纪略》,(景印)《文渊阁四库全书》(第 956 册)。

[34]杜文澜撰:《古谣谚》,岳麓书社 1991 年版。

[35]邓钟:《筹海重编》,《四库全书存目丛书》(史部第 227 册)。

[36]冯福京等撰:《昌国州图志》,(景印)《文渊阁四库全书》(第 491 册)。

[37]范涞:《两浙海防类考续编》,《续修四库全书》(第 739 册)。

[38]傅维鳞撰:《明书》,清畿辅丛书本。

[39]冯云鹏:《扫红亭吟稿》,清道光十年写刻本。

[40]方观承等修:《敕修两浙海塘通志》,《续修四库全书》(第 851 册)。

[41]方孔炤:《全变略记》,《续修四库全书》(第 738 册)。

[42]方以智:《通雅》,(景印)《文渊阁四库全书》(第 857 册)。

[43]郭世霖:《重编使琉球录》,《四库全书存目丛书》(史部第 49 册)。

[44]郭汝霖撰:《石泉山房文集》,明万历二十五年郭氏家刻本,《四库全书存目丛书》(集部 129)。

[45]郭棐:(万历)《广东通志》,《四库全书存目丛书》(史部第 197—198 册).

[46]巩珍:《西洋番国志》,《续修四库全书》(第 742 册)。

[47]顾炎武:《肇域志》,《续修四库全书》(第 586—595 册)。

[48]顾炎武:《天下郡国利病书》,《续修四库全书》(第 595—597 册)。

[49]顾炎武:《山东考古录》,《续修四库全书》(第 732 册)。

[50]顾祖禹:《读史方舆纪要》,《续修四库全书》(第 598—612 册)。

[51]郭起元:《介石堂集》,清乾隆刻本。

[52]桂萼:《广皇舆叙》,《四库全书存目丛书》(史部第 166 册)。

[53]胡宗宪:《筹海图编》,(景印)《文渊阁四库全书》(第 584 册)。

[54]和珅等撰:《大清一统志》,(景印)《文渊阁四库全书》(第 474—483 册)。

[55]贺长龄:《清经世文编》,清光绪十二年思补楼重校本。

[56]华干龙撰:《海运说》,清娄东杂着本。

[57]花村看行侍者:《谈往》,上海有正书局 1916 年版。

[58]洪亮吉:《乾隆府厅州县图志》,《续修四库全书》(第 625—627 册)。

[59]黄衷:《海语》,(景印)《文渊阁四库全书》(第 594 册)。

[60]黄仁溥辑:《新刻皇明经世要略》(五卷),明万历刻本,《四库禁毁书丛刊补编》(第 26 册)。

[61]黄叔璥:《台海使槎录》,(景印)《文渊阁四库全书》(第 592 册)。

[62]黄宗羲:《明文海》,中华全国图书馆文献缩微复制中心出版 2000 年版。

[63]黄钧宰:《金壶七墨》,清同治十二年刻本。

[64]侯继高:《全浙兵制》,《四库全书存目丛书》(子部第 31 册)。

[65]蒋一葵:《尧山堂外纪》,明刻本。

[66]蒋毓英:《台湾府志》,《续修四库全书》(第 712 册)。

[67]江日升:《台湾外纪》,福建人民出版社 1983 年版。

[68]金武祥:《粟香随笔》,清光绪刻本。

[69]江永着:《河洛精蕴》,清乾隆刻本。

[70]梁梦龙:《海运新考》,《四库全书存目丛书》(史部第 274 册)。

[71]罗洪先:《念庵文集》,(景印)《文渊阁四库全书》(第 1275 册)。

[72]乐史:《太平寰宇记》,(景印)《文渊阁四库全书》(第 469 册)。

[73]李诚:《万山纲目》,清光绪二十六年长沙刻本。

[74]李开先撰:《李中麓闲居集》,明刻本。

[75]李豫亨撰:《推蓬寤语》,帚叶山房 1926 年版。

[76]李乐:《见闻杂纪》,明万历刻清补修本。

[77]李言恭:《日本考》,《续修四库全书》(第 744 册)。

[78]李增阶:《外海纪要》,《续修四库全书》(第 860 册)。

[79]李潢:《海岛算经细草图说》,《续修四库全书》(第 1041 册)。

[80]李兆洛撰:《养一斋集》,清道光二十三年活字印四年增修本。

[81]李诩:《戒庵老人漫笔》,明万历刻本。

[82]李贤等撰:《明一统志》,(景印)《文渊阁四库全书》(第 472—473 册)。

[83]林君升:《舟师绳墨》,《续修四库全书》(第 967 册)。

[84]林春胜、林信笃:《华夷变态》,日本东洋文库,1958 年。

[85]梁章钜:《退庵随笔》,清道光十六年刻本。

[86]刘献廷撰:《广阳杂记》,清同治四年抄本。

[87]刘万春:《守官漫录》,明万历刻本。

[88]刘徽:《海岛算经》,(景印)《文渊阁四库全书》(第 797 册)。

[89]刘徽注、李淳风注释:《九章算术》,(景印)《文渊阁四库全书》(第 797 册)。

[90]陆应阳辑,蔡方炳增辑:《广舆记》,《四库禁毁书丛刊》(史部第 18 册)。

[91]陆鈇纂修:(嘉靖)《山东通志》,《四库存目书丛刊》(史部第 187—188 册)。

[92]骆问礼:《万一楼集》,清嘉庆活字本。

[93]茅瑞徵:《皇明象胥录》,明崇祯刻本。

[94]茅元仪:《武备志》,《续修四库全书》(第 963—966 册)。

[95]穆彰阿、潘锡恩等纂修:《大清一统志》,《续修四库全书》(第613—624册)。

[96]潘光祖、李云翔:《汇辑舆图备考全书》,《四库禁毁书丛刊》(史部第21—22册)。

[97]彭孙贻撰,李延罡补:《靖海志》,《续修四库全书》(第390册)。

[98]齐召南:《水道提纲》,上海古籍出版社1987年版。

[99]戚祚国:《戚少保年谱耆编》,清道光刻本。

[100]杞庐主人:《时务通考》,清光绪二十三年点石斋石印本。

[101]屈大均:《广东新语》,《续修四库全书》(第734册)。

[102]瞿镛撰:《铁琴铜剑楼藏书目录》,清光绪常熟瞿氏家塾刻本。

[103]阮元撰:《畴人传》,文选楼丛书本。

[104]税安礼:《历代地理指掌图》(一卷),《续修四库全书》(第585册)。

[105]宋如林修:(嘉庆)《松江府志》,《续修四库全书》(第687—689册)。

[106]史惇:《恸余杂记》,清抄本。

[107]施永图:《武备地利》,《四库未收书辑刊》(子部第五辑第10册)。

[108]施琅撰:《靖海纪事》(二卷),《续修四库全书》(第390册)。

[109]释大汕:《海外纪事》,《续修四库全书》(第744册)。

[110]邵廷采:《东南纪事》卷11《郑芝龙》,台湾文献丛刊第96种,1961年。

[111]沈有容辑:《闽海赠言》,台湾文献丛刊第56种,台北台湾银行经济研究室,1959年。

[112]沈云撰,沈垚注:《台湾郑氏始末》(六卷),《续修四库全书》(第390册)。

[113]沈钦韩撰:《汉书疏证》,清光绪二十六年浙江官书局刻本。

[114]谈迁:《北游录》,清抄本。

[115]唐顺之:《武编》,明刻本。

[116]汤斌:《拟明史稿》,清康熙二十七刻后印本。

[117]陶澍撰:《陶文毅公全集》,海南出版社2000年版。

[118]陶宗仪:《书史会要》,上海书店出版社1984年版。

[119]田明曜:《香山县志》,《续修四库全书》(第713册)。

[120]屠本畯:《闽中海错疏》,(景印)《文渊阁四库全书》(第590册)。

[121]吴自牧:《梦粱录》,三秦出版社2004年版。

[122]吴朴:《龙飞纪略》,《四库全书存目丛书》(史部第9册)。

[123]吴国辅:《今古舆地图》,《四库全书存目丛书》(史部第170册)。

[124]魏源:《海国图志》,《续修四库全书》(第743—44册)。

[125]万表:《皇明经济文录》,《四库禁毁书丛刊》(集部第18—19册)。

[126]汪大渊:《岛夷志略》,(景印)《文渊阁四库全书》(第594册)。

[127]汪辑:《中山沿革志》,《四库全书存目丛书》(史部第163册)。

[128]汪楫:《使琉球杂录》,海南出版社2001年版。

[129]汪应蛟:《海防奏疏》(二卷),《续修四库全书》(第480册)。

［130］王尧臣撰，钱东垣辑释：《崇文总目辑释》，清汗筠斋丛书本。

［131］王宗沐：《敬所王先生文集》，明万历二年刘良弼刻本。

［132］王光蕴：（万历）《温州府志》，《四库全书存目丛书》（史部第210—211册）。

［133］王在晋：《三朝辽事实录》，明崇祯刻本。

［134］王圻：《续文献通考》，明万历三十年松江府刻本。

［135］王在晋：《海防纂要》，《续修四库全书》（第739—740册）。

［136］王鸣鹤：《登坛必究》，《续修四库全书》（第960—961册）。

［137］王圻：《三才图会》，《续修四库全书》（第1232—1236册）。

［138］王之春：《防海纪略》（二卷），《续修四库全书》（第445册）。

［139］王士禛：《纪琉球入太学始末》，《四库全书存目丛书》（史部第271册）。

［140］王象之撰：《舆地纪胜》，清影宋抄本。

［141］王培荀：《乡园忆旧录》，清道光二十五年刻本。

［142］王锡祺：《小方壶舆地丛抄第九帙：中国南海诸群岛文献汇编之五》，台湾学生书局1975年版。

［143］王锡祺：《小方壶舆地丛抄第十帙：中国南海诸群岛文献汇编之五》，台湾学生书局1975年版。

［144］万斯同：《明史》，清抄本。

［145］徐兢：《宣和奉使高丽图经》，（景印）《文渊阁四库全书》（第593册）。

［146］许论：《九边图论》，《四库禁毁书丛刊》（史部第21册）。

［147］夏子阳：《使琉球录》，《续修四库全书》（第742册）。

［148］谢杰：《虔台倭纂》；北京图书馆古籍出版编辑组：《北京图书馆古籍珍本丛刊》，书目文献出版社1990年版。

［149］谢肇淛：《五杂俎》，辽宁教育出版社2001年版。

［150］萧崇业、谢杰：《使琉球录》，《续修四库全书》（第742册）。

［151］萧应植：（乾隆）《琼州府志》，《续修四库全书》（第676册）。

［152］熊明遇撰：《文直行书诗文》，北京出版社2000年版。

［153］徐葆光：《中山传信录》，《续修四库全书》（第745册）。

［154］许奉恩：《兰苕馆外史》，黄山书社1998年版。

［155］向达校注：《郑和航海图》，中华书局2000年版。

［156］向达校注：《两种海道针经》，中华书局2000年版。

［157］姚元之：《竹叶亭杂记》，中华书局1982年版。

［158］姚虞：《岭海舆图》，（景印）《文渊阁四库全书》（第494册）。

［159］于钦：《（至元）齐乘》，清乾隆四十六年刻本。

［160］俞大猷：《洗海近事》，《四库全书存目丛书》（史部第49册）。

［161］俞大猷：《正气堂集》，福建人民出版社2007年版。

［162］袁桷撰：《延祐四明志》，（景印）《文渊阁四库全书》。

［163］袁枚：《子不语全集》，河北人民出版社1987年版。

［164］佚名：《海道经》，《四库全书存目丛书》（史部第 221 册）。

［165］佚名：《日月星晷式》，明抄本。

［166］佚名：《秘阁元龟政要》，明抄本。

［167］佚名：《清初海疆图说》，台湾文献丛刊第 155 种。

［168］永瑢等：《四库全书总目》，清乾隆武英殿刻本。

［169］杨一葵：《裔乘》，"国立中央图书馆"1981 年版。

［170］郁永河：《采硫日记》（三卷），《续修四库全书》（第 559 册）。

［171］郁永河：《裨海纪游》，台湾省文献委员会 1996 年版。

［172］印光任：《澳门纪略》，《续修四库全书》（第 676 册）。

［173］赵汝适：《诸蕃志》，上海古籍出版社 1993 年版。

［174］赵世延、揭傒斯等纂修，胡敬辑：《大元海运记》，《续修四库全书》（第 835 册）。

［175］赵瀛、赵文华：(嘉靖)《嘉兴府图记》，《四库全书存目丛书》（史部第 191 册）。

［176］郑若曾：《郑开阳杂著》，(景印)《文渊阁四库全书》（第 584 册）。

［177］郑若曾：《江南经略》，(景印)《文渊阁四库全书》（第 728 册）。

［178］郑若曾撰，李致忠点校：《筹海图编》，中华书局 2007 年版。

［179］郑晓：《郑端简公今言类编》，中华书局 1985 年版。

［180］郑舜功：《日本一监·桴海图经》，1939 年影印本。

［181］真德秀：《西山文集》，四部丛刊景旧明正德刊本。

［182］翟均廉撰：《海塘录》，(景印)《文渊阁四库全书》（第 583 册）。

［183］张燮：《东西洋考》，(景印)《文渊阁四库全书》（第 594 册）。

［184］张萱：《西园闻见录》，民国哈佛燕京学社印本。

［185］张学颜：《万历会计录》，明万历刻本。

［186］张尔岐：《蒿庵闲话》，清康熙徐氏真合斋磁版印本。

［187］张天复撰，张元忭增补：《广皇舆考》，《四库禁毁书丛刊》（史部第 17 册）。

［188］张鼐：《宝日堂初集》，明崇祯二年刻本。

［189］邹漪：《明季遗闻》，台湾文献丛刊第 112 种。

［190］周去非：《岭外代答》，(景印)《文渊阁四库全书》（第 589 册）。

［191］周达观：《真腊风土记》，(景印)《文渊阁四库全书》（第 594 册）。

［192］周密：《志雅堂杂抄》，清粤雅堂丛书本。

［193］周嘉胄：《香乘》，文渊阁四库全书本。

［194］周清原撰：《西湖二集》，明崇祯刊本。

［195］周煌：《琉球国志略》，《续修四库全书》（第 745 册）。

［196］朱思本撰，罗洪先补、胡松增补：《广舆图》，《续修四库全书》（第 586 册）。

［197］朱国达等辑：《地图综要》，《四库禁毁书丛刊》（史部第 18 册）。

［198］中国边疆史地资料丛刊：《苍梧总督军门志》，全国图书馆文献缩微复制中心出版。

[199]《世宗宪皇帝朱批谕旨》,(景印)《文渊阁四库全书》(第 416—425 册)。

[200]阿桂、刘谨之等:《钦定盛京通志》,民国六年(1917)。

[201]陈寿祺等撰之《福建通志》(同治十年刻本),华文书局 1968 年版。

[202]陈健倩、蔡长安主编:《晋江市志(简本)》,方志出版社 2001 年版。

[203]陈汝成:《漳浦县志》,清康熙四十七年(1708)。

[204]陈澧:《香山县志》,清光绪刻本。

[205]《(雍正)云南通志》,文渊阁四库全书本。

[206]方岳贡修:《松江府志》,书目文献出版社 1991 年版。

[207]方汝翼、贾瑚修,周悦让、慕荣干纂:《增修登州府志》,清光绪七年刻本。

[208]冯桂芬:《(同治)苏州府志》,清光绪九年刊本。

[209]郭棐:《粤大记》,书目文献出版社 1990 年版。

[210]郝玉麟等监修,谢道承等编纂:《福建通志》,清乾隆二年(1737)

[211]郝玉麟等监修,鲁曾煜等编纂:《广东通志》,(景印)《文渊阁四库全书》(第 562—564 册)

[212]黄忠昭:《八闽通志》(上),福建人民出版社 1990 年版。

[213]黄润玉:《(成化)宁波府简要志》,清抄本。

[214]何乔远:《闽书》,福建人民出版社 1994 年版。

[215]何乔远:《名山藏》,明崇祯刻本。

[216]嵇曾筠等监修,沈翼机等编纂:《浙江通志》,(景印)《文渊阁四库全书》(第 519—526 册)。

[217]梁克家撰:《(淳熙)三山志》,北京图书馆出版社 2005 年版。

[218]刘庭蕙等编纂:《(万历)漳州府志》,明万历四十一年刻本。

[219]罗睿:《(宝庆)四明志》,宋刻本。

[220]鲁曾煜:《(乾隆)福州府志》,清乾隆十九年刊本。

[221]秦炯纂修:《诏安县志》,上海书店出版社 2000 年版。

[222]泉州市地方志编纂委员会编:《泉州市志》,中国社会科学出版社 2000 年版。

[223]阮元修,陈昌齐等纂:(道光)《广东通志》,《续修四库全书》(第 669—675 册)。

[224]沈定均、吴联薰:《漳州府志》,光绪三年(1887)。

[225]魏荔彤、蔡世远:《漳州府志》,康熙五十四年(1715)。

[226]王连胜:《普陀洛迦山志》,上海古籍出版社 1999 年版。

[227]谢俨:《(康熙)云南府志》,清康熙刊本。

[228]徐友梧等纂:《(民国)霞浦县志》,《中国地方志集成·福建府县志辑》(13),上海书店出版社 2000 年版。

[229]岳浚等监修,杜诏等编纂:《山东通志》,(景印)《文渊阁四库全书》(第 539—541 册)。

[230]赵弘恩等监修,黄之隽等编纂:《江南通志》,(景印)《文渊阁四库全书》(第

507—512 册）。

[231]周硕勋纂修:《潮州府志》,清光绪十九年重刊本,中国方志丛书第46号。

[232]《（光绪）顺天府志》,清光绪十二年刻十五年重印本。

[233]张津:《（乾道）四明图经》,清刻宋元四明六志本。

[234]张应武:《嘉定县志》,明万历刻本。

二、论著资料

[1]安京:《中国古代海疆史纲》,黑龙江教育出版社1999年版。

[2]北京图书馆编:《皇舆遐览:北京大学图书馆藏清代彩绘地图》,中国人民大学出版社2008年版。

[3]白棵敏主编:《航海辞典》,知识出版社1989年版。

[4][荷兰]包乐史著,庄国土、程绍刚译:《中荷交往史:1601—1999》,路口店出版社1989年版。

[5][荷兰]包乐史、吴凤斌:《18世纪末吧达维亚唐人社会:吧城公馆档案研究》,厦门大学出版社2002年版。

[6]曹婉如等编:《中国古代地图集·明代》,文物出版社1995年版。

[7]曹婉如等编:《中国古代地图集·清代》,文物出版社1997年版。

[8]晁中辰:《明代海禁与海外贸易》,人民出版社2005年版。

[9]崔来廷:《海国孤生——明代首辅叶向高与海洋社会》,江西高校出版社2007年版。

[10]陈希育:《中国帆船与海外贸易》,厦门大学出版社1991年版。

[11]陈烈甫:《东南亚洲的华侨、华人与华裔》,正中书局1979年版。

[12]陈国栋:《东亚海域一千年》,山东画报出版社2006年版。

[13]陈高华:《中国海外交通史》,文津出版社1997年版。

[14]陈东有:《走向海洋贸易带——近代世界市场互动中的中国东南商人行为》,江西高校出版社1998年版。

[15]陈佳荣、谢方、陆峻岭:《古代南海地名汇释》,中华书局1986年版。

[16]陈寿彭编著:《南洋与东南洋群岛志略》,正中书局1946年版。

[17]陈宗镛等编著:《海洋潮汐》,科学出版社1979年版。

[18]岑仲勉:《中外史地考证》,中华书局1962年版。

[19]程绍刚译注:《荷兰人在福尔摩莎》,台北联经出版公司2000年版。

[20]戴可来、杨保筠校注:《岭南摭怪等史料三种》,中州古籍出版社1996年版。

[21]大陆杂志社编辑委员会:《近代外国史研究论集》,大陆杂志社1970年版。

[22][日]大庭修著,戚印平等译:《江户时代中国典籍流播日本之研究》,杭州大学出版社1998年版。

[23][日]大庭修编著:《唐船进港回棹录·岛原本唐人风说书·割符留帐》,关系大

学东西学术研究所 1974 年版。

[24]地图出版社编制：《中华人民共和国分省地图集》，地图出版社 1984 年版。

[25][美]丹尼斯·伍德著，王志弘等译：《地图的力量：使过去与未来现行》，中国社会科学出版社 2000 年版。

[26][葡]多默·皮列士著，何高济译：《东方志：从红海到中国》，江苏教育出版社 2005 年版。

[27]东南亚历史词典编辑委员会：《东南亚历史词典》，上海辞书出版社 1995 年版。

[28]邓衍林编：《中国边疆图籍录》，商务印书馆 1958 年版。

[29]房建成、宁晓琳编著：《天文导航原理及应用》，北京航空航天大学出版社 2006 年版。

[30]范中义、王振华：《郑和下西洋》，海洋出版社 1982 年版。

[31]冯承钧译：《西域南海史地考证译丛五编》，中华书局 1956 年版。

[32]冯克诚、田晓娜主编：《世界通史全编》（上、中、下册），青海人民出版社 1998 年版。

[33]冯明珠、林天人主编：《笔画千里——院藏古舆图特展》，台北故宫博物院 2008 年版。

[34]傅衣凌：《明清时代的商人与商业资本》，中华书局 2007 年版。

[35]傅衣凌：《傅衣凌治史五十年文编》，厦门大学出版社 1989 年版。

[36]费孝通：《美国与美国人》，三联书店 1985 年版。

[37]耿引曾：《中国人与印度洋》，大象出版社 1997 年版。

[38]顾海著：《厦门港（福建海港史话）》，福建人民出版社 2001 年版。

[39]海军海洋测绘研究所、大连海运学院航海史研究室：《新编郑和航海图集》，人民交通出版社 1988 年版。

[40]韩胜宝：《郑和之路》，上海科学技术文献出版社 2005 年版。

[41]韩振华：《航海交通贸易研究》，香港大学亚洲研究中心 2002 年版。

[42]韩振华：《我国南海诸岛史料汇编》，东方出版社 1988 年版。

[43]韩振华：《南海诸岛史地论证》，香港大学亚洲研究中心 2003 年版。

[44]侯仁之：《历史地理学四论》，中国科学技术出版社 2005 年版。

[45]黄盛璋、王士鹤、钮仲勋：《地理集刊 第 7 号 历史地理学》，科学出版社 1964 年版。

[46]黄盛璋：《中外交通与交流史研究》，安徽教育出版社 2002 年版。

[47]黄顺力：《海洋迷思——中国海洋观的传统与变迁》，江西高校出版社 1999 年版。

[48]黄彩虹：《遥远的国土》，海洋出版社 1991 年版。

[49]黄庆华：《中葡关系史：1513—1999》，黄山书社 2006 年版。

[50][日]呼子重义：《海贼松浦党》，东京，1965 年。

[51]《华侨华人百科全书·教育科技卷》编辑委员会：《华侨华人百科全书社区民俗

卷》,中国华侨出版社 2000 年版。

[52]《航海手册》编写组编:《世界主要航线简介》,人民交通出版社 1979 年版。

[53]金陵大学中国文化研究所、齐鲁大学国学研究所、华西大学中国文化研究所编辑:《中国文化研究汇刊第三卷》,1943 年 9 月。

[54]金应熙:《金应熙史学论文集世界史卷》,广东人民出版社 2006 年版。

[55]金秋鹏:《中国古代的造船与航海》,中国青年出版社 1985 年版。

[56]金应春、丘富科:《中国地图史话》,科学出版社 1984 年版。

[57]鞠德源:《日本国窃土源流》,首都师范大学出版社 2001 年版。

[58]江树生译注:《热兰遮城日志》,台南市政府 2002 年版。

[59][英]杰里米·布莱克著,张澜译:《地图的历史》,希望出版社 2006 年版。

[60][英]凯特著,王云翔等译:《荷属东印度华人的经济地位》,厦门大学出版社 1988 年版。

[61]林仁川:《明末清初私人海上贸易》,华东师范大学出版社 1987 年版。

[62]雷宗友、朱宛中编:《中国的内海和邻海》,科学普及出版社 1986 年版。

[63][泰]黎道纲著:《泰国古代史地丛考》,中华书局 2000 年版。

[64]孔令仁、仲跻荣、马汝光等:《郑和》,三秦出版社 1991 年版。

[65]吕一燃:《中国海疆历史与现状研究》,黑龙江教育出版社 1995 年版。

[66]吕一燃:《南海诸岛:地理·历史·主权》,黑龙江教育出版社 1992 年版。

[67]吕淑梅:《陆岛网络——台湾海港的兴起》,江西高校出版社 1999 年版。

[68]刘正刚:《东渡西进——清代闽粤移民台湾与四川的比较》,江西高校出版社 2004 年版。

[69]蓝达居:《喧闹的海市——闽东南港市兴衰与海洋人文》,江西高校出版社 1999 年版。

[70]林德荣:《西洋航路移民——明清闽粤移民荷属东印度与海峡殖民地的研究》,2007 年。

[71]林金水、谢必震:《福建对外文化交流史》,福建教育出版社 1997 年版。

[72]李金明:《南海波涛——东南亚国家与南海问题》,江西高校出版社 2005 年版。

[73]李金明:《明代海外贸易史》,中国社会科学出版社 1990 年版。

[74]李胜伍主编:《清代国人绘制的世界地图:〈万国大地全图〉》,中国大百科全书出版社 2002 年版。

[75]李孝聪:《美国国会图书馆藏中文古地图叙录》,文物出版社 2004 年版。

[76]李孝聪:《欧洲收藏部分中文古地图叙录》,国际文化出版社公司 1996 年版。

[77]连心豪:《水客走水——近代中国沿海的走私与反走私》,江西高校出版社 2007 年版。

[78]刘鉴唐、张力:《中英关系系年要录(公元 13 世纪——1760 年)》第一卷,四川省社会科学院出版社 1989 年版。

[79]卢嘉锡总主编,席龙飞等主编:《中国科学技术史交通卷》,科学出版社 2004

年版。

［80］卢良志：《中国地图学史》，测绘出版社 1984 年版。

［81］刘福铸、王连弟主编：《历代妈祖诗咏辑注》，中国文史出版社 2005 年版。

［82］刘南威主编：《中国古代航海天文》，科学普及出版社广州分社 1989 年版。

［83］［英］李约瑟：《中国科学技术史：物理学及相关技术》（第一分册，物理学），科学出版社 1999 年版。

［84］廖大珂：《福建海外交通史》，福建人民出版社 2002 年版。

［85］林金水主编：《福建对外文化交流史》，福建教育出版社 1997 年版。

［86］楼锡淳、朱鉴秋：《海图学概论》，测绘出版社 1993 年版。

［87］［美］玛丽·乔·梅多等：《宗教心理学》，陈麟书等译，四川人民出版社 1990 年版。

［88］［美］马士著，区宗华译：《东印度公司对华贸易编年史：1635—1834》，中山大学出版社 1991 年版。

［89］［新西兰］尼古拉斯·塔林主编，贺圣达等译：《剑桥东南亚史》，云南人民出版社 2003 年版。

［90］倪玉平：《清代漕粮海运与社会变迁》，上海书店出版社 2005 年版。

［91］倪健民、宋宜昌主编：《海洋中国：文明重心东移与国家利益空间》，中国国际广播出版社 1997 年版。

［92］南炳文、何孝荣：《明代文化研究》，人民出版社 2006 年版。

［93］南京郑和研究会编：《走向海洋的中国人：郑和下西洋 590 周年国际学术研讨会论文集》，海潮出版社 1996 年版。

［94］牛汝辰：《中国测绘与人文社会：测绘科技对社会文明的驱动》，中国社会出版社 2008 年版。

［95］欧阳宗书：《海上人家——海洋渔业经济与渔民社会》，江西高校出版社 1998 年版。

［96］潘超主编：《中华竹枝词全编七》，北京出版社 2007 年版。

［97］潘吉星：《中国古代四大发明：源流、外传及世界影响》，中国科学技术出版社 2002 年版。

［98］彭信威：《中国货币史》，上海人民出版社 1965 年修订版。

［99］彭德清主编：《中国航海史：古代航海史》，人民交通出版社 1988 年版。

［100］人民交通出版社编辑：《世界主要港口里程表》，人民交通出版社 1975 年版。

［101］孙文范编著：《世界历史地名词典》，吉林文史出版社 1990 年版。

［102］［日］松浦章：《清代帆船东亚航运与中国海商海盗研究》，上海辞书出版社 2009 年版。

［103］［日］松浦章著，卞凤奎译：《清代帆船东亚航运史料汇编》，（台北）乐学书局 2007 年版。

［104］宋正海等：《中国古代海洋学史》，海洋出版社 1989 年版。

［105］孙光圻:《中国古代航海史》,海洋出版社 2005 年版。

［106］［德］施米特著,林国基、周敏译:《陆地与海洋:古今之"法"变》,华东师范大学出版社 2006 年版。

［107］《水运技术词典》编辑委员会:《水运技术词典古代水运与木帆船分册》,人民交通出版社 1980 年版。

［108］［越］陶维英著,钟民岩译:《越南历代疆域:越南历史地理研究》,商务印书馆 1973 年版。

［109］唐晓峰:《人文地理随笔》,三联书店 2006 年第 1 版第 3 次印刷。

［110］吴天颖:《甲午战前钓鱼列屿归属考——兼质日本奥原敏雄诸教授》,社会科学文献出版社 1994 年版。

［111］吴春明:《环中国海沉船——古代帆船、船技与船货》,江西高校出版社 2007 年版。

［112］吴凤斌主编:《东南亚华侨通史》,福建人民出版社 1994 年版。

［113］吴剑雄主编:《中国海洋发展史论文集》,"中研院"中山人文社会科学研究所 1991 年版。

［114］［韩］吴一焕:《海路·移民·移民社会:以明清之际中朝交往为中心》,天津古籍出版社 2007 年版。

［115］王庸、茅乃文编:《国立北平图书馆中文舆图目录》,国立北平图书馆 1933 年版。

［116］王庸、茅乃文编:《国立北平图书馆中文舆图目录续编》,国立北平图书馆 1937 年版。

［117］王荣国:《海洋神灵——中国海洋信仰与社会经济》,江西高校出版社 2003 年版。

［118］王日根:《明清海疆政策与中国社会发展》,福建人民出版社 2006 年版。

［119］王颖主编:《中国海洋地理》,科学出版社 1996 年版。

［120］王大学:《明清"江南海塘"的建设与环境》,上海人民出版社 2008 年版。

［121］王天有、徐凯等:《郑和远航与世界文明》,北京大学出版社 2005 年版。

［122］王宏斌:《清代前期的海防:思想与制度》,社会科学文献出版社 2002 年版。

［123］王月圣:《黎族创世歌》,海南出版社 1994 年版。

［124］汪家君:《近代历史海图研究》,测绘出版社 1992 年版。

［125］许海山主编:《欧洲历史》,线装书局 2006 年版。

［126］徐鸿儒主编:《中国海洋学史》,山东教育出版社 2004 年版。

［127］徐万民、李恭忠主编:《中国引航史》,人民交通出版社 2001 年版。

［128］徐晓望:《早期台湾海峡史研究》,海风出版社 2006 年版。

［129］徐晓望:《妈祖的子民:闽台海洋文化研究》,学林出版社 1999 年版。

［130］辛元欧:《上海沙船》,上海书店出版社 2004 年版。

［131］谢必震:《中国与琉球》,厦门大学出版社 1996 年版。

[132][澳]伊安·琼斯、乔伊斯·琼斯著,李允武译:《帆船时代的海洋学》,海洋出版社 2007 年版。

[133]阎平、孙果清:《中华古地图集珍》,西安地图出版社 1995 年版。

[134]姚楠、陈嘉荣、丘进:《七海扬帆》,中华书局(香港)有限公司 1990 年版。

[135][美]余定国著,姜道章译:《中国地图学史》,北京大学出版社 2006 年版。

[136]杨国祯:《闽在海中——追寻福建海洋发展史》,江西高校出版社 1998 年版。

[137]杨国桢等:《明清中国沿海社会与海外移民》,高等教育出版社 1997 年版。

[138]杨国桢:《东溟水土——东南中国的海洋环境与经济开发》,江西高校出版社 2007 年版。

[139]杨国桢:《瀛海方程——中国海洋发展理论和历史文化》,海洋出版社 2008 年版。

[140]杨强:《北洋之利——古代渤黄海区域的海洋经济》,江西高校出版社 2005 年版。

[141]杨浪:《地图的发现》,三联书店 2006 年版。

[142]杨文鹤主编:《中国海岛》,海洋出版社 2000 年版。

[143]于运全:《海洋天灾——中国历史时期的海洋灾害与沿海社会经济》,江西高校出版社 2007 年版。

[144]游有雄:《图说厦门》,厦门市国土资源与房产管理局,2006 年。

[145]章巽:《古航海图考释》,海洋出版社 1980 年版。

[146]章巽:《中国航海科技史》,海洋出版社 1991 年版。

[147]章巽:《章巽文集》,海洋出版社 1986 年版。

[148]张彩霞:《海上山东——山东沿海地区的早期现代化历程》,江西高校出版社 2007 年版。

[149]张晓宁:《天子南库——清前期广州制度下的中西贸易》,江西高校出版社 1999 年版。

[150]张炜、方堃:《中国海疆通史》,中州古籍出版社 2003 年版。

[151]张耀光编著:《中国边疆地理(海疆)》,科学出版社 2001 年版。

[152]张炎宪主编:《中国海洋发展史论文集》,"中研院"中山人文社会科学研究所 1990 年版。

[153]张奕善:《东南亚史研究论集》,台湾学生书局 1980 年版。

[154]张礼千:《马六甲史》,新加坡:郑成快先生纪念委员会,1941 年。

[155]庄国土:《茶叶贸易和 18 世纪的中西商务关系》,厦门大学出版社 1993 年版。

[156]曾少聪:《东洋航路移民——明清海洋移民台湾与菲律宾的比较研究》,江西高校出版社 1998 年版。

[157]曾玲:《越洋再建家园——新加坡华人社会文化研究》,江西高校出版社 2007 年版。

[158]郑和下西洋 600 周年纪念活动筹备领导小组编:《郑和下西洋研究文选(一九

〇五—二〇〇五》,海洋出版社 2005 年版。

[159]郑振满、丁荷生:《福建宗教碑铭汇编》(兴化府分册),福建人民出版社 1995 年版。

[160]郑鹤声、郑一钧:《郑和下西洋资料汇编:增编本(中册)》,海洋出版社 2005 年版。

[161]郑一钧:《论郑和下西洋》,海洋出版社 2005 年版。

[162]郑海麟:《钓鱼岛列屿之历史与法理研究》,中华书局 2007 年版。

[163]郑永常:《来自海洋的挑战:明代海贸政策演变研究》,稻香出版社 2004 年版。

[164]朱杰勤、黄邦和主编:《中外关系史辞典》,湖北人民出版社 1992 年版。

[165]邹逸麟主编:《中国历史人文地理》,科学出版社 2001 年版。

[166]中国海洋发展史论文集编辑委员会主编:《中国海洋发展史论文集》,"中研院"三民主义研究所 1984 年版。

[167]中国海洋发展史论文集编辑委员会主编:《中国海洋发展史论文集第二辑》,"中研院"三民主义研究所 1986 年版。

[168]中国测绘科学研究院编纂:《中华古地图珍品选集》,哈尔滨地图出版社 1998 年版。

[169]中国测绘学会地图制图专业委员会、中国地图出版社地图科学研究所编:《中国地图学年鉴 1990》,中国地图出版社 1991 年版。

[170]《中国测绘史》编辑委员会编:《中国测绘史》,测绘出版社 2002 年版。

[171]中国古代潮汐史料整理研究组编:《中国古代潮汐论著选译》,科学出版社 1980 年版。

[172]中国人民政治协商会议福建省长汀县委员会文史资料委员会:《长汀文史资料第 23 辑》,政协长汀县委员会资料委员会,1994 年 6 月。

[173]《中国古代社会研究》编委会编:《中国古代社会研究庆祝韩国磐先生八十华诞纪念论文集》,厦门大学出版社 1998 年版。

[174]《中国军事史》编写组编:《中国军事史第五卷兵家》,解放军出版社 1990 年版。

[175]中山大学东南亚历史研究所:《中国古籍中有关菲律宾资料汇编》,中华书局 1980 年版。

[176]中科院地理研究所等编:《世界地名词典》,上海辞书出版社 1981 年版。

[177]曹永和:《琉球的朝贡贸易与东亚海域交易圈》,载《第五届中琉历史关系学术会议论文集》,福建教育出版社 1996 年版。

[178]陈国灿:《明初航向东西洋的一部海道针经——对〈顺风相送〉的成书年代及其作者的考察》,载武汉大学历史系:《史学论文集第 1 集》,武汉大学历史系,1988 年 11 月。

[179]陈复授:《渔港沧桑话古今》,《闽南文化研究》2004 年第 3 期。

[180]陈荆和:《承天明乡社与清河庸》,《新亚学报》第四卷十期。

［181］［日］达郎:《安南之贸易港云屯》,《东方学报》第九册。

［182］范中义、王振华:《对〈郑和航海图〉中"更"的略析》,《海交史研究》1983 年第6 期。

［183］方真真、方淑如译注:《1664—1670 年从台湾大员到马尼拉的船只文件》,《台湾文献》第五十五卷第三期,

［184］郭永芳:《〈指南正法〉成书的年代及其作者质疑》,《文献》1987 年第 1 期。

［185］黄盛璋:《明代后期船引之东南亚贸易港及其相关的中国商船、商侨诸研究》,《中国历史地理论丛》1993 年第 3 期,

［186］《航海天文》调研小组:《我国古代的航海天文》,《华南师范大学学报（自然科学版）》1978 年第 1 期。

［187］李孝聪:《欧洲所藏部分中文古地图叙录》,《历史研究》1997 年第 5 期。

［188］林天蔚:《广东方志学家郭棐及其著作考》,《汉学研究》第三卷第二期。

［189］梁方仲:《明代国际贸易与银的输出入》,《中国近代经济史研究集刊》1939 年第 2 期。

［190］李国宏:《祥芝港在明代泉州海交史上的地位——兼释〈顺风相送〉"长枝"的地望》,《海交史研究》2001 年第 1 期。

［191］饶宗颐:《港九前代考古杂录》,载《饶宗颐史学论著选》,上海古籍出版社1993 年版。

［192］《泉州湾宋代海船发掘简报》,《文物》1978 年第 10 期。

［193］全汉昇:《明季中国与菲律宾的贸易》,《中国经济史论丛》,台北稻禾出版社1996 年版。

［194］全汉昇:《自明季至清中叶西属美洲的中国丝货贸易》,《中国经济史论丛》,台北稻禾出版社 1996 年版。

［195］沙丁、杨典求:《中国和拉丁美洲的早期贸易》,《历史研究》1984 年第 4 期。

［196］孙光圻、王莉:《郑和与哥伦布航海技术文明比较研究》,载王天有等编:《郑和远航与世界文明——纪念郑和下西洋 600 周年论文集》,北京大学出版社 2005 年版。

［197］钱江:《1570—1760 中国和吕宋的贸易》,厦门大学 1985 年硕士学位论文。

［198］田汝康:《〈渡海方程〉——中国第一本刻印的水路簿》,载《中国帆船贸易和中外关系史论集》,浙江人民出版社 1987 年版。

［199］汤开建:《〈粤大记·广东沿海图〉中的澳门地名》,《岭南文史》2000 年第1 期。

［200］王以中:《明代海防图籍录》,《清华周刊》1932 年第 9—10 期。

［201］许云樵:《西洋针路上的马来西亚》,《南洋商报》1965 年元旦特刊。

［202］伊世同:《量天尺考》,载中国社会科学院考古研究所:《考古学专刊甲种第二十一号中国古代天文文物论集》,1989 年。

［203］［日］岩生成一:《关于近世日支贸易数量的考察》,《史学杂志》（日本）1953年第 11 期。

［204］杨彦杰：《1650—1662 年郑成功海外贸易的贸易额和利润额估算》，《福建论坛》1982 年第 4 期。

［205］杨国桢：《17 世纪海峡两岸贸易的大商人——商人 Hambuan 文书试探》，《中国史研究》2003 年第 2 期。

［206］杨国桢：《郑成功与明末海洋社会权利的整合》，《中国近代文化的解构与重建［郑成功、刘铭传］——第五届中国近代文化问题学术研讨会论文集》，政治大学文学院，2003 年 4 月。

［207］杨国桢：《籍贯分群还是海域分群——虚构的明末泉州三邑帮海商》，《闽南文化研究》上册，海峡文艺出版社 2004 年版。

［208］［日］岩生成一：《下港（万丹）唐人街盛衰变迁考》，《南洋资料译丛》1957 年第 2 期。

［209］严敦杰：《牵星术——我们明代航海天文知识一瞥》，《科学史集刊》1966 年第 9 期。

［210］朱鉴秋：《我国古代海上计程单位"更"的长度考证》，《中华文史论丛》1980 年第 3 期。

［211］曾昭璇、曾宪珊：《清〈顺风得利〉（王国昌本）更路簿研究》，《中国边疆史地研究》1996 年第 1 期。

［212］周志明：《中国古代"行船更数"考》，《古代文明》2009 年第 2 期。

［213］周志明：《〈顺风相送〉与猫里雾考》，《中国历史地理论丛》2010 年第 1 期。

［214］张礼千：《安南商港云屯》，《东方杂志》第四十四卷第六号，1948 年第 6 期。

［215］张崇根：《关于〈两种海道针经〉的著作年代》，氏著《台湾历史与高山族文化》，青海人民出版社 1992 年版。

三、外文论著

［1］Boleslaw Szczesniak, *The Antoine Gaubil Maps of the Ryukyu Islands and Southern Japan*, Imago Mundi, Vol.12, 1955.

［2］Barbara M. Kreutz, *Mediterranean Contributions to the Medieval Mariner's Compaa*, Technology and Culture, Vol.14, No.3, Jul., 1973.

［3］Count A. Wachtmeister and H. *Winter, The Compass-Roses'system of the Compass Maps*, Imago Mundi, Vol.6, 1949.

［4］Carl Moreland and David Banister, *Antique Maps*, London: Phaidon, 2004.

［5］C. Koeman, *Levels of Historical Evidence in Early Maps (with examples)*, Imago Mundi, Vol.22, 1968.

［6］Campbell, William, *Formosa under the Dutch*, 南天书局, 2001。

［7］E.H.Blair, J.A.Robertson, *The Philippine Islands*, 1493−1898, Vols.55.

［8］Father J.F.Schutte, *Japanese Cartography at the Court of Florence; Robent Dudley's*

Maps of Japan, 1606–1636. Imago Mundi, Vol.23, 1969.

[9] Heinrich Winter, *The Origin of the Sea Chart*, Imago Mundi, Vol.13, 1956.

[10] Henry Scott Boys, *Some Notes on Java and its Administration by the Dutch*, Printed at the pioneer press, 1892.

[11] Henry Middleton, *The Voyages of Sir Henry Middleton to the Moluccas 1604–1606*, London, 1943.

[12] H.B.Morse, *The Chronicles of the East India Company Trading to China*, 1635–1834, London, 1926.

[13] Joseph Needham, *Science and Civilisation in China*, Cambridge, 1971.

[14] J.V.Mills, *Malaya in the Wu-Pel-Chin Charts*, J.M.B.R.A.S.1937.

[15] J.W.Miller, *The Navigation of the Pacific Ocean, China Seas, etc.*, Washington: Government Printing Office, 1875.

[16] John White, *History of a Voyage to the China Sea*, Boston: Wells and Lilly, Court-street, 1823.

[17] John Bruce, *Annals of the Honorable East India Company*, 1600–1708, London, 1810.

[18] Kuei-Sheng Chang, *Africa and the Indian Ocean in Chinese Maps of the Fourteenth and Fifteenth Centuries*, Imago Mundi, Vol.24, 1970.

[19] Kuei-sheng Chang, *The Maritime Secne in China at the Dawn of Great European Discoveries*, Journal of the American Oriental Society, Vol.94, No.3, Jul.–Sep., 1974.

[20] Kay Kitagawa, *The Map of Hokkaido of G.de Angelis, ca 1621*, Imago Mundi, Vol.7, 1950.

[21] L.Childe, *Sea-book or Pilots Sea Mirror: Containing the Distances and Thwart Courses of the Eastern, Northern, and Western Navigation*, London: by T.J. for George Harlank, 1663.

[22] Mei-ling Hsu, *Chinese Marine Cartography: Sea Charts of Pre-modern China*, Imago Mundi, Vol.40, 1988.

[23] Mckew Parr Collection, *Magellan and the Age of Discovery*, Brandeis University, 1961.

[24] Mr.Samber, *Memoris of the Dutch Trade*, London: Printed for C.Rivingron.

[25] Marcia Yonemoto, *Maps and Metaphors of the Small Eastern Sea in Tokugawa Japan (1603–1868)*, the Geographical Review.

[26] Martin, Robert Montgomery, *China: Political, Commercial, and Social*, London: James Madden, 8, Leadenhall Street, 1847.

[27] Richard Uhden, *The Oldest Portuguese Original Chart of the Indian Ocean*, A.D.1509, Imago Mundi, Vol.3, 1939.

[28] Richard Uhden, *An Unpublished Portolan Chart of the New World*, A.D.1519, The

Geographical Journal, Vol.91, No.1, Jan., 1938.

［29］Rev.Charles Gutzlaff, *The Foreign Intercourse and Trade with China*, *Published by John P.Haven*, 1834.

［30］Paske-smith, *western Barbarians in Japan and Formosa in Tokugawa days*, 1603-1868, New York：Paragon Book Reprint Corp., 1968.